# Die Anfänge der Wahren Raumfahrt

## Die militärische Nutzung der „UFOs"

Klaus-Peter Rothkugel

# Das Geheimnis der Wahren Raumfahrt
# Die Anfänge

### Teil IV

**Klaus-Peter Rothkugel**

# Early Spaceships

# Air Battle over Los Angeles

# Airbattle over Los Angeles

## 25. February 1942

# Russian Drone

## over

## U.S. Airspace?

# Spy Flights

## over

### U.S. Nuclear Installations by the Russians?

## Information Wanted!

A **Messerschmitt Bf-108B** was used by the **U.S. Embassy in Nazi-Germany**, by the Naval Air Attaché in Berlin from 1939 to 1941.

The Plane was flown more than 76 hours. It had the U.S Designation CX-44 and the German Werk-Nr. 836.

Until today the German Registration Code and the (Factory) Painting is still **unknown**.

Who has Information, how the Aircraft looked-like, how it was painted and what probable German D-I xxx Markings the Messerschmitt in U.S. service had?

Who flew the airplane and where is the **Flight-Log**?

Was this particular plane in U.S. service seen in Switzerland or near the Swiss border before WWII?

What passengers flew in the U.S. Messerschmitt Bf-108, also Agents from abroad?

See full story about secret **U.S. (Spy and Conspiracy) activities in Nazi-Germany** and **Switzerland** for preparing **WWIII, "Operation Unthinkable"**, for attacking the Soviet Union in 1945, in this Book!

## Is the Plane censored?

Das Geheimnis der Wahren Raumfahrt

# Die Anfänge der Wahren Raumfahrt

## und

## Die militärische Nutzung der UFOs

### Teil IV

von

Klaus-Peter Rothkugel

© Rothkugel, Frühjahr 2018

## Vorwort

Die Großmächte in unserer Welt wissen, was die „UFOs" sind, wie sie funktionieren und wo und wie sie überall rund um den Globus im Geheimen eingesetzt werden. Diese Mächte setzen solche Fluggeräte seit Jahren verdeckt ein und überfliegen regelmäßig das jeweilige Territorium der Gegenseite.

Solche Überflüge werden seit Jahrzehnten von einer interessierten Öffentlichkeit wahrgenommen, wenn auch die meisten weder diese Fluggeräte kennen, noch den Sinn hinter diesen Operationen verstehen, da ihnen ja die weltweit agierende Propaganda diesbezüglich immer wieder eine gekonnte Ablenkungsgeschichte auftischt.

Alle größeren Flugzeugwerke und Firmen, die mit Luft- und Raumfahrt zu tun haben, besitzen auch Abteilungen, wo unkonventionelle Fluggeräte entwickelt und gebaut werden.

Zumindest bestimmte Personen in den Propaganda - Abteilungen der Medien kennen diese Fluggeräte und sind bemüht, der Öffentlichkeit ein verzerrtes, „außerirdisches" Bild dieser Fluggeräte zu präsentieren. Es wird mit voller Absicht gelogen und die Wahrheit verschleiert.

Denn gerade zu damaligen Zeiten des Kalten Krieges wäre die Wahrheit ein Schock für die Bevölkerungen der jeweiligen Staaten, wie die UdSSR oder die USA gewesen, hätten die Leute gewusst, dass der Widersacher ungehindert über ihre Köpfe hinweg umherfliegt, ohne dass die Luftabwehr reagiert und den Eindringling abschießt.

Das ganze Gerede von „Nationaler Sicherheit" und die geschürte Angst vor den „Kommunisten" oder den „Imperialisten/Kapitalisten" hätten sich als pure Face herausgestellt!

Die Täuschung, volkstümlich, die „Verarsche" hier auf unserer Welt, sie ist atemberaubend und man müsste lachen, wenn es nicht so traurig wäre.

Lesen Sie, mit welchen elektromagnetischen Drohnen der „Feind" seit Jahrzehnten ungestört im gegnerischen Luftraum operieren kann und warum nichts dagegen unternommen wird!

**Klaus-Peter Rothkugel**

**Frühjahr 2018**

**Dazu weitere Informationen über:**

Los Angeles Air Battle, 1942

Der „Biefeld-Brown-Effekt"

Biefeld-Brown Fluggeräte und Raumschiffe aus den 1920-1940er Jahren

Truman Smith, Air Attaché, U.S. Embassy, Berlin, 1939

Geheimdienste in der Schweiz: OSS und die Abwehr

Amerikanische Atommeiler für Amerikanische Festungsanlagen in Deutschland für WWIII

UFOs über U.S. Atomanlagen

Feindliche Drohnen aus dem ehemaligen Ostblock dringen ungehindert in den Luftraum der Vereinigten Staaten ein und umgekehrt

Das Patt mit den UFOs

Alpenfestung

Andere unterirdische Festungsanlagen

Ionenwind Fluggerät:

Personal Flight Vehicle and System, US Patent Nr. 7182295 B2 v. 17. February, 2007

# Prelude

## The Los Angeles Air Battle
## Teil I

Privat First Class Thomas, Tom Harris schlotterten die Knie. Nicht nur, weil er andauernd eine schwere Granate nach der anderen aus einer der vielen, an einer Erdaufschüttung gestapelten Holzkisten zum Kanonier schleppen musste, nein, er hatte Angst, richtige scheiß Angst.

Ganz Greater Los Angeles, sowie weite Teile der Pazifik Küstenregion runter bis Mexiko waren „Blacked-out"! Alles war gespenstig dunkel und wirkte irgendwie Angst einflössend. Auch alle Radiosendungen wurden landesweit in Kalifornien und in den angrenzenden Bundesstaaten eingestellt. Aber bei dem Höllenlärm, den die Flak-Geschütze über L.A. machten, war eh niemand mehr in der Lage, Musik zu hören.

Überall war es nahezu stockdunkel. Es war gegen drei Uhr in der Nacht, oder in der Früh. Nur die vielen Flakscheinwerfer, die den nächtlichen Himmel absuchten und andauernd hin und her geschwenkt wurden, erleuchteten die gespenstige Szenerie. Dazu die grell aufblitzende Mündungsfeuer der einzelnen Flak-Geschütze.

„Dieser verdammte Lärm der Kanonen . . . !", fluchte Tom und riss jedes Mal den Mund auf, wenn die Flak abgefeuert wurde. „Wegen dem Druckausgleich . . . Damit dir nicht das Trommelfell platzt und du taub wirst . . . !", hatte ihm ein erfahrener Kanonier geraten.

Privat Harris war gerade 18 Jahre alt geworden, als man ihn zum Heimatschutz hier in LA. abgestellt hatte. Jetzt sollte er also die verfluchten Japse abschießen, die vom Pazifik her auf sein Heimatland zusteuerten, um so bedeutende Industriezentren, wie die Flugzeugfirmen rund um Los Angeles zu bombardieren.

Der junge Harris wurde der 37th Coast Artillery Brigade's Anti Aircraft Einheit zugeteilt. Er hatte sich vor ein paar Wochen freiwillig gemeldet, weil er meinte, auch er müsse seinen Dienst für das Vaterland leisten. „Uncle Sam wants You!", so stand es auf vielen Plakaten, die von Rekrutierungseinheiten der U.S. Army überall gut sichtbar in der Stadt aufgehängt wurden, um Kanonenfutter für den Krieg anzulocken. Dass die neuen, jungen Anwärter in einem Krieg verheizt würden, das sagte man den hoffnungsvollen und enthusiastischen Bewerbern für die Army, die meinten, begeistert in den Krieg ziehen zu müssen, natürlich nicht. Man erzählte etwas von großen Abenteuern, die man in der Army erleben würde, dass man eine gute Ausbildung bekommt und die halbe Welt sehen könnte. In Wirklichkeit sahen die meisten nur Tod und Verderben, und ihre hoffnungsvolle Zukunft war meist durch eine tödliche Verletzung oder eine schwere Kriegsverletzung vorzeitig und schnell beendet.

Vorhin meinte Privat Harris, er hätte einen Japse Bomber in der Luft gesehen, der aber geschickt aus dem Lichtkegel eines Flak-Scheinwerfers entkommen konnte. Er wunderte sich, warum ein Angriff auf Los Angeles so spät in der Nacht, oder so früh am Morgen stattfinden musste. Denn bei Bombenangriffen auf bestimmte Industriezentren und Flugzeugfirmen in der Umgebung von Los Angeles, hätte ein Bombenschütze ein Minimum an Beleuchtung benötigt, um überhaupt irgend etwas treffen zu können. Eine helle Mondnacht, oder die Abenddämmerung, eventuell das Morgengrauen wären hilfreicher gewesen.

Aber es war bewölkt, stockdunkel und leicht nebelig, bei circa 8 Grad Celsius hier um Los Angeles, im ansonsten sonnigen und warmen „Sun Shine State" Kalifornien.

Trotzdem schwitzte und schnaufte Privat Thomas Harris vom angestrengten Schleppen und dem andauernden hin und her Laufen. Seine Arme taten im Weh. Das Wummern der Flak-Kanone hatte ihn bereits halb taub gemacht. Er hatte vergessen, sich etwas Brauchbares in die Ohren zu stopfen. Nun begann er schon langsam zu Bereuen, ob es richtig war, sich freiwillig zu melden.

„Melde dich niemals freiwillig zu etwas . . . , schon gar nicht für „Uncle Sam", der nutzt dich nur schamlos aus und kümmert sich einen Scheißdreck um dich, dein Leben, deine Gesundheit oder um deine Zukunft!", hatte sein Opa ihm geraten, der im Ersten Weltkrieg in Übersee war und die Folgen des ersten großen Krieges hautnah miterleben durfte.

Zur gleichen Zeit, als Tom fluchend als Flak-Helfer schuftete, machte sich Flight Captain Ernest D. „Humber" Humberland bereit für einen sofortigen Start mit seiner Curtis P-40 „Warhawk", um die verdammten Japaner vom Himmel zu holen. Er und sein Wingman Danny Little standen mit laufenden Motoren am Ende der Rollbahn und warteten gespannt auf die Startfreigabe.

Die Freigabe kam und kam nicht. Die ganzen 50 Minuten, vom Beginn der Warnung um 2 Uhr 25, bis viertel nach drei. Nach 10 Minuten an der „Threshold" der Runway, stellten Humberland und Little die Zündung auf „Off", und der Packard Reihenmotor der P-40 „Warhawk" stellte seinen Betrieb ein. Die Luftschrauben der zwei Kolbenmotor-Abfangjäger standen still und Humberland zog entmutigt und enttäuscht seine Fliegerhaube vom Kopf.

Ernest und Danny vom 4. Abfangjäger Kommando mussten am Boden bleiben.

Ihr Traum, einige Japse-Fighter oder Bomber vom Himmel zu holen, blieb unerfüllt. Sie ärgerten sich und fragen, warum es zu keinem Abfangeinsatz gekommen war und sie und die anderen Staffelkameraden am Boden bleiben mussten.

Eine eindeutige Begründung gab es nicht und es hieß, die Army hätte immer recht. Also keine weitere Diskussion, warum das Abfang-Geschwader nicht in die Luft durfte, um den Feind abzuschießen. Man wird in höheren Kreisen wissen, warum.

In einer Neighborhood irgendwo in den Outskirts von L.A.: Der Luftschutzwart John Stanton war in höchster Aufregung. Er musste sich nun darum kümmern, dass in seiner Nachbarschaft alle Fenster verdunkelt waren und kein verräterischer Lichtschein mehr auf die Straßen fiel.

John war schon rechtzeitig am Dienstag um 22.00 Uhr ins Bett gegangen und wollte gut ausgeruht am nächsten morgen um 6 Uhr 30 aufstehen, um wie gewohnt, zur Arbeit auf den Ölfeldern bei Los Angeles zu gehen.

Gegen zwei Uhr in der Nacht klingelte das Telefon an seinem Bett. John hatte das Telefon seit Kriegseintritt der USA, und seitdem er zum Air Raid Warden ernannt wurde, immer griffbereit in seiner Wohnung aufgestellt, um jederzeit erreichbar zu sein. Ein extra langes

Kabel ermöglichte es ihm, das Telefon überall innerhalb seiner kleinen Wohnung mitzuschleppen.

John war augenblicklich hell wach, als er das typische Ringen seines Telefons hörte. Er ergriff sofort den Hörer, und ohne zu zögern meldete sich am anderen Ende der Leitung eine Stimme, die genaue Anweisung gab, was er nun in diesem Ernstfall zu tun hatte.

John hörte aufmerksam zu, zog sich danach gleich an, schnappte sein „Air Raid Helmet", seine Taschenlampe und band sich seine Armbinde um, die erkennen ließ, dass er offizieller Luftschutzbeauftragte in seinem Viertel war.

Dann zog er los und ging den vorher festgelegten Weg ab, der in durch die Nachbarschaft führte, um zu kontrollieren, dass alle Fenster dunkel waren, oder ob noch irgendwo Licht aus den Wohnungen und Häusern schien.

„Hey John, what is wrong?"

"Air Raid, there is an Air Raid! Japanese Airplanes are attacking Los Angeles! Duck and Cover, protect your familiy. The End is near!", schnaufte John und rannte weiter . . .

An einem anderen Ort im Großraum Los Angeles, einige Tage zuvor:

Der zivile Flugzeugkonstrukteur Sam Collins schaute gespannt aus seinem Bürofenster im ersten Stock der Lockheed-Vega Aircraft Corp., runter auf das riesige Fertigungsgelände seiner Firma.

Alles in dem Bürogebäude war noch relativ neu. Die ehemalige AiRover Company wurde erst 1937 gegründet und wenig später von Lockheed übernommen.

Ingenieur Collins fing hier am 2. Januar 1942 bei Lockheed-Vega, nun ein Zweigwerk der großen Lockheed Werke, als leitender Ingenieur einer Konstruktionsabteilung an.

Er kannte so berühmte Flugzeuge, die hier entwickelt und gebaut wurden, nur aus der Presse. So zum Beispiel die ganz in glänzend Rot gehaltene Lockheed 5B "Vega", mit der die berühmte Aviatrix Amelia Earhart viele Luftfahrtrekorde erflogen hatte. Außerdem überquerte Amelia mit einer Maschine seiner Firma ganz alleine den Atlantischen Ozean im Jahre 1932 und flog Nonstop von Küste zu Küste der Vereinigten Staaten. Alles „Firsts" für eine Frau am Steuerknüppel eines Flugzeuges der stolzen und großen Lockheed Flugzeugwerke.

„Jack Northrop hatte die „Vega" konstruiert. Jetzt macht er auf Nurflügler . . . Da soll es in Germany, in Good Old Europe, drei Brüder geben, die ebenfalls an Nurflügel-Flugzeugen basteln . . . Nurflügel als Jäger und Bomber, wegen dem Radar, der hohen Geschwindigkeit und so . . . Northrop sollte seine eigene Firma gründen, wegen der Geheimprojekte, die auch hier bei Lockheed laufen!", grinste Sam. „Und das wird nicht nur der erste amerikanische einsatzfähige Strahljäger sein, ein einstrahliger Jet, den ich schon auf dem Reißbrett habe . . . , da gibt es Flugzeuge, wenn die einer sehen würde . . . !"

Sam Collins schaute ins Nachbarbüro und erkannte seinen Kollegen Nathan Price, der angestrengt über seinem Zeichenbrett gebeugt war, um weiter an seinem futuristischen Entenflügler zu arbeiten.

„Johnson wird das konventionellere Projekt eines einstrahligen Jägers „Shooting Star" nennen, Nathan, believe me!"

„Die ist doch viel zu langsam . . . !", rief Price herüber.

„Deshalb hat sich ja auch einer diesen tollen Nick-Name ausgedacht!" Sam schüttelte belustigt den Kopf und machte das Fenster wieder zu.

Denn draußen roch es nach verbrannten Abgasen eines der vielen warm laufenden Sternmotoren, der neu und in Großserie produzierten Lockheed „Hudson", die alle schön aufgereiht und frisch lackiert auf dem Hof standen und auf ihre Endabnahme warteten.

Collins hatte das Glück, dass ein Ingenieur, der in einer geheimen „Special Projects Group" innerhalb der Lockheed Vega Firma arbeitete, wegen längerer Krankheit ausgefallen war. Er hatte sich als freiwilliger Ersatz gemeldet.

Ihm war klar, dass, wenn er nun in dieser Special Projects Group wechseln würde, sein Leben in Zukunft anders verlaufen wird, als er es geplant hatte. Man schwor Collins ein, ungedingt Stillschweigen zu bewahren über das, was er nun als Konstrukteur in dieser Sonderabteilung zu sehen und zu hören bekam.

Er konnte nun mit niemanden mehr darüber reden, welch tolle Flugzeuge er bei Lockheed bauen wollte. Wobei, das was er dort, in der neuen Abteilung tatsächlich zu hören und sehen bekam, hatte nichts mehr mit den herkömmlichen Flugzeugen der beginnenden 1940er Jahre zu tun. Darunter waren auch nicht nur ungewöhnliche Flugzeuge, die durch die Atmosphäre der Erde flogen, sondern auch Fluggeräte, die im luftleeren Raum operieren konnten.

Manchmal zweifelte Collins, ob er wirklich die richtige Entscheidung gefällt hatte, sich feiwillig für diese Abteilung entschieden zu haben. Immer diese Geheimhaltung, mit niemanden über seine Arbeit sprechen . . . Viel lieber hätte er normale Flugzeuge gebaut, mit denen er auch hätte angeben können, dass er der talentierte Konstrukteur war. Ja, da er auch einen Flugschein hatte, hätte er selbst seine eigenen Konstruktionen einfliegen können.

Damit war es nun aus und für immer vorbei, mit dem Traum, ein berühmter Flugzeugkonstrukteur zu werden, von der Fachpresse hoch gelobt zu werden und in allen Zeitungen zu stehen. Alles, was er von nun an machen würde, war als „Streng Geheim" eingestuft worden und nicht für die Öffentlichkeit bestimmt.

Sam stand vor einem Foto hinter einem Glasrahmen, dass die rote Lockheed „Vega", zusammen mit Amelia Earhart zeigte.

„Amelia Earhard, eine tolle Frau!", dachte Sam. „Nicht gerade die schönste aller Frauen, dafür aber weltweit berühmt für ihre fliegerischen Leistungen. Nicht nur, dass "Lady Lindy" ein Flugzeug aus dem Hause Lockheed flog . . . No, this tall, dare devil woman will now be one of the first woman in Outer Space! Thanks to Lockheed and Thomas Townsend Brown!"

Denn die Flugzeugfirma Lockheed, die hatte noch ein dunkles Geheimnis, das so schnell nicht ans Tageslicht gelangen sollte.

Air Raid Warden John Stanton drückte sich an eine Hauswand. Vorhin konnte er sich mit Mühe und Not von herab fallenden Granatsplittern in Sicherheit bringen.

Jetzt hoffte er inständig, dass dieser verdammte Luftalarm bald vorbei sein würde und die Japse sich wieder zurück aufs Meer, Richtung ihres U-Boots zurückzogen, das irgendwo außerhalb der Küste auf dem Pazifik wartete.

Da sah und hört John einige Leute, die mit einem Pick-up Truck durch die verdunkelten Straßen von L.A. brausten, wie sie nach oben schauten und sich über etwas wunderten, was über ihren Köpfen zu fliegen schien.

„Ihr Idioten . . . ! Geht in Deckung . . . ! Sonst beschießt euch der Japse noch!", rief Stanton aufgeregt und lief aus der Deckung.

Dann blickte auch er nach oben.

Durch den Widerschein der Suchscheinwerfer und der aufblitzenden Mündungsfeuer konnte John schemenhaft ein riesiges Flugobjekt am Himmel ausmachen.

„Das Ding sieht aus wie ein umgedrehter Spaten . . . Und es riecht, als wären ein paar Kabel durchgebrannt . . . , irgendwie elektrisch . . . !"

Auch die Kerle auf dem Pick-up sahen das merkwürdige riesige Ding und deuteten staunend nach oben.

„Verdammt, was haben die Japaner denn da für komische Bombenflugzeuge riesigen Ausmaßes? Dann stinken die Dinger auch noch so merkwürdig elektrisch . . . !", wunderte sich der Luftschutzwart und rannte verschreckt in einen nahe gelegenen Hauseingang.

**Fortsetzung in Teil II, weiter unten in diesem Buch!**

## 1. Kapitel

## Fahrt zum Mars

Ende der 20er Jahre des 20. Jahrhunderts erschien eine kleine Broschüre „Auf kühner Fahrt zum Mars". Eine kosmische Phantasie von Max Valier, München, Sonderdruck aus der Zeitschrift „Die Rakete", Organ des Vereins für Raumschiffahrt e.V., VFR, Breslau 1928.

Hier einige interessante Auszüge:

„Nachstehende Erzählung führt in unterhaltsamer Weise in die hochinteressante Probleme des Weltraumfluges ein. Sie wird besonders dem technisch nicht geschulten Leser willkommen sein. Was an Zahlenangaben vorkommt, beruht auf sorgfältiger Berechnung. Selbstverständlich wird noch geraume Zeit vergehen, bis wir so gut durchkonstruierte Raketenmaschinen besitzen, daß wir einen Flug zu einem benachbarten Himmelskörper werden wagen können. Das Raketenschiff wird sich vorerst auf der Erde bewähren müssen, aber es ist doch gut, die ferne Perspektive im Auge zu behalten, wenn man auch erst am Anfang steht."

Ein Ingenieur, seine Frau und ein Freund - ein Doktor - planen mit einem Raumschiff zum Mond zu fliegen, der als Zwischenstation zum Weiterflug zum Mars dient, um diesen mehrmals zu umrunden.

„Sie wollen also noch weiter... ?" „Gewiß!" „Also gar nicht zum Mond hinauf!" „Doch ja, denn wir müssen ihn leider als Tankstelle nutzen".

Auf dem Mond wird mit Hilfe eines Parabolspiegels ein kleines Sonnenkraftwerk errichtet, um den benötigten Treibstoff für den Weiterflug zum Mars zu gewinnen. Denn im Roman wird davon ausgegangen, dass die von den drei Raumfahrern ausgesuchte Landestelle auf dem Mond mit Eis bedeckt ist.

„Wenige Stunden später war die kleine Kraftstation in Betrieb. Sie arbeitete nach folgendem Grundsatz: Ein riesiger, aus leichtem Silberblech gebauter Parabolspiegel sammelte die Strahlkraft der Sonne und schmolz zunächst eine kleine Menge in ein geschlossenes Gefäß gefülltes Eises. So entstand Wasser - das auf dem luftlosen Monde nicht frei existenzfähig ist, - erhitzte sich auf Siedetemperatur und lieferte den Dampf für eine kleine Turbine. Diese wiederum war mit einem Generator elektrischer Energie verbunden, dessen Strom zum elektrolytischen Zersetzen von, in besonderen Behältern geschmolzenem Eis verwendet wurde.

Die ganze Anlage war so bemessen, daß sie in vier irdischen Tagen die Tanks des Schiffes mit flüssigem Wasserstoff und Sauerstoff im richtigen Mengenverhältnisse geradezu voll zu füllen vermochte."

Michael Hesemann schreibt in seinem Buch „Geheimsache UFO":

> „In seinem Buch *„Es ist noch jemand auf dem Mond"* meint Georg Leonhard,
> Spuren von Bergbautätigkeit auf dem Erdtrabanten gefunden zu haben. An den
> Rändern von Meteorkratern – den logischen Fundplätzen von Meteoreisen –
> erkannte er zahlreiche, in der Form identische Maschinen, die aus X-förmig
> angeordneten Rohren bestehen.
>
> *...Bei der Reduktion von 2,5 Tonnen Eisenerz wird eine Tonne Sauerstoff
> freigegeben, was reicht, um einen Menschen drei Jahre lang zu versorgen.
> Somit könnte der Mondbergbau nicht nur dem Ausbau der Stationen, sondern
> zusätzlich auch der Sauerstoffversorgung der Besatzungen dienen, glaubt
> Leonhard."*

Nach dem Auftanken begann der Flug zum Mars, der aufgrund bestimmter elliptischer Flugbahnen des Raumschiffes und der Planetenbahnen mit 171 Tagen angesetzt wurde.

Die lange Flugzeit machte den drei Insassen der Rakete schwer zu schaffen, aber durch einen auftauchenden Kometen wurde ihre Langeweile unterbrochen, und danach versuchte man die Disziplin an Bord wieder herzustellen.

Bei Versuchen auf der Erde, wobei eine gemischte Besatzung von Männern Frauen mehrere Wochen in einer engen Röhre verbrachten, die das Innere einer Rakete simulierte, stellte sich nach einer gewissen Zeit Streitigkeiten und Unzufriedenheit unter den Raumfahrern ein. Betrachtet man dagegen das so genannte „Dumbbell-Ship" für interplanetare Reisen, so fällt einem die relative Größe auf, die einen „Raumkoller" während eines Fluges, z.B. zum Mars, aufgrund der großzügigeren Raumgestaltung, und dadurch wahrscheinlich auch eines abwechslungsreicheren Dienstplanes, erst gar nicht aufkommen lässt.

Zum Thema „Hantel-Raumschiff" (wohlmöglich elektrostatisch oder EHD - betrieben, s. Teil II) heißt es in *„Der Flieger"*, Heft 6, Juni 1960 unter der Rubrik „UFO-Rundschau":

> *„Warschau, Polen, am <u>25. März 1960</u> beobachtete der Ingenieur J.B. ein
> merkwürdiges Objekt am Himmel. Der Flugkörper, der zunächst ruhig in etwa
> <u>500 Meter Höhe</u> über der Innenstadt Warschaus schwebte, schien aus **zwei
> Kugeln** zu bestehen, die durch einen **schmalen Zylinder** miteinander verbunden
> waren. **Eine dieser Kugeln war wesentlich kleiner als die andere.** Das ganze
> Objekt hatte einen <u>matten Aluminiumglanz</u> und leuchte in der Sonne etwas auf.
> Nach etwa 1/1/2 Minuten neigte es sich etwas nach vorn und flog mit hoher
> Geschwindigkeit davon."*

Flossen die bereits vorweggenommen Erfahrungen, die eine Raumschiff-Besatzung in oben genannten Erzählung machte, in die Planung und Gestaltung von neuen und besseren (bis heute geheimen) Raumschiffen mit ein?

Nachdem man den Mars umrundet hatte, erreichten die drei Romanfiguren nach 260 Tagen wieder die Erde. Länger hätte, lt. Roman, der Flug auch nicht dauern dürfen, denn der Luftvorrat und die Lebensmittel gingen zu Neige.

Soweit eine kurze Schilderung eines fiktiven Raumfluges zum Mars, gemäß Vorstellung von 1928.

1994 fand die Raumsonde „Clementine" Hinweise auf Eis im „Aitken-Becken" am Südpol des Mondes. Der Krater hat einen Durchmesser von etwa 2.000 Kilometern. Seine Tiefe beträgt gut 17 Kilometer. Dieser mächtige Krater wurde in den Mondboden gerissen, als ein riesiger Gesteinsbrocken vor Milliarden von Jahren auf dem Mond einschlug. Ebenso fand später die Sonde „Lunar Prospector" an dieser Stelle Eis. Auch auf der Rückseite des Mondes scheint es Wasser in Form von Eis geben. Am Mond-Südpol soll sogar die Sonne 24 Stunden lang scheinen!

Dieser Kraterrand wäre ein guter Standort für zukünftige Mondsiedlungen. Man könnte Kraftwerke aufbauen und das Sonnenlicht in Elektrizität verwandeln. Sollte es am Kraterboden wirklich Eis geben, könnte man dies als Trinkwasser verwenden, sowie als Treibstoff für Raketen nutzen, wie im eben geschilderten Roman von 1928 beschrieben.

Der Südpol würde somit der perfekte Ort für menschliche Ansiedlungen auf dem Mond sein. Eine weitere Möglichkeit, Sauerstoff auf dem Mond zu gewinnen, besteht darin, dass man das Mondgestein als Lieferant für Sauerstoff nutzt. „Ilmenit" ist ein auf dem Mond häufig vorkommendes Mineral. Wenn man dieses Mineral nun zusammen mit Wasserstoff oder Kohle, bzw. mit Hilfe eines Sonnenspiegels auf 1.000 Grad Celsius erhitzt, erhält man als Endprodukt Wasser und Wasserstoff.

Durch eine Elektrolyse kann man nun Sauerstoff gewinnen und somit die Tanks eines Raumschiffes wieder auffüllen, wie es schon in dem o.g. Zukunftsroman beschrieben wurde.

Jedoch erst 1969 sollte, laut bekannter und offizieller Geschichtsschreibung, der erste Mensch die Mondoberfläche betreten, mehr als 40 Jahre nach den ersten Überlegungen aus der Pionierzeit des Raumfluges.

Im Jahre 2019, oder noch später, fünfzig und mehr Jahre nach der ersten erfolgreichen Mondlandung und 91 Jahre nachdem o.g. Roman geschrieben wurde, möchte man - eventuell - bemannt zum Mars fliegen! Siehe hier die aktuellen Äußerungen (Stand 2017/2018) des amtierenden U.S. Präsidenten!

Falls dieser geplante Flug jemals stattfinden wird. Warum hat die Realisierung der Raumflüge zum Mond solange gedauert? Weil frühestens die (offizielle) Technik in den 1950er und 1960er Jahren die Raketen-Raumfahrt erst möglich machte? Oder war man schon viel früher in der Lage mit einem Raumfahrzeug ins All, rund um die Erde und später zum Mond, zu fliegen?

„Ich kauf mir ne Rakete und fliege auf den Mars; und falle ich wieder runter; fragt jeder sich, wie war´s, am Mars, am Mars, am Mars." So lautete ein Schlager in den 20er Jahren des 20. Jahrhunderts

Der Peenemünder Triebwerks-Ingenieur Konrad Dannenberg sah schon bei der Gründung seines eignen Raketenforschungs-Vereins in den 1920er Jahren in seiner Geburtsstadt Hannover, den Mars als Ziel seiner Weltraumträume. Auch als Dannenberg später nach Peenemünde kam, wollte sein Chef Wernher v. Braun nicht zum Mond, sondern gleich weiter zum Mars reisen! Dies sagte er einmal in einem Interview fürs Fernsehen.

Warum aber gibt es bis heute keine bemannte Raumfahrt zum Mars, obwohl die dazu zur Verfügung stehende Technik bereits entwickelt wurde und einsatzbereit ist? Hat dies mit den speziellen geopolitischen und geostrategischen Besonderheiten unserer Welt zu tun?

# Die Väter der Raumfahrt

Professor Robert H. Goddard und Prof. Hermann Oberth können als eine der „Väter" der modernen Raumfahrt bezeichnet werden. Andere, die sich um die Raumfahrt verdient gemacht haben, werden wohl in dieser Welt für immer namenlos und ungenannt bleiben. Prof. Goddard wurde 1882 geboren und veröffentlichte sein erstes Buch über Raketen im Jahre 1919. Hermann Oberth, Jahrgang 1894 schrieb sein erstes Buch über Raumfahrt 1923. Genau genommen nannte Goddard sein Buch „*A Method of Reaching Exteme Altitudes*" und Oberths Buch hieß „*Die Rakete zu den Planetenräumen*". Somit behandelte Prof. Goddard die Raketen-Theorie, während Prof. Oberth die praktische Raumfahrt besprach.

Willy Ley schreibt u.a. in einem Vorwort der amerikanischen Zeitschrift „*Electronics*", Dezember 1950, über Hermann Oberth:

„Wenn man seinen Namen erwähnt, fällt einem unzählige Erinnerungen ein. Von Abenden, die an der Küste der Ostsee verbracht wurden, wo man nach den Sternen schaute und über ihre Oberfläche sprach.

Von Nachtwanderungen durch den Tiergarten in Berlin, bei denen über Langstreckenraketen gesprochen wurde. Von Diskussionen über die Fortbewegung unter den Gravitationsbedingungen auf dem Mond..."

(Anm.: Alles Träume während des Krieges, wo Oberth unkonventionelle Flugkörper konstruierte und testete, damit sie militärisch in einem Dritten Weltkrieg eingesetzt werden konnten. Auch musste man in Peenemünde von Langstreckenraketen gewusst haben, bzw. sie in der Planung, im Bau und in der heimlichen Erprobung gehabt haben, damit sie in einem nächsten Krieg als Trägerraketen für die, in Deutschland für die Amerikaner in Festungsanlagen hergestellten Atombomben, dienen konnten.

Bevor also der Traum vom Griff nach den Sternen real wurde, musste auf der Erde erst einmal „aufgeräumt", eine gewaltsame und alles vernichtende „Säuberungsaktion" stattfinden, die aber bis heute, Stand 2018, noch nicht eingetreten ist.)

Nach dem ersten Weltkrieg schrieb Oberth sein berühmtes *Buch „Die Rakete zu den Planetenräumen"* und dieses kleine Buch mit noch nicht einmal 100 Seiten, meist mit mathematischen Formeln gespickt, soll später – wie Willy Ley schreibt – „*die Geschichte der Menschheit verändern, so maßgeblich wie Columbus' Reise über den Ozean.*" In seinem zweiten Buch „*Wege zur Raumschiffahrt*" (1929) hat Prof. Oberth Raumraketen beschrieben, eine dreistufige Rakete für den erdnahen Weltraum und eine zweite für den Flug zum Mond.

Hermann Oberth ging wieder nach Transsylvanien zurück, wo er in Hermannstadt am 25 Juni 1884 zur Welt kam. Zuvor, im Jahre 1929-30 beriet er Fritz Lang in Berlin bei seinem Kinofilm „Das Mädchen im Mond", danach führte er noch einige kleinere Raketenexperimente durch.

Nach der Nationalsozialisten Machtübernahme wurde Prof. Oberth 1938 wieder nach Deutschland geholt, aus der puren Angst heraus, dass der Siebenbürgener vielleicht in die Hände des Feindes fallen könnte – die Russen hatten es wohl schon zweimal versucht. Als er

1941 nach Peenemünde gelangte, war die Entwicklung der V-2 bereits abgeschlossen, sodass weitere Verbesserungsvorschläge von ihm nicht mehr in das Projekt mit einfließen konnten. Er war daher nicht an der Entwicklung und dem Bau des „Aggregat 4"beteiligt und spielte auch keine führende Rolle beim deutschen Raketenprogramm (evtl. aber bei „inoffiziellen" Projekten, wie den erwähnten Langstreckenraketen, den „Foo Fighters" und elektromagnetischen Flugkörpern, die nach dem Krieg bei den Armeen der Großmächte noch eine große Rolle spielen würden).

Er war nachher bei der Deutschen Versuchsanstalt für Luftfahrt, in Berlin-Adlershof tätig. Ob dort Fritz Hann, wie Oberths Tarnname lautete, mit der deutschen Flugscheibentechnik und anderen weit fortschrittlichen Luft- und Raumfahrtentwicklungen in Berührung kam, bleibt vorerst wohl unbeantwortet und bis auf weiteres geheim.

Hermann Oberth ist einer der Mitbegründer der Raumfahrtwissenschaft und der Weltraumtechnik, die den Sprung in die Weiten des Universums ermöglicht haben.

*„Ich habe niemals an Angriffswaffen gearbeitet, auch nicht an der V2, und habe im Gegenteil den Weltraum erschlossen und damit eine neue Dimension für die friedliche Entwicklung der Menschheit eingeleitet.",* soll Oberth einmal gesagt haben. Nun, wenn es auch in Teilen gelogen war und er sich den Mächtigen hingab, die ganz bestimmte Vorstellungen einer zukünftigen Menschheit im Auge hatten.

1955 war Prof. Oberth dem Ruf seines Chefs Wernher von Brauns nach Huntsville gefolgt, wo unter seiner technischen Leitung zunächst die amerikanischen Militärraketen, dann aber auch die Raumraketen für die Erforschung des erdnahen Weltraums und für den Flug zum Mond entwickelt wurden.

Prof. Oberth gehörte der „Deutschen Raumfahrtgesellschaft" an, die nach dem Krieg neu gegründet wurde, und er war der erste Ausländer, der zum „Honorary Fellow of the British Interplanetary Society", B.I.S. ernannt wurde.

Über spezielle deutsche Weltraumprojekte und den Bau von Flugscheiben, den „Foo Fighters" im Krieg unter der Leitung von W.v.Braun und anderen Spezialisten, hat er nie gesprochen, er verneinte gar solche Entwicklungen und schloss sich - mit voller Absicht - dem allgemeinen Tenor an, dass die „UFOs" außerirdische Raumschiffe seien.

Prof. Hermann Oberth wurde nachgesagt, dass er absolut davon besessen gewesen war, zum Mond zu fliegen. Ob er selbst, oder aber, was viel wahrscheinlicher ist, dass er den Weg für einen solchen Flug für andere mit seiner Arbeit vorbereiten und ebnen wollte.

Unter den vielen Raketenpionieren befand sich auch Dipl.-Ing. Rudolf Nebel. Er baute in Berlin-Reinickendorf Raketenkörper und startete Ende September 1930 die erste Flüssigkeitsrakete einer neuen Versuchsserie. Nebel sammelte bei der deutschen Industrie Spenden, um sein Projekt weiter führen zu können. Er lud sogar den amerikanischen Autokönig Henry Ford zu einem Besuch seines Versuchsgeländes in Berlin ein, den er „Erster Raketenflugplatz der Welt" nannte. Ford kam tatsächlich im Oktober 1930 nach Berlin. Amerikanische Mäzene bieten Rudolf Nebel daraufhin 1 Million Mark, wenn er in den USA dreißig Raketenstarts organisieren würde.

Dipl.-Ing. Nebel beteiligte sich mit Eifer in der „Panterra"-Gesellschaft, die für internationale Zusammenarbeit eintrat. Einer der Gründer dieser internationalen Gesellschaft war Prof. Albert Einstein. Am 30. Januar 1933 wurde gemäß Gerichtsbeschluss das Ende der pazifistisch orientierten „Panterra"-Gesellschaft eingeleitet und die gesamte deutsche Raketenentwicklung wurde von der Reichswehr als „Geheim" eingestuft. So verschwanden nicht nur Patente über Raketen in den Tresoren der Reichswehr, auch jede private Forschung auf dem Raketensektor wurde plötzlich genehmigungspflichtig.

Genehmigungen wurden aber so gut wie überhaupt nicht erteilt. Im Laufe der Zeit verschwanden auch Bücher über die Problematik des Raketenfluges vom Büchermarkt und den Bibliotheken. Die Raketenentwicklung in Deutschland blieb bis 1945 damit nur noch dem Militär vorbehalten. (Info u.a. aus. J. Mader: Geheimnis v. Huntsville, Berlin 1967)

Aus gutem Grund. Sollte doch Peenemünde für bestimmte U.S. Verschwörer große und weit reichende Trägerraketen bauen. Das „Aggregat-4" war nur das Ablenkungsprojekt, von dem die heutige, offizielle Geschichtsschreibung immer noch zehrt, um dahinter alles das zu verstecken, was nicht in die zensierte Historie passt.

Robert H. Goddard, 1882-1945, schrieb am 28. Dezember 1909 verschiedene Methoden auf, wie die Raumfahrt zu verwirklichen sei. Darunter solche Ideen wie Raketen mit flüssigem Wasserstoff und flüssigen Sauerstoff, Kühlung der Raketentriebwerke mit Flüssigsauerstoff und - Wasserstoff. Aber auch so Themen wie „Die Verwendung von Sonnenenergie in Verbindung mit elektrostatischer Abstoßung" von 1907.

„Eine Kamera, die um einen fernen Planeten geschickt wird und zur Erde zurückkehrt", 1909; „Automatische Steuerung durch lichtempfindliche Zellen", 1908; „Explosivstoff, der auf die dunkle Seite des Neumondes geschickt wird, um als farbiges Licht (von der Erde, Anm.d.A.) beobachtet zu werden", 1908; „Umkreisung eines Planeten, um die Geschwindigkeit vor der Landung zu reduzieren", 1908 sowie „Eine generelle Theorie der Wasserstoff- und Sauerstoff-Rakete" von 1910.

Alles weit fortschrittliche Ideen, die in der einen oder anderen Form später wohl so oder so ähnlich in der „Wahren Raumfahrt" bereits realisiert worden sein könnte (s. Marssignale von 1924).

Am 16. März 1926 gelang Goddard der erste Flug der Welt mit einer Flüssigkeitsrakete in Auburn, Massachusetts. Sein vierter gelungener Raketenflug in Massachusetts brachte ihm Ärger mit den Behörden dieses Staates ein. Als er durch Vermittlung von Charles Lindbergh, dem berühmten Ozeanflieger, Kontakt zu dem Philanthropen (und Freimaurer) Daniel Guggenheim bekam, erhielt er von diesem im Jahre 1930 50.000 U.S. Dollar, um sich zwei Jahre voll und ganz der Raketenentwicklung widmen zu können. Dafür übersiedelte Goddard nach **Roswell** in **New-Mexico**. Dort gab es bessere Voraussetzungen für größere Raketenaufstiege und keine Gefahr, dass Menschen zu Schaden kommen konnten.

Wahrscheinlich war das abgelegene Gebiet, das in der Nähe der späteren White Sands Proving Grounds, N.M., lag - wo Wernher von Braun und seine Mannschaft 1946 von Deutschland übersiedelte - und wo 1947 eines, oder mehrere scheibenförmige, atombetriebene, oder elektrostatische Raumschiffe abstürzten, oder bereits kurz nach Kriegende deutsche Flugscheiben nachgeflogen wurden, besser geeignet für Versuche war, die nicht jeder mitbekommen sollte.

Außerdem arbeitete Goddard in New Mexico in relativer Abgeschiedenheit. Er scheute die Öffentlichkeit, und er publizierte auch seine Erkenntnisse nicht.

In Roswell, New Mexico arbeite Goddard bis 1940 weiter an Flüssigkeitsraketen, bis ihn 1941 der Ruf der U.S. Navy ereilte. Goddard entwickelte nun in Neu-Mexiko für Flugzeuge, „JATOs", Starthilferaketen im Auftrage der USAAF und der U.S. Navy. 1942 verlangte die U.S. Marine, dass er für mindestens sechs Monate nach Annapolis gehen sollte. Aus den Monaten wurden Jahre und Goddard wurde zum Direktor für Forschungen im „Bureau for Aeronautics" ernannt. Außerdem schloss er 1943 mit der Flugzeugfirma Curtiss-Wright einen Beratervertrag als Ingenieur ab.

Man könnte meinen, Robert H. Goddard wurde im Jahre 1941 von seiner Raketenentwicklung auf einen weniger interessanten Posten innerhalb der amerikanischen Marine „abgeschoben". Aber zu dieser Zeit arbeitete auch, z.B. Korvettenkapitän Thomas Townsend-Brown für die U.S. Navy an (geheimen) Raumschiffprojekten (Aero-Marine Vehicle mit Ionen-Antrieb).

Nach dem Krieg hatte Goddard die Absicht, wieder nach Roswell zurückzukehren, um an seinen Versuchen mit Flüssigkeitsraketen weiterzumachen.

Doch leider wurde aus seinen weitgesteckten Plänen nichts mehr. Am 10. August 1945, mit 63 Jahren, verstarb Goddard an den Folgen einer Halsoperation (wurde er etwa als „unbequemer" Mitwisser absichtlich liquidiert?).

## Weitere Väter der Raumfahrt

Neben den bereits o.g. Raumfahrtpionieren sei hier noch kurz der russische Wissenschaftler Konstatin Eduardowitsch Ziolkowsky(1857-1935) genannt, einer der ersten ernsthaften Theoretikern der Raumfahrt. 1920 schrieb Ziolkowsky das Buch „*Außerhalb der Erde*". Seine Erzählung schilderte die Expedition einer internationalen Gruppe von Wissenschaftlern, die zuerst ein Raumfahrzeug zur Probe in die Erdumlaufbahn schießen, um später dann zum Mond und zum Mars zu fliegen. Das Unternehmen weitete sich schließlich zur Errichtung ganzer Weltraumkolonien aus. Außerdem berichtete Ziolkowski von Flüssiggas-Raketen mit Wasserstoff und Sauerstoff. Er berechnete den Andruck eines beschleunigten Fahrzeuges mit ca. 10g (ex Space-Shuttle: 6g) und bettete die Insassen in eine Flüssigkeit ein, die die Beschleunigung erträglicher machte (siehe dazu auch den „Libellen-Anzug"). Außerdem erzählt sein Buch über rotierende Raumstationen von „Wohnungen für Milliarden Menschen". Im Jahre 1929 veröffentlicht Ziolkowski das Buch „Raketenzüge", das die theoretische Grundlage für Mehrstufenraketen darstellte und 1935 schlug er das Bündelprinzip für Raketen vor, ein Verfahren, das heute noch in der russischen Raumfahrt angewandt wird.

Ein anderer Pionier in Sachen Raumstationen war Hermann Potocnik, der am 22. Dezember 1892 in Pola, Kroatien geboren wurde.

Potocnik war ein begeisterter Raumfahrt-Enthusiast. Er schrieb in den 20er Jahren Artikel für „*Die Rakete*", Journal des Vereins für Raumschiffahrt, VfR. Im Jahre 1928 schlug er im besagten Journal Raumstationen vor, die als Depot für Treibstoff und anderen Nachschub für interplanetare Raketen dienen sollten. Künstliche Schwerkraft sollte nach seiner Vorstellung durch Rotation der Raumstation erfolgen und zwar alle acht Sekunden eine Umdrehung, um

1g Schwerkraft zu erzeugen. „*Wege zur Raumschiffahrt*" hieß sein Buch unter dem Autorennamen Hermann Noordung (von Nord, nordisch).

Es gab somit nach dem ersten Weltkrieg von mehreren internationalen Gelehrten und Raumfahrt begeisterten Enthusiasten alle mögliche Voraussetzungen - darunter theoretische und praktische Ideen sowie Berechnungen - für eine zukünftige Raumfahrt. Eine Raumfahrt, wie sie heute allgemein bekannt ist und die interessanterweise - offiziell - nicht mehr zu bieten hat, als das, was vor mehr als 60 Jahre bereits in Planung war. Wobei Überlegungen über viel effektivere elektrostatische Antriebe, gegenüber den chemischen Antrieben, in den offiziellen Biographien der o.g. Personen wohl überhaupt nicht erst aufgenommen wurden.

Am 4. April 1930 gründeten elf Männer und eine Frau die „American Interplanetary Society", AIS, in New York City. Ihre Motivation zur Gründung der Gesellschaft war die Idee, dass Raumflüge und Interplanetare Raumfahrt nicht nur wünschenswert sind, sondern möglich seien. Vier Jahre später wurde der Name in „American Rocket Society", ARS geändert, wegen der zunehmenden Rolle des Raketenantriebes in der Raumfahrt.

**Insert**

Aus Wikipedia:

"**The British Interplanetary Society** (BIS), founded in Liverpool in 1933 by Philip E. Cleator, is the oldest space advocasy organisation in the world. Its aim is exclusively to support and promote astronautics and space exploration.

It is a non-profit organisation with headquarters in London and is financed by members' contributions. BIS publishes the academic journal Journal of the British Interplanetary Society and the magazine Spaceflight.

It is situated on South Lambeth Road near Vauxhall Station, and not far from the Secret Intelligence Service Building.

The BIS was preceded by the American Interplanetary society (founded 1930), the German "Verein für Raumschiffahrt" (VfR), and Soviet rocket research groups, but unlike these it never became absorbed into a national industry.

When originally formed in January 1933, the BIS aimed not only to promote and raise the public profile of astronautics, but also to undertake practical experimentation into rocketry along similar lines to the organisations above. However early in 1936, the Society discovered that this ambition was thwarted by the Explosives Act of 1875, which prevented any private testing of liquid-fuel rockets in the United Kingdom.

In the late 1930s, the group devised a project of landing people on the Moon by a multistage rocket, each stage of which would have many narrow solid-fuel rockets. Their Lander was gumdrop-shaped but otherwise quite like the Lunar Module. As it was considered that the cabin would have to rotate to provide artificial gravity by centrifugal force, BIS member Ralph A. Smith invented the first instrument for space travel - the Coelostat, a navigation mechanism which would cancel out the rotating view. It was R.A. Smith and Harry Ross who were the aerospace visionaries named on the original patent. Smith also authored and illustrated the 1947 book "The Exploration of the Moon" (text by Arthur C. Clarke) which is said to have inspired both John F. Kennedy and Stanley Kubrick.

Abb.: Das BIS Lunar Spaceship landet af dem Mond, R.A. Smith/JBIS.

```
In 1940's, the group had planned for Sub-orbital spaceflight by converted
A-4/V-2 rocket as Megaroc.

In 1978, the Society published a Starship study called Project Daedalus,
which was a detailed feasibility study for a simple unmanned interstellar
flyby mission to Barnard´s Star using present-day technology and a
reasonable extrapolation of near-future capabilities. Daedalus was to have
used a pellet driven nuclear-pulse fusion rocket to accelerate to 12
percent of the Speed of Light.
```

```
The latest in this series of far-reaching studies produced the Project
Boreas destined as manned station for the Martian North Pole.
```

# Lunar Space Ship

Die großartigen Ideen, das Engagement vieler beteiligter Enthusiasten, die vielen weltweiten Weltraum-Vereine, unzählige Studien und Zeichnungen, die seit Anbeginn des Raumfahrtgedankens Anfang des 20. Jahrhunderts gemacht wurden, führten letztendlich erst im Juli 1969 zum Flug zum Mond.

In dem Buch „*Operazione Plenilunio*" von Renato Vesco, Murcia, 1968, wird berichtet, dass 1947 ein groß angelegtes Weltraumunternehmen mit dem Namen „Operation Full Moon" angelaufen war.

Wurde diese Mission „aus dem Nichts" heraus geplant und durchgeführt? Oder konnte man 1947 bereits auf Erfahrungen zurückgreifen, die in den Jahrzehnten zuvor schon durch praktische Experimente und ggfs. tatsächlich durchgeführte Weltraum-Missionen erlangt wurden?

Der Autor ist der Meinung, dass es schon vor 1947 eine Raumfahrt, nicht nur auf Basis chemischer Raketen gab, dessen Erfahrungen und Ergebnisse dann im Laufe der Zeit auf die, nun sich neu entwickelnde, atomare Raumfahrt übertragen wurde.

Schaut man sich in der Literatur oder im Internet um, dann bekommt man den Eindruck, dass die „British Interplanetary Society", B.I.S. in ihren vielen theoretischen Berichten, das wiedergibt (ggfs. Zeit verzögert), was evtl. schon vor geraumer Zeit wirklich in der heimlichen Raumfahrt praktiziert wurde.

Die B.I.S. wurde 1933 in Liverpool gegründet. Aufgrund britischen Rechts war der Bau von Raketen für Privatpersonen verboten und man konzentrierte sich auf theoretische Raumfahrtstudien. Im Jahre 1937 entschied man sich, eine theoretische Studie über eine Mondlandung vorzunehmen, um zu beweisen, dass ein Flug zum Mond möglich sei. Diese Studie wurde freiwillig und ohne Bezahlung von Amateuren in ihrer Freizeit erstellt, so heißt es zumindest offiziell.

„**The B.I.S. Space-Ship**", by H.E. Ross, so lautet die Überschrift in dem englischen *„Journal of the British Interplanetary Society"*, No. XI, January 1939, Vol. 5 No. 1.

Im „Editorial" heißt es u.a.:

```
„Raumfahrt ist kein Traum der Zukunft, ihr Idealisten! Und keines der
praktischen Probleme ist unlösbar, ihr Techniker! Eine Reise zum Mond ist
möglich, in diesem Moment.
...Die B.I.S. hat sich für die Forschung entschieden, um die Grenzen der
uns bekannten Gebiete zu erweitern, wenn möglich bis an das Ende des
Universums.

Die momentane Zivilisation auf Erden mag untergehen(!!), wie viele andere
zuvor und vielleicht auch nach uns. Aber früher oder später, wird die
Menschheit sich auf neuen Welten aufhalten, und der Anteil, den die B.I.S.
an der Erreichung dieses Ziels hat - ist er auch noch so klein -
rechtfertig bereits ihre Existenz."
```

H.E. Ross führt in o.g. Bericht auf, dass eine Reise zum Mond vor allen Dingen vom Treibstoff abhängt. Ein Treibstofftank für diesen Flug würde größer sein als die ganze Rakete.

```
„Konsequenterweise müssen wir zu dem alten System der Benzinkanister
zurückkehren und unser Raumschiff so konstruieren, daß diese Kanister
außerhalb befestigt und abgeworfen werden können, sobald sie leer sind.

Zur maximalen Treibstoffeinsparung, sollte alles abwerfbar sein, was nicht
mehr benötigt wird und dies führt zu einer zellenmäßigen
Raumschiff-Konstruktion, mit hunderten von kleinen Einheiten, jede umfaßt
einem Motor mit Treibstofftank und alle sind so befestigt, daß diese nach
Brennschluß abgeworfen werden.
```

Dieses frühzeitige Abwerfen alles unbrauchbaren Gewichtes steigert die Leistungsfähigkeit gegenüber älteren Entwürfen und reduziert den benötigten Treibstoff für einen Mondflug von Millionen Tonnen auf einige wenige tausend Tonnen.

Aufgrund der großen Anzahl von kleinen Einheiten ist es möglich, einen Motor zu starten und so lange laufen zulassen, bis sein Treibstoffvorrat aufgebraucht ist, um damit sowohl den Schub als auch die Flugrichtung des Raumschiffes durch die Feuerrate der einzelnen neu gezündeten Raketeneinheiten zu kontrollieren.

Dies erlaubt es, Feststoff für den Hauptantrieb zu nutzen, mit der Möglichkeit Gewicht zu sparen und dem zusätzlichen Vorteil, daß der feste Treibstoff das Raumschiff sehr drehsteif und kompakt macht. Flüssigtreibstoff wird hingegen zur Feinabstimmung der einzelnen Stufen genutzt, außerdem Dampfstrahlmotoren für die Lage-Steuerung."

Weiter heiß es im Bericht:

„Das Raumschiff, das den Mond erreicht, besteht aus dem oberen halbrunden Teil, das den „Life-Container" enthält. Zwischen der äußeren und inneren hemisphärischen oberhalb liegenden Abdeckung befinden sich die Luftschleuse, die Klimaanlage, Vorräte, Batterie sowie Flüssigtreibstoff, Dampfstrahlmotoren usw.

Unterhalb der Kabine sind die Feststoffröhren für den Rückflug zur Erde angebracht. Der restliche Teil der Rakete besteht aus Treibstoffröhren für den Start, die bis zur Ankunft auf dem Mond nach und nach abgeworfen werden.

Bei der Konstruktion der Rakete wurde nicht besonders auf aerodynamische Stromlinienform Wert gelegt, denn der Luftwiderstand ist mit weniger als 1% vernachlässigbar. Der Durchmesser des Bugs der Rakete bestimmt die kleinste mögliche Auslegung des Kabinenraumes für die Besatzung.

Das sechseckig ausgelegte Heck im gleichen Durchmesser bietet die beste Bauweise, um so viele Treibstoffröhren wie möglich darin unterzubringen. Aufgrund der durchgehende Bauweise des Space Ships wird eine größtmöglichste Festigkeit erzielt, was äußert wichtig ist, und außerdem minimiert die Bauweise die entstehende Reibungswärme beim Flug durch die Atmosphäre.

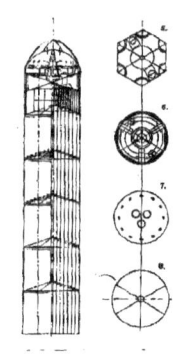

**Lunar Space Ship**

**Diagramm 1** zeigt den Gesamtaufbau des rotierenden Raumschiffes, das in mehrere Sektionen von gebündelten Festtreibstoffraketen aufgeteilt ist, die alle nach Brennschluss abgeworfen werden. Die obere Sektion beinhaltet den „Life-Container" und die Feststoff-Röhren für die Landung auf dem Mond und den Start zurück zur Erde. Die Verkleidung („**Diagramm 8**") aus Keramik oberhalb des Besatzungsraumes wird nach der Startphase und dem Verlassen der Erde abgesprengt.

**Diagramm 5** zeigt die vertikalen Flüssiggas-Motoren für die Feinsteuerung bei der Landung auf dem Mond.

**Diagramm 6** zeigt die Sitzanordnung der 3-köpfigen Besatzung.

**Diagramm 7** zeigt die Besatzungskapsel mit den einzelnen Bullaugen, an denen auch die Coelostate angebracht sind.

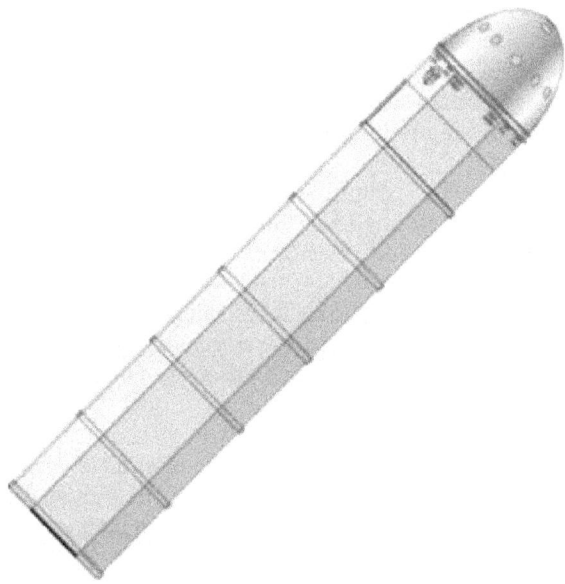

Die Form des Bugkonus soll nicht so sehr die Luftreibung bei niedrigen Geschwindigkeiten vermindern, als vielmehr die Luft bei mehrfacher Schallgeschwindigkeit zerteilen, sodass ein partielles Vakuum entstehen kann.

Der parabole Bug der Rakete besteht aus einem verstärkten Keramikschild, das bis zu einer Temperatur von 1.500 Grand Celsius ausgelegt ist. Nach dem Eintritt in den luftleeren Raum wird der Schutzschild abgeworfen.

Die lose zusammengesteckten Treibstoffröhren, die hexagonal angeordnet sind, werden nur von einfachen Bolzen und einem leichten Gitterrahmen gehalten.

Die Zündfolge der Röhren beginnt von außen und setzt sich ringförmig nach innen zum Zentrum fort. Der Schub der einzelnen röhrenförmigen Motoren hält diese in Position. Nach Brennschluss bewirkt die Beschleunigung des Raumschiffes das Loslösen der Röhren, und diese fallen nach außen hin ab. Die inneren, unverbrauchten Treibstoffröhren werden erst dann gezündet, wenn der einsetzende Feuerausstoß, sie einen Bruchteil vom Auslösebolzen nach oben schiebt. Der Halterahmen und der Metallring, der die gebündelten Treibstoffröhren umschließt, werden abgestoßen, sobald der gesamte Röhrenblock ausgebrannt und abgeworfen wurde.

Für die Landung auf dem Mond werden mittlere und kleine Feststoffröhren verwendet und vertikale Flüssiggas-Motoren für exakte Kurskorrekturen.

Oberhalb der Flüssiggasmotoren befinden sich vier tangential angeordnete Rollen, die durch Rotation des Raumschiffes eine künstliche Gravitation für die Besatzung erzeugen. Dabei wird eine Umdrehung alle dreieinhalb Sekunden vorgenommen. Die Rotation dient außerdem zur Stabilisierung des Raumschiffes und kann von der Besatzung variiert werden. So z.B. wenn die Landung auf dem Mond vorgenommen wird. Dann wird die Rotation gestoppt und ausfahrbare Federbeine dienen als Landegestell.

Die Zündung der einzelnen Feststoffröhren erfolgt automatisch, kann aber aus Gründen der Navigation auch manuell vorgenommen werden. Bei einem rotierenden Raumschiff kann es durch ungleichmäßige Zündungen zu Schlingerbewegungen kommen, die durch eine manuelle Kontrolle der Zündfolge ausgeglichen wird. In den ersten Sekunden des Starts wird per Hand gesteuert, bevor ein „*Perpendulum Contactor*" – ein „Kontakt-Pendel" – die automatische Stabilitätskontrolle übernimmt.

Die Besatzung besteht aus drei Mann (oder Frauen, Anm.d.A.) und die Sitze sind strahlenförmig zueinander angeordnet. Die Steuerelemente befinden sich in den Armlehnen und die Sitze sind auf Schienen montiert. Die Besatzung sitzt so, dass die Köpfe zur Mitte der Kabine hin zeigen. Rund um die Kabine ist ein Laufsteg angebracht (gilt teilweise noch heute bei rotierenden Raumschiffen!, Anm.d.A.).

Für Beobachtungszwecke sind Bullaugen in der Kuppel der Kabine, sowie am Rand des Bodens für die Sicht nach Hinten- während der Startphase abgedeckt – vorgesehen. Drei Öffnungen für den Blick nach vorne befinden sich außerdem oberhalb des „Life-Containers".

In der Startphase wird nach Instrumenten navigiert, dafür ist ein Höhenmesser, sowie ein Geschwindigkeits- und Beschleunigungsmesser vorgesehen.

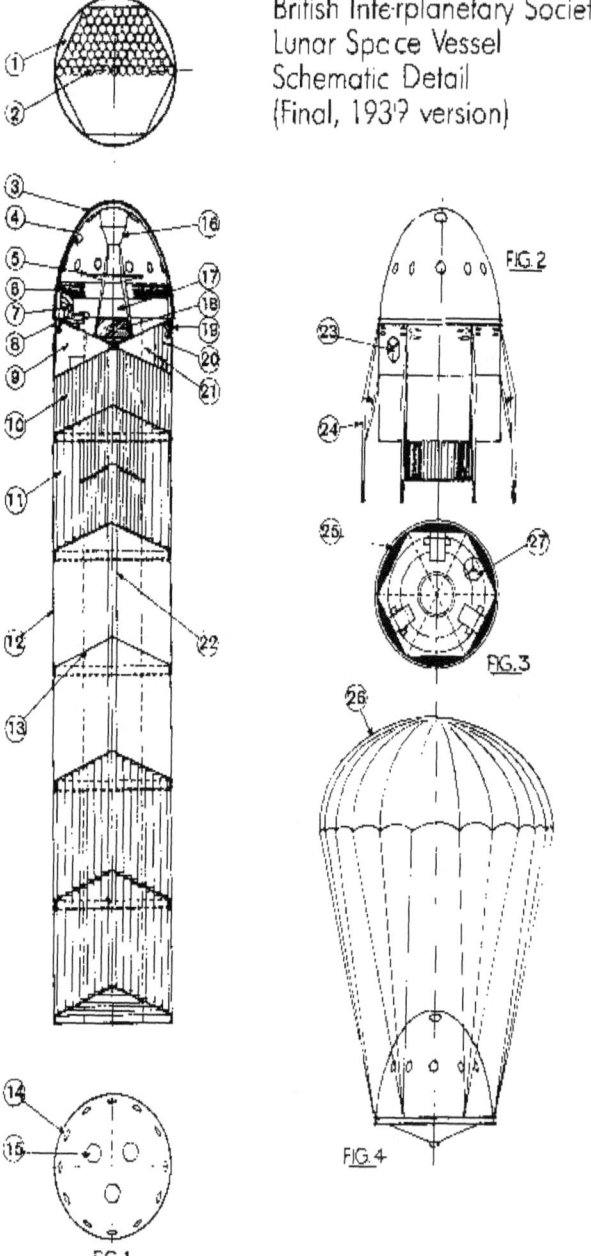

British Interplanetary Society
Lunar Space Vessel
Schematic Detail
(Final, 1939 version)

## Lunar Space Vessel

1. Wabenförmige Halterung der Röhrenbündel
2. Festtreibstoffröhren
3. Schutzschild aus Keramik
4. Besatzungsraum
5. Mittelachse des rotieren „Life-Containers"
6. Stauraum
7. Schwenkbare Sitze, 3 Stück
8. Eingefahrene Landebeine
9. Untere Kabinenteil des Moon-Landers
10. Röhrenbündel für Landung auf dem Mond und Rückflug zur Erde
11. Stufe mit Feststreibstoffröhren
12. Außenverkleidung der absprengbaren Röhrenbündel
13. Gitterrahmen zur Bündelung und Halterung der Raketen-Röhren
14. Seitliche Bullaugen
15. Obere Sichtfenster
16. Coelostat
17. Mittelkonsole
18. Steuereinheiten
19. Rollenlager für rotierende Kabine
20. Dampfstrahldüsen für Feinjustierung
21. Feststoffröhren für Start von Mondoberfläche
22. Pendel in Mittelachse der rotierenden Rakete, dient zur geraden Ausrichtung
23. Luke zum Ausstieg
24. Ausgefahrene Landebeine
25. Rotierendes Cockpit für drei Mann Besatzung
26. Fallschirm für Landung auf der Erde
27. Ausstiegsluke

Außerdem sind ein Chronometer und ein Gyroskop zur Richtungssteuerung Bestandteil der Instrumente. Ein aufgehängtes Pendel zeigt Seitenneigungen an, und umgebaute Sextanten und Richtungsfinder dienen der Positionsbestimmung. Alle diese Instrumente sind in bequemer Reichweite der Besatzungsmitglieder positioniert.

An den Beobachtungsfenstern sind synchronisierte, Motor betriebene Spiegelvorrichtungen - ähnlich dem eines Stroboskops – angebracht. Mit diesen Spiegeln ist es möglich, trotz der Rotation des Raumschiffes, ein stationäres Bild aus dem All für die Navigation zu erhalten."

# Flug zum Mond

Die Januar 1939 Ausgabe des *„Journal of the B.I.S."* geht noch auf folgende Details ein:

„...Vor dem Start wird das Space-Ship mit einer Geschwindigkeit von rund einer Umdrehung alle drei Sekunden in Rotation versetzt, und diese Rotation wird die ganze Reise beibehalten, die ungefähr vier Tagen dauert.

...Bei der Landung auf dem Mond wird das Raumschiff gedreht, sodaß die Unterseite Richtung Mondoberfläche zeigt, die Landebeine mindern den Landestoß beim Aufsetzen. Einmal auf dem Mond, beginnen die Astronauten (zwei oder drei können die Reise antreten) mit wissenschaftlichen Beobachtungen und geologischen Schürfungen.

Die Astronauten essen und schlafen im Raumschiff und benutzen es als ihr Hauptquartier. Sie werden zwei Wochen auf dem Mond bleiben und dann ihren Rückflug antreten. Die Landung auf der Erde wird mit Hilfe von atmosphärischen Bremsmanövern in den obersten Luftschichten und mit Fallschirmen durchgeführt."

Außerdem führt der Bericht noch folgendes an:

„Die mitgeführte „Payload" – Nutzlast – sollte 1 Tonne nicht überschreiten, während das gesamte Raumschiff beim Start ungefähr 1.000 to wiegt.

Der „Life-Container" – Besatzungsraum – hat einen Durchmesser von ca. 3,5m und enthält die gesamte benötigte Zuladung der Besatzung zur Reise zum Mond. Aus Gewichtsgründen wird sich die Zuladung auf das Nötigste beschränken. Dabei wird die Payload in vier Klassen unterteilt:

Erstens, die allgemeine Ausrüstung und Vorräte wie Nahrung, Luft, Wasser, Licht, sanitäre Einrichtungen usw.

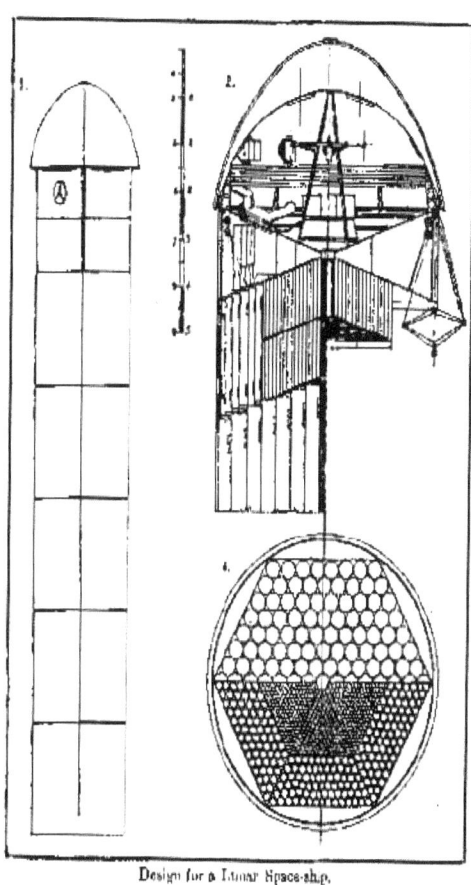

Design for a Lunar Space-ship.

Luft und Wasser wird in kombinierter Form von Wasserstoff - Peroxyd mitgeführt, ein Molekül kann in ein Teil Wasser und ein halbes Molekül Sauerstoff aufgespalten werden. Folglich wird Gewicht gespart, und man braucht nur einen Vorratsbehälter, der weniger Platz beansprucht.

Das reine Wasserstoff-Peroxyd in sirupähnlicher Form kann entweder durch Zuführung von Hitze, oder durch Katalyse, in Wasser und Sauerstoff umgewandelt werden. Zusätzlich wird aber auch eine kleine Menge an reinem Sauerstoff für Notfälle mitgeführt, sowie als Sauerstoff-Vorrat für die Raumanzüge.

Die Beleuchtung des Raumschiffes erfolgt während des Fluges zum Mond über eine Batterie. Auf dem Mond wird das Raumschiff in einer dunkeln Zone landen, die nur von den Sternen oder der Reflexion der Erde beleuchtet wird. Zusätzliche Wärme wird nur auf dem Mond benötigt, während des Fluges heizt sich das Schiff durch die Sonneneinstrahlung, bedingt durch die Rotation, gleichmäßig auf. Die elektrischen Heizlüfter werden von derselben Batterie, auf Basis chemischer Reaktion von Magnesium, wie das Licht gespeist. Ein kleiner Dampferzeuger stellt Dampf für die Steuerdüsen zur Verfügung.

Die zweite Kategorie der Zuladung betrifft die gesamte Ausstattung innerhalb der Astronautenkapsel, die für die Reise nötig ist. Das wichtigste sind die Sitze, auf denen die Astronauten die gesamte Reise verbringen werden, die außerdem als Betten für den dreiwöchigen Flug dienen. Aufgrund der Rotation des Schiffes und der verschiedenen Ausrichtungen der Kapsel während des Starts und der Landung, nehmen die Sitze unterschiedliche Positionen an. In der Startposition der Rakete werden die Sitze in einem Winkel zwischen Boden und Wand der Kapsel justiert.

Nach Einsetzen der Rotation und dem Beginn des Fluges ändert sich die Sitzrichtung, und was vorher als „unten" wahrgenommen wurde ist jetzt seitlich. Die Fläche auf der man saß wird nun zur Kopfstütze und umgekehrt. Die Sitzgelegenheiten sind natürlich gepolstert, um den Anpressdruck beim Start abzufangen. Die Sitze sind auf Schienen montiert und können rund um das zentrale Instrumentenbrett gefahren werden. Dieses zentrale Instrumentenbrett enthält u.a. die Zündkontrolle für die verschiedenen Raketenstufen (s. dazu auch das U.S.-Patent Nr. 6,523,782 v. 25. Febr. 2003, immer noch das gleiche Prinzip des rotierenden Besatzungsraumes!, Anm.d.A.).

Außerdem werden ein Erste-Hilfe-Kasten und ein Ersatzteilkasten, bestimmte Berechnungstabellen gedruckt auf Pergamentpapier sowie Bleistifte aus Balsaholz (wegen der Gewichtsminderung) mitgeführt.

Die dritte Gruppe der Ausrüstung betrifft Navigations- und andere Instrumente.

Diese beinhalten einen Höhen- und Geschwindigkeitsmesser für die Startphase, ein kleines Teleskop zur Beobachtung während des Fluges und später auf dem Mond, sowie Sextanten zum „Sterne schießen" und selbstverständlich ein zuverlässiger Chronometer.

Ein elektrisch betriebener Gyroskop, mit einer feststehenden Rotationsachse, zeigt jede Abweichung vom Kurs des Raumschiffes an. Außerdem wird ein „Range-Finder" – ein Richtungsanzeiger – für die Bestimmung der Höhe über Grund bei der Landung auf dem Mond mitgeführt, der auch für die Feststellung von Richtungen und Entfernungen zu bestimmten Landmarken auf der Mondoberfläche dient.

Vier Raumanzüge für die Arbeit auf dem Mond sind vorgesehen, drei für die Besatzung und ein Reserveanzug im Falle einer Beschädigung der anderen drei.

Die Anzüge bestehen aus dünnen, aber festem Leder, einem geräumigen Helm und sind mit einem Heiz- sowie Sauerstoffsystem, möglicherweise bestehend aus flüssigem Sauerstoff, ausgestattet.

## Moonlander der B.I.S.

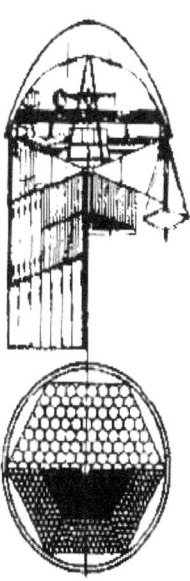

Die letzte Sektion der rotierenden Mondrakete war für die Landung auf der Mondoberfläche vorgesehen.

Rechts ist eine eingefahrene Landestütze zu erkennen. Darüber befindet sich das dreiköpfige Cockpit, dessen Rotationsgeschwindigkeit zur Erzeugung einer künstlichen Schwerkraft individuell eingestellt werden kann.

Die unterhalb des Besatzungsraumes montierten Raketenbündel dienen zur Landung auf dem Mond, und zum erneuten Start und Rückflug zur Erde. Zusätzlich sind an der Kabine noch Dampfstrahler (Venierdüsen) zur Feinsteuerung während des Landemanövers angebracht.

Für Pausen bei ausgedehnten Mondausflügen sollten Gummimembranen mitgeführt werden, die wie ein Ballon aufgeblasen werden können und es ermöglichen, dass der Astronaut darunter Nahrung aufnehmen kann.

Es wird angenommen, dass größere Bereiche der Mondoberfläche von Treibsand- ähnlichem Staub bedeckt sind, dafür werden besondere Schuhe mit breiten Sohlen mitgenommen.

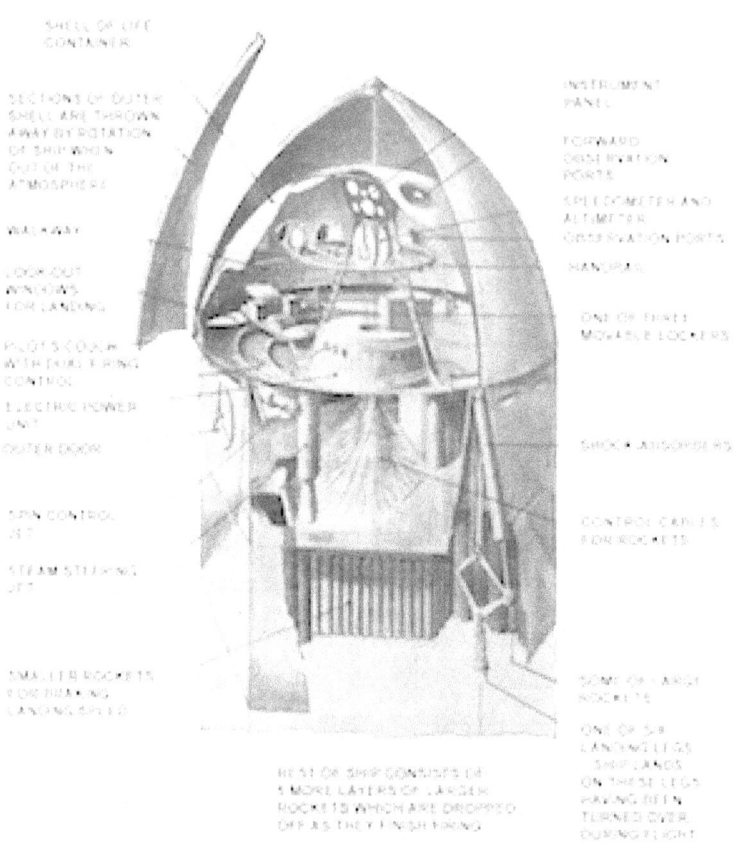

Außerdem werden die Astronauten Signalpistolen, kleine leichte Sextanten, Taschenlampen für die Positionsbestimmung und für die gegenseitige Kommunikation untereinander sowie auch mit dem Headquarters, bei den Mondausflügen bei sich tragen. Sonnengläser und ggfs. eine Sonnencreme gegen Sonnenbrand - wegen fehlender Atmosphäre - hat jedes Besatzungsmitglied dabei.

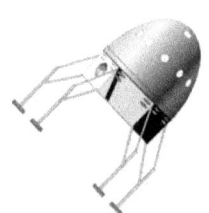

Für geologische Arbeiten führen die Astronauten kleine Sprengstoffladungen, Spaten, Hammer und Glasröhren für Mondproben mit sich. Außerdem sorgt eine Filmkamera für die Dokumentation des gesamten Mondaufenthaltes.

Nach der Landung auf dem Mond wird ein Segeltuch über die Kapsel gespannt, was den Wärmeverlust innerhalb des Besatzungsraumes vermindert.

Ein Signalsystem, ähnlich wie in der Seefahrt, ermöglicht die Kommunikation mit der Erde.

Vor dem Abflug vom Mond wird so vieles wie möglich zurückgelassen, um Treibstoff zu sparen. Die Landung auf der Erde soll durch die Bremswirkung der Atmosphäre und in der letzten Phase durch Fallschirme durchgeführt werden."

Soweit der Bericht vom Januar 1939.

Kommt einem dies nicht alles bekannt vor? Bei obiger Schilderung könnte es sich auch um die Apollo-Mond-Mission gehandelt haben.

Hätte mit dieser rotierenden Rakete der Flug zum Mond so wie oben geschildert, wirklich durchgeführt werden können? Im Vergleich zu anderen und bis heute bekannten bemannten Raketen, wurde die B.I.S.-Rakete durch Rotation stabilisiert. Anstelle von Flüssiggasen hatte man Festtreibstoff in Röhren als Verbrauchsmaterial vorgesehen, was gegenüber flüssigen Treibstoffen durchaus seine Vorteile hat. Interessant ist, dass die dreiköpfige Besatzung durch Rotation der Besatzungskabine eine künstliche Schwerkraft zur Verfügung stand. Dies ist bis heute weder beim Space-Shuttle noch bei der internationalen Raumstation ISS der Fall.

Auch die später neu eingeführten nuklear/elektrostatisch betriebenen Raumfahrzeuge – Sphären, Zylinder und Scheiben - werden durch Rotation stabilisiert und mit Sicherheit rotierte der Besatzungsraum genauso wie bei dem „B.I.S. Space-Ship" von 1939. Basierten diese neuen Bauformen für Raumschiffe auf die Erfahrung mit rotierenden Kabinen für Raumflüge, die man evtl. bereits in den 20er und 30er Jahren des 20. Jahrhunderts machen konnte?

Die B.I.S. Mondrakete wurde Anfang 1939 der Öffentlichkeit vorgestellt. Wann wurde die Idee dazu erstmals angedacht? Wer war daran alles beteiligt, außer den Mitgliedern des technischen Komitees der B.I.S.? Evtl. auch Kollegen aus anderen Ländern und ausländischen Raumfahrtgruppen und -vereinen?

Warum wählte man dieses Konzept und nicht z.B. die Konstruktion und den Antrieb, wie es bei dem Aggregat-4 und deren Vorläufer vorgesehen war?

Könnte die, in dem Bericht besprochene Rakete, als Prototyp schon Jahre vorher gebaut und erprobt worden sein? Zuerst in kleiner und unbemannter Ausführung?

Repräsentiert der veröffentlichte Report schon nicht mehr den aktuellen Stand von 1939? Gab es Verbesserungen, wie z.B. ein Schutzschild auf der Unterseite der Kapsel, wegen der starken Luftreibung beim Wiedereintritt in die Erdatmosphäre? Wurden die Raumanzüge im Laufe der Erprobung abgeändert? Konnte man bereits erste Erfahrung mit der kosmischen Strahlung machen und dies konstruktiv umsetzen? Wurden elektrische Antriebe zusätzlich eingebaut?

Auch das Zündsystem der B.I.S.-Rakete könnte später überarbeitet und in ein neues Raketenkonzept eingebracht worden sein.

## Die automatische Zündkontrolle des B.I.S. Mond-Raumschiffes

Sechs Monate nach der Veröffentlichung des Berichtes über das Lunar Spaceship erschien im Juli 1939 ein weiterer Aufsatz im B.I.S. Journal zur Mondrakete.

Im Vorwort freute man sich über die überwältigenden Reaktionen im In- und Ausland auf den ersten Bericht im Januar - regionale und überregionale Zeitungen wie die „Times" oder „Daily Express" berichteten darüber. Sogar auf der Titelseite eines bekannten Magazins erschien eine farbige Zeichnung des B.I.S.-Spaceships. Wurde dieser Bericht auch in Deutschland, z.B. von Wernher von Braun und anderen deutschen Weltraum begeisternden Enthusiasten wahrgenommen?

In dem Journal of the British Interplanetary Society, Nr. XII, Juli 1939, Vol. 5, Nr. 2 berichten J.H. Edwards und H.E. Ross im Detail über die Antriebsweise ihres Raumschiffprojektes.

Hier einige Auszüge aus dem Report, der verdeutlicht, dass die Technik und Konstruktion des Feuersystems technisch in den 1930er Jahren machbar war und auch funktionieren konnte. Vergleiche hierzu die Arbeitsweise und Konstruktion von Raketen, wie man sie sich z.B. in Deutschland zu dieser Zeit vorstellte.

„Die Konstrukteure des Spaceships gingen davon aus, dass durch die Beschleunigung der Rakete von bis zu 4g, die Besatzung beim Start so weit wie möglich entlastet werden sollte. Dafür wurde die automatische Feuerkontrolle, zuständig für die meisten Flugphasen, eingeführt.

Die manuelle Kontrolle diente hauptsächlich für die Landephase auf dem Mond oder beim Wiedereintauchen in die Erdatmosphäre. Somit wurde die Möglichkeit getroffen, die Zündung der einzelnen Feststoffröhren mit der Hand zu kontrollieren, so dass man die Zündfolge entweder beschleunigen, verzögern oder phasenweise vornehmen kann.

Die Zündabfolge der gebündelten Feststoffröhren ist in einzelne Sektionen eingeteilt und die Röhren brennen von außen nach innen ab. Während des gesamten Fluges wird das Raumschiff durch Rotation stabilisiert.

Abgesehen von einigen Motoren für die zielgenaue Landung und seitlich angebrachter Düsen zur Erzeugung der künstlichen Schwerkraft, die dafür Flüssigtreibstoff nutzen, werden insgesamt 2.250 Feststoffröhren gezündet. Diese Röhren haben einen Durchmesser von 7 bis zu 28cm. Die größten werden für den Start verwendet.

Insgesamt sind 6 Stufen vorgesehen, jede Stufe ist bienenwabenförmig – Honeycomb – gebündelt. Die Stufen 1-5 beinhalten 168 große Röhren (oder Zellen) und sind für die Startphase vorgesehen.

Die 6. Stufe besteht aus 45 mittelgroßen Röhren im äußeren Ring, sowie 1.200 kleinere Feststoffröhren, gestapelt in zwei Stufen im inneren Ring. Die mittleren und die unteren kleinen Röhren werden für die Landung auf dem Mond verwendet. Die restlichen Röhren sorgen für den Start von der Mondoberfläche und zum Abbremsen beim Wiedereintritt in die Erdatmosphäre.

## Zündsystem des B.I.S. Raumschiffes

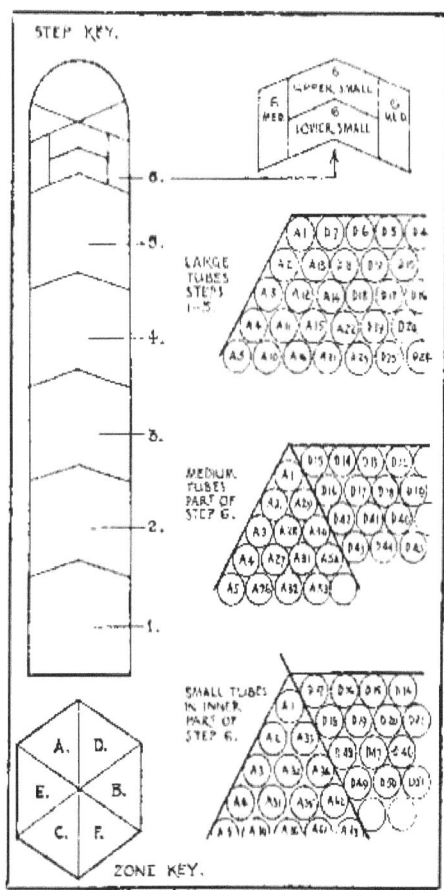

In der ersten von insgesamt fünf großen Stufen sind 126 Röhren parallel verdrahtet und werden simultan von einem einzigen Impuls der separaten Zündkontrolle gezündet. Dieser Schub wird benötigt, um das Raumschiff von der rotierenden, sich unter Wasser befindlichen Startrampe frei zu bekommen. Die restlichen 42 Feststoffröhren im äußeren Ring des Honeycomb-Rahmens sind so verdrahtet, dass sie individuell mit der Hand gezündet werden können. Die 42 Röhren dienen zur Lagekorrektur beim Start. Röhren, die eine Fehlzündung haben, werden automatisch, nachdem die vorhergehende Feststoffröhre ausgebrannt ist, abgeworfen. Die Zündung der nächsten Stufe erfolgt erst dann, wenn die letzten Feststoffröhren der unteren Stufe abgeworfen wurden. Dies verhindert eine Explosion von noch unverbrauchten Röhren, die in den Abgasstrahl der darüber liegenden Stufe geraten würden.

Eine Leichtmetallverkleidung umhüllt jede einzelne Stufe. Sie sorgt dafür, dass die Röhren auf ihrem Platz bleiben, bis sie abgestoßen werden. Außerdem dient die Hülle als aerodynamische Verkleidung während des Fluges durch die Erdatmosphäre.

Das untere Ende einer jeden Hülle ist mit einem perforierten Netz verbunden, das zwischen jeder Stufe steckt. Diese Netze verteilen das Gewicht einer jeden einzelnen Stufe gleichmäßig und helfen, dass die Feststoffröhren in Position bleiben. Verkleidung und Netz werden automatisch nach dem Ausbrennen der letzten Röhren der vorherigen Stufe abgeworfen.

Für jedes Besatzungsmitglied steht ein Autopilot zur Verfügung, was besonders in Notfallsituationen von Vorteil ist. Ein „*Trigger Vibrator*"auf der Konsole des Autopiloten – ein Abzugshahn – liefert eine Serie von Impulsen zu mehreren Selektoren, die die Zündung der Feststoffröhren einleitet. Die Feuerrate kann durch die Frequenz der Eingabe-Impulse am Abzugshahn variiert werden. Insgesamt sind 13 Selektoren vorhanden. Durch den „Trigger-Mechanismus wird der „*Primary*"- oder „*Zone-Selector*"- die „Erst- oder Bereichsauswahl" – aktiviert. Dieser wählt den Bereich, wo eine Feststoffröhre gezündet wird und hat somit 6 Kontaktpositionen, A bis F. Die anderen 12 Selektoren wählen die einzelnen Röhren aus."

Auf das einzelne System der Feuerkontrolle, Verdrahtung, Auswahl der Feuerbereiche ect. wird hier nicht näher eingegangen (Anm.d.A.) Dazu heißt es weiter im Text:

Der Aufbau des Zündsystems zum Abfeuern der einzelnen wabenförmigen Feststoffröhren-Bündel ähnelt in der Schaltung einer automatischen Telefon-Vermittlung.

„Für den Laien mag das System sehr kompliziert aussehen, aber es besitzt einen hohen Grad an Zuverlässigkeit, kombiniert mit einer schnellen und einfachen Handhabung.

Für dieses Feuerleitsystem wurden keine neuen Techniken verwendet, der größte Teil der Apparatur gleicht der von normalen, sich täglich im Einsatz befindlichen automatischen Telefonvermittlungsstellen.

Vor dem geplanten Flug können entsprechende Trainingsmaßnahmen erfolgen, die die Crew des Lunar Spaceships mit allen Eventualitäten sowie unvorhersehbaren Dingen, die während des Fluges auftreten können, vertraut machen."

# Zündsystem des B.I.S. Raumschiffes

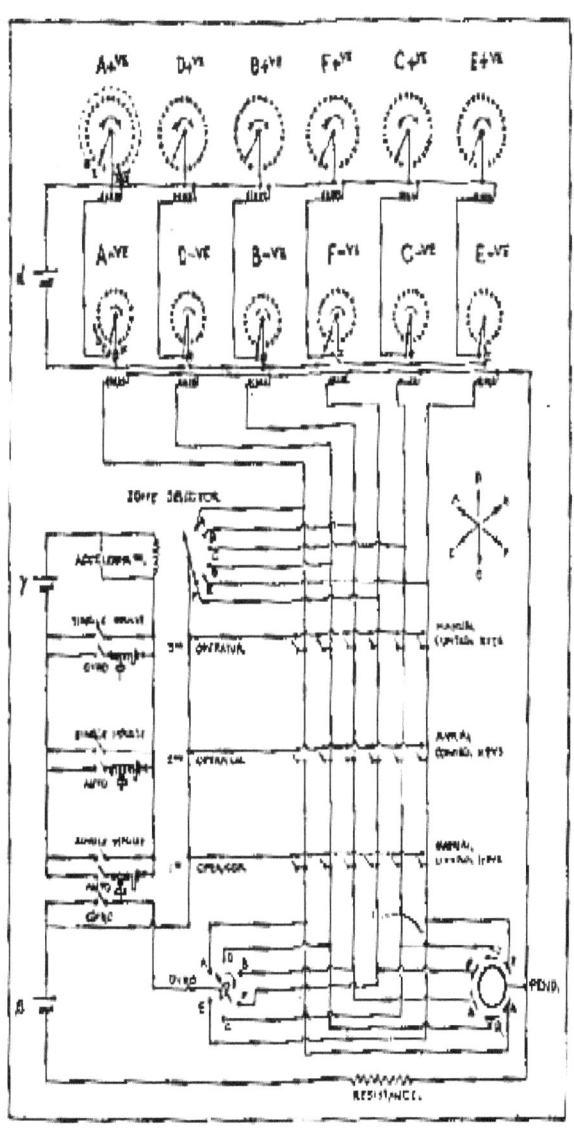

Automatic Firing Control of Lunar Spaceship.

# Automatische Fluglagekontrolle

Erwähnenswert ist weiterhin, wie die Mondrakete der British Interplanetary Society auf Kurs gehalten und stabilisiert wird:

„Die Stellung „Pend" („Pendulum"- Pendel/Lot) auf der Autopilot-Konsole steht für die automatische Fluglagekontrolle. Diese Kontrolle besteht aus einem metallenen Pendel, das in der Mittelachse der Rakete aufgehängt ist. Um das Pendel herum sind in gewissen Abständen sechs elektrische Kontaktstellen so angebracht, dass sie den jeweiligen Bereichszonen entsprechen.

Wenn nun der Schub der feuernden Feststoffraketen nicht koaxial ist (ungleichmäßiger Schub innerhalb eines gebündelten Bereichs von Röhren, Anm.d.A), neigt sich das Pendel zu einer Seite und schließt eine bestimmte Bereichszone kurz. Solange der Kurzschluss besteht, erfolgt keine Zündung in der jeweiligen Zone, und die Rakete kann sich wieder aufrichten und in die vorgesehene Flugbahn zurückkehren. Da der Start der Rakete in einem bestimmten Neigungswinkel erfolgt, neigt sich das Pendel bereits auf eine Seite und berührt einen Kontaktbereich. Durch den starken Anfangsschub der ersten 126 Feststoffröhren und die dadurch entstehende Beschleunigung, schwingt das Pendel sofort in die Mittelachse des Schiffes und der momentane Kurzschluss ist behoben, bevor die anderen Motoren zu feuern beginnen.

Somit steigt die Rakete in die vorhergesehene Flugbahn und bleibt solange durch die Pendelkontrolle auf ihrer Bahn, bis Kurskorrekturen notwendig sind.

Durch die wechselnde Zündfolge der einzelnen Reihen der Röhren im, sowie entgegen dem Uhrzeigersinn und durch die Rotation der Rakete selbst, wird ein hoher Grad an stabiler Fluglage sichergestellt. Die Rakete wird bereits vor dem Start durch das Startgestell in Rotation versetzt, und die Rotation kann während des Fluges variiert werden.

Durch Berechnungen wurde festgestellt, dass 10% der Feststoffröhren auf einer Seite ausfallen können, ohne dass das Schiff instabil wird.

Durch die vielen Stabilisierungsmaßnahmen der Rakete ist es deshalb schwierig, die Rakete für Kurskorrekturen neu auszurichten. Deswegen wurde zusätzlich ein „Gyro Destabilizer" - ein destabilisierendes Kreiselgerät – eingebaut.

Das Kreiselgerät, das immer dieselbe Position im Raum einnimmt, zündet synchron mit der Rotation der Rakete mehrere Zündsätze rund um den äußeren Ring. Dadurch kann die Rakete um ungefähr 3 Grad pro Sekunde seitlich geneigt werden. Dies ermöglicht eine manuelle Kontrolle der Fluglage, und außerdem kann die Beschleunigung des Raumschiffes kontrolliert werden.

Zusätzlich können durch Schubstöße unterschiedlicher Länge, ausgelöst mit Hilfe des Abzughahnes am Steuerpult, ergänzende Kurskorrekturen vorgenommen werden.

Ein Beschleunigungsmesser registriert die Beschleunigung. Sollte diese gefährlich zunehmen, wird ein Kontakt kurzgeschlossen, und die weitere Zündung von Feststoffraketen wird kurzzeitig unterbrochen."

Soweit der Auszug aus o.g. B.I.S.-Journal.

Wann wurde eine rotierende Rakete gemäß der Beschreibung der B.I.S. zum ersten Mal gebaut? Vielleicht schon lange vor 1939? Gegebenenfalls bereits bis zu 10-20 Jahre früher, also ca. 1919-29?

Flossen die Erfahrungen von den ersten und sicherlich zuerst unbemannten Flügen einer solchen Rakete, später in die tatsächliche Mondrakete mit ein? Zeigt der oben erwähnte Bericht evtl. nur den technischen Stand, der zum Zeitpunkt der Veröffentlichung bereits überholt war, so wie wir dies bis heute aus div. anderen Beispielen der Geheimhaltungspraxis her kennen? (Die Erfahrung mit der rotierenden Rakete wurde wahrscheinlich auch in die Entwicklung anderer rotierender Flugkörper umgesetzt.) Sollte der Flug zum Mond, der evtl. irgendwann in den 1920-30er oder Anfang der 1940er Jahre stattfand, einmalig bleiben? Oder plante man weitere Flüge zu unserem Erdtrabanten, um vielleicht eine ständige Mondstation aufzubauen, oder sogar eine Raumstation im Mondorbit zu errichten?

# Lunar Spacesuit

In dem B.I.S.-Journal, Vol. 9, Nr. 1, Januar 1950 berichtet H.E. Ross zusammen mit R.A. Smith über einen Raumanzug, den "Lunar Space Suit":

„Wie das Raumschiff muß auch ein Raumanzug so konstruiert sein, das er den an ihn gestellten Anforderungen gerecht wird. ... In dem folgenden Überblick untersuchen wir einen Raumanzug, der für die Benutzung auf der Oberfläche unseres Erd-Trabanten entworfen wurde.

Die wichtigsten Überlegungen dazu sind:

1. der Mond hat keine Atmosphäre...(es sei denn, unter der Mondoberfläche, eingeschlossen in Höhlen, Gängen, Stollen, in Röhrensystemen erloschener Vulkane..., dies soll uns aber hier nicht weiter beschäftigen)

2. es herrschen extreme Temperaturunterschiede. Um genau zu sein, die Oberflächentemperatur gemäß astronomischer Messungen reicht von einem Maximum am Tage von ca. 120 Grad Celsius bis zu -150 Grad Celsius in der Nacht."

Und weiter:

„Aufgrund der Temperaturunterschiede muß deshalb ein Raumanzug den Träger komplett umschließen und ein eigenes Sauerstoffversorgungssystem besitzen. Außerdem muß der überschüssige Wasserdampf und das Kohlendioxid beim Ausatmen durch ein Filtersystem entsorgt werden. Wegen der Temperaturunterschiede sollte ein internes Kontrollsystem im Raumanzug vorhanden sein, sowie eine effektive Isolierung der Stiefel. Bei den Stiefeln entsteht eine Wärme- bzw. Kälteleitung von den Sohlen her. Bedeutender ist aber die Strahlung, die Probleme macht.

B.I.S. Raumanzug

Wegen der variierenden Temperaturunterschiede ist es einfacher, ein Raumanzug entweder nur für die Nutzung bei Tage oder bei Nacht herzustellen, als ein Anzug, der sowohl bei Tage und in der Nacht angezogen werden kann. Nachts ist die Temperatur meist gleich bleibend niedrig, während bei Tage der Temperaturunterschied von der Umgebung abhängig ist: schroffes Gebirge, die Farbe und Beschaffenheit von Gestein und die Größe der Schatten, die diese werfen. Somit ist der Entwurf eines Raumanzuges für den Tag schwieriger, als wenn er nur für Nachtoperationen ausgelegt ist. Um möglichst wenig Wärme zu verlieren, sollte der Raumanzug doppelwandig aufgebaut sein, mit einem zellstoffartigen Material als Dämmstoff. Als weiterer Schutz sollte die Oberfläche des Raumanzuges mit einem **Hochglanz-Metallfilm** überzogen sein. Teile des Anzuges müssen dagegen mit einem mattschwarzen Finish überzogen sein, um den Verlust von Körperwärme unter bestimmten Umständen zu verhindern.

Somit sollte der Raumanzug bestehen aus:

- einer dünnen Außenhaut aus dicht genähtem Stoff
- einem dicken Belag, ca. 1 cm, bestehend aus hitzebeständigigem Zellstoffmaterial, wie Kapok, Wolle, Fell ect.
- die luftdichte Hauptbekleidung besteht aus stoffüberzogenem natürlichem oder synthetischen Gummi, ca 1,2mm dick, sowie
- einer Innenbeschichtung aus wasserabweisendem Material, um einen direkten Kontakt zwischen Gummi und der Haut zu vermeiden.

Bei der luftdichten Bekleidung – die unter Druck steht - besteht das Problem, dass aufgrund des fehlenden Druckausgleiches durch nicht vorhandenen äußeren Luftdruck, der Anzug zu fest und unbeweglich werden kann. Dies haben bereits erste Versuche mit Höhenanzügen in der Luftfahrt gezeigt (Stand ca. 1930er Jahre). Spezielle bewegliche Verbindungen an den Gelenken sind somit erforderlich. Die Temperatur der Mondoberfläche am Tag beträgt ca. 120 Grad Celsius und minus 150 Grad Celsius bei Nacht. Das Problem mit der Isolierung der Stiefel kann dadurch gelöst werden, dass die Sohlen mit „Spikes" ausgestattet werden, die den eigentlichen Kontakt zur Mondoberfläche verhindern und gleichzeitig das Erklimmen von Anhöhen erleichtert. Außerdem haben die Stiefel eine 4 cm dicke Asbestsohle.

## B.I.S. Vorschlag für einen Raumanzug für die Mondoberfläche

Wurde in den 1930er und 40er Jahren bereits dieser oder ein ähnlicher Raumanzug konstruiert, um Ende z.B. der 1930er, Anfang der 1940er Jahre zum Mond zu fliegen?

Der Helm sollte einen festen Aufbau haben und doppelwandig, mit einem Vakuum dazwischen, ausgelegt sein. Die innere Hülle muss fest sein und aus einer Leichtmetall-Legierung bestehen. Die Außenhülle könnte aus einem bruchsicheren Plastikmaterial geformt werden. Da der Helm nur im Vakuum getragen wird, dürfte es nicht schwierig sein, das Vakuum zwischen den beiden Helmhälften aufrecht zu erhalten.

Eine kleine Öffnung in der Außenhülle dient der Entlüftung von Restluft. Die gesamte Oberfläche des Helms hat einen **glänzenden Metallüberzug**.

Das Sichtfenster besteht aus einem rechteckigen Spezialglas für einen Sichtwinkel von 180 Grad. Ein Vorsprung im oberen Helmbereich dient dazu Schatten zu spenden, um das Sichtfenster und die Augen vor starker Sonneneinstrahlung zu schützen.

Um der gleißenden Helligkeit bei Tag zu begegnen, ist außerdem ein Visor/Visier am Helm angebracht, der je nach Bedarf vor oder zurückgeschoben werden kann. Dieser besteht entweder aus verdunkeltem Glas oder aus glänzendem Metall, das mit Öffnungen oder **Schlitzen** vor den Augen versehen ist. Bei Nachtoperationen wäre es möglich, dass das Sichtfenster wegen Beschlagung beheizt wird.

Eine kleine Luftschleuse ist auf der Brust des Raumanzuges angebracht. Dies erlaubt dem Träger, Objekte von Außen nach Innen, oder umgekehrt, durch den Anzug zu reichen, ohne dass die Isolierung des Raumanzuges beeinträchtigt wird (was ja zu einem „Vakuum-Einbruch" führen würde). Zum Beispiel kann ein Objekt von der Oberfläche des Mondes aufgehoben und in der Luftschleuse platziert werden. Die Arme werden von den Ärmeln getrennt, die innere Tür der Luftschleuse wird geöffnet, und man kann das Objekt gründlich untersuchen.

Das Abtrennen der äußeren Arme hat außerdem den Vorteil, dass man ohne die sperrigen Armteile des Raumanzuges besser seine Mahlzeit, also besser essen und trinken kann, ohne deshalb den gesamten Raumanzug ausziehen zu müssen. Denn der Druckanzug ist für eine Arbeitszeit von 12 Stunden ausgelegt, die ohne Nahrungsaufnahme ziemlich lang wäre.

Dicke Handschuhe sind für die Arbeit auf dem Mond ebenso wichtig. Sie sollten für Nachterkundungen beheizbar sein. Knieschoner helfen bei der Besteigung im felsigen und gebirgigen Terrain. Außerdem besitzt der Anzug einen „Stuhl" in der Form ähnlich eines Melkschemels mit einem Bein in der Mitte, um sich setzen und ausruhen zu können, da aufgrund der extremen Temperaturen das Sitzen auf Felsen, Steinen usw. unangenehm werden könnte. Für Missionen in der Nacht ist die Sitzhilfe beheizbar.

Für längere Exkurse auf der Mondoberfläche kann ein druckbelüftetes und isoliertes Fahrzeug mitgenommen werden, sowie Camping-Betten und silberbeschichtete Zelte.

Die Raumanzüge sind maßgeschneidert und auf den jeweiligen Träger abgestimmt. Der Helm sollte auf den Schultern aufsitzen, denn bei der Ausdehnung des Raumanzuges im Vakuum (Druckbelüftung) würde sich der Helm zu weit nach oben verschieben und das Sichtglas wäre nicht mehr vor den Augen des Trägers. Ein Tragegestell, das dafür sorgt, das der Helm perfekt sitzt, kann hier Abhilfe schaffen.
In dem doppelwandigen, Hitze isolierten „Back-Pack" – Rucksack - befindet sich u.a. die Funkausrüstung. Die Funkanlage dient in erster Linie der Kommunikation zwischen den einzelnen Teilnehmern einer Monderkundung.

Eine Ringantenne (DF-Loop) ermöglicht außerdem das „Homing" – die Richtungsfindung – zum Raumschiff oder einem festgelegtem Rendezvous-Punkt. Homing über größere Entfernungen kann mit Hilfe einer Reihe von Empfängerstationen bewerkstelligt werden."

Eine modernere Methode ist wahrscheinlich heute z.B. der eingepflanzte Mikrochip in der Handfläche oder im Kopf, der das Auffinden einer Person auf einer Planetenoberfläche erleichtert. Dieser Chip hat für Notfälle alle relevanten Daten über seinen Träger gespeichert, die bei sofortigem Abruf geeignete Maßnahmen ermöglichen.

Möglicherweise wurden Übertragungssysteme/Chips einer der ersten Generationen seit den 50er Jahren bei „UFO"-Entführungen eingesetzt („Stimoceiver" genannt) und wurden und werden auf der Erde für fragwürdige Experimente an Menschen benutzt. Auch hier scheint es sich zu zeigen, dass der Fortschritt in vielen Bereichen der Technik viel weiter ist, als allgemein angenommen und das diese Technik zuerst in der „Wahren Raumfahrt" zum Einsatz kommen sollte. (Anm.d.A.)

Weiter heißt es:

„Der „Back-Pack" enthält außerdem die lebensnotwendige Sauerstoffversorgung.

Die Wahl der Zusammensetzung der benötigten Luft kann entweder aus der natürlichen Mischung 21:79 Sauerstoff/Stickstoff-Atmosphäre bestehen, einer Spezialmixtur, oder aber reiner Sauerstoff sein. Alle drei Optionen sind möglich, bevorzugt wird aber der reine Sauerstoff.

Bei der natürlichen Mischung kann es bei Druckabfall durch eine Leckage zu Stickstoffblasenbildung im Blut kommen, die ziemlich schmerzlich und gefährlich ist. Eine Mischung aus Sauerstoff und Helium, oder Sauerstoff und Argon reduziert die Blasenbildung praktisch vollständig. Wenn purer Sauerstoff eingeatmet wird, sollten die Druckverhältnisse dem des Sauerstoffanteils in Meereshöhe entsprechen.

Die Vorteile von purem Sauerstoff unter o.g. Druckverhältnissen lässt einen Raumanzug zu, der beweglich genug bleiben kann, denn je niedriger der Druck, desto höher ist der Sauerstoffverlust durch Schwund oder Leckage.

Bei der Versorgung durch Sauerstoff gibt es folgende Alternativen: verdichteter, in Flaschen gefüllten Sauerstoff, Flüssigsauerstoff oder Wasserstoff-Peroxyd. Sauerstoff in Druckflaschen wird als die beste Lösung angesehen.

Da das Gewicht auf dem Mond nur ein sechstel des Gewichtes auf der Erde beträgt, können Sauerstoflaschen mit einem Inhalt von bis zu 12 Stunden problemlos mitgeführt werden.

In der schematischen Zeichnung ist Flüssigsauerstoff als Atemversorgung vorgesehen. Der Nachteil von flüssigem Sauerstoff ist, dass der Sauerstoffbehälter gut gegen Wärme isoliert sein muss, sonst würde die Flüssigkeit anfangen zu kochen.

Dies führt zu einem zu großen Verlust von Sauerstoff und außerdem könnte der Behälter explodieren. Aufgrund der intensiven Hitze eines Mond-Tages sollte deshalb auf Flüssigsauerstoff bei Tageslichtoperationen verzichtet werden. Wasserstoff-Peroxyd als Alternative ist möglich, aber die benötigten Katalysatoren bereiten Probleme.

Abb.:

Die Zeichnung entstammt aus dem B.I.S. Journal, Vol. 9, Nr. 1, Januar 1950 und handelt über den Lunar-Spacesuit, der für einen Einsatz auf der Mondoberfläche vorgesehen war.

Vergleiche mit den „Monguzzi-Fotos", ein ähnlicher Aufbau des Anzuges?

Außer der Sauerstoffversorgung enthielt der „Back-Pack" auch ein Funkgerät mit herausragender Antenne.

Auch auf den Fotos, die im Juni 1952 in den Alpen gemacht worden sind, sieht man neben einer „fliegenden Untertasse", eine Person mit silbernem Raumanzug und einer Antenne auf dem Rücken.
Der „Wasserinhalt" von Wasserstoff-Peroxyd produziert zusätzliches Gewicht, könnte aber als Trinkwasser genutzt werden. Bei einem durchschnittlichen Arbeitspensum entsteht beim Ausatmen eine bestimmte Menge von Kohlendioxid, das entsorgt werden muss.
Hierzu stehen zwei Stoffe, Natrium-Hydrooxyd und Natrium-Peroxyd zur Auswahl. Da bereits Natrium-Peroxyd in vielerlei Hinsicht, z.B. beim Tauchen, Bergsteigen, Höhenflügen und im Bergbau genutzt wird, fällt die Wahl auf diesen Stoff.

Natrium-Peroxyd generiert bei der Aufnahme von Kohlendioxid Sauerstoff, was vorteilhaft ist. Somit kann der Aufenthalt auf der Mondoberfläche verlängert werden, ohne dass mehr Sauerstoff, d.h. mehr Gewicht mitgeführt werden muss. Natrium-Peroxyd als Absorptions-Material kann in Form von Kügelchen, Briketts oder als Gitterrahmen verarbeitet sein. Die Zeichnung zeigt einen Gitterrahmen.

Neben der Eliminierung der schädlichen ausgeatmeten Luft muss die Atmosphäre im Raumanzug auch von dem ausgeatmeten Wasserdampf befreit werden. Wird der Wasserdampf nicht entzogen, kann die Luft im Anzug zu feucht werden, was den Tragekomfort schmälert. Außerdem spielt der Grad der Feuchtigkeit eine wichtige Rolle, wie warm oder kalt man sich fühlt.
Glücklicherweise absorbiert $NaO_2$ außer $CO_2$ auch die Feuchtigkeit, so dass eine ausreichende Menge dieses Stoffes immer mitgeführt werden sollte.

Die Temperatur im Innenbereich des Raumanzuges sollte konstant bei 18 Grad Celsius gehalten werden. Je nach Tages- oder Nachtarbeit und dem Grad der Anstrengung bei den verschiedenen Arbeiten auf der Mondoberfläche, ist eine automatische Regulierung der Innentemperatur des Anzuges von größter Bedeutung.

Die glänzende äußere Metallbeschichtung verhindert ein Aufheizen des Anzuges, eine matt-schwarze Beschichtung hingegen fördert den Wärmezuwachs im Brustbereich. Eine Temperaturregelung des Anzuges kann somit auch mit dem Variieren der Beschichtung reguliert werden.

Ein „Cape" – ein beschichteter Überzug – über den Raumanzug gezogen, hilft durch den Farbwechsel die Temperatur zu regeln. Alle Teile des Raumanzuges werden glänzend Silber beschichtet, mit Ausnahme der Brustgegend. Dies stellt sicher, dass die Arme und Beine und der Kopf niemals zu kalt werden. Der Brustbereich hingegen wird mit einem matt-schwarzen Finish versehen zwecks Temperaturausgleichs. Der Überzug („Cape") wird aus einem sehr leichten Stoff gefertigt, der Innen und Außen glänzend Silber beschichtet ist, um zusätzlich ein Maximum an Reflektion zu gewährleisten.

Bei Tage schützt das silberne Cape gegen die große Hitzeeinstrahlung und bei Nacht reflektiert die innere silberne Beschichtung die abgegebene Wärme des Raumanzuges auf den schwarzen Brustbereich und heizt diesen wieder auf. Bei Tag wird durch den Überzug ein Aufheizen verhindert, bei Nacht ein Abkühlen. Der Wirkungsgrad des Capes kann noch erhöht werden, wenn das Cape vom Raumanzug absteht, denn sonst könnte Hitze durch Wärmeleitung den Anzug erwärmen. Hervorstehende kleine – evtl flexible –Stäbe im Brustbereich als Abstandshalter sollten den Überzug auf Distanz halten, damit dort verbrannte Kalorien des Körpers entweichen können.

# Lunar Space Suit

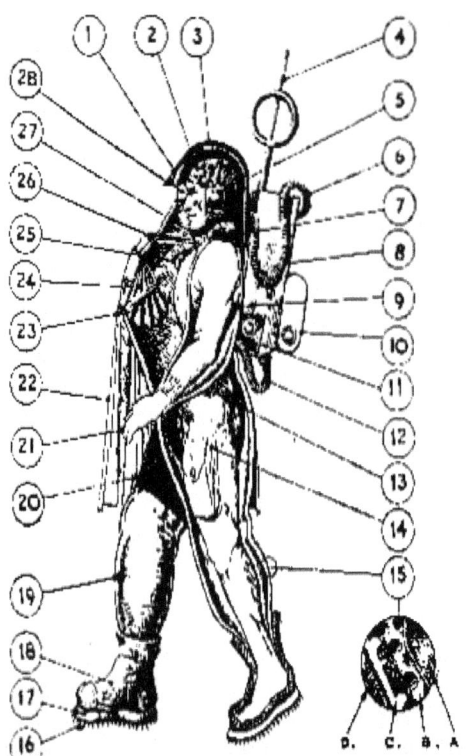

KEY TO SECTIONAL VIEW OF SPACESUIT.

1. Anti-glare peak with space for retracting visor.
2. Woollen balaclava head-dress.
3. Double-walled vac-interspaced helmet (bright alloy inner wall; burnished metalised plastic outer wall).
4. Combined D.F. and party conversation aerial.
5. Telephone head-set (or loudspeaker)
6. Air pipeline
7. Shoulder pads to avoid chafing by helmet.
8. Back-pack containing air and temperature conditioning unit and radio.
9. Roomy armhole to permit withdrawal of arm.
10. Refrigerator (temperature control, mainly day use).
11. Radio control panel.
12. Air pipeline.
13. Woollen garments.
14. Patch pocket.
*15. Four-ply airtight sheath.
16. Articulated and spiked metal undersole.
17. Thermal insulating sole.
18. Pull-on boots.
19. "Silvered" outer surface.
20. Black outer surface (knees to shoulder level).
21. Gloves (these are part of suit; mitts are carried separately for heavy handling work).
22. "Silvered" cape (used to regulate temperature at night).
23. One (of several) stand-off studs.
24. Collapsable air-lock compartment.
25. Electric light.
26. Gasket and fixing ring for helmet.
27. Laryngaphone transmitter mike.
28. 180° vision port.

NOTE.—Patch-pockets repeat on outside of main suit. Hook fitments to facilitate withdrawal of arms from sleeves not shown.

* (15) A—Outer cuticle of smooth cloth (non-hygroscopic)
   B—Felted cellulos lagging (non-hygroscopic).
   C—Fabric-backed rubber air-tight sheath.
   D—Soft material inner lining (non-hygroscopic).

Wabenförmige Halterung der Röhrenbündel
Feststreibstoffröhren
Schutzschild aus Keramik
Besatzungsraum
Mittelachse des rotieren „Life-Containers"
Stauraum
Schwenkbare Sitze. 3 Stück
Eingefahrene Landebeine
Untere Kabinenteil des Moon-Landers
Röhrenbündel für Landung auf dem Mond und Rückflug zur Erde
Stufe mit Feststreibstoffröhren
Außenverkleidung der absprengbaren Röhrenbündel
Gitterralmen zur Bündelung und Halterung der Raketen-Röhren
Seitliche Bullaugen
Obere Sichtfenster
Coelostat
Mittelkonsole
Steuereinheiten
Rollenlager für rotierende Kabine
Dampfstrahldüsen für Feinjustierung
Feststoffröhren für Start von Mondoberfläche
Pendel in Mittelachse der rotierenden Rakete, dient zur geraden Ausrichtung
Luke zum Ausstieg
Ausgefahrene Landebeine
Rotierendes Cockpit für drei Mann Besatzung
Fallschirm für Landung auf der Erde
Ausstiegsluke

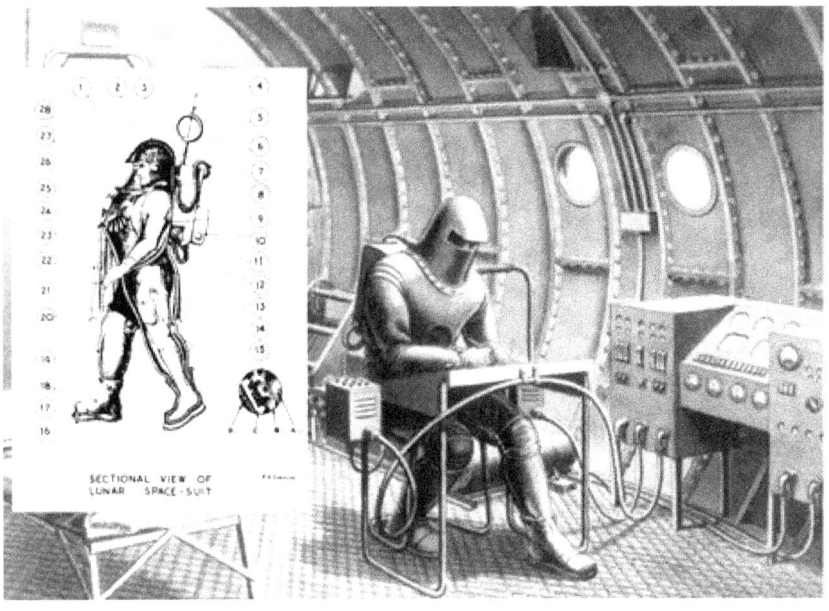

Zusätzlich sollte der Raumanzug eine Verdampfungs-Kühlung besitzen, bei der die Atmosphäre des Anzuges durch ein System von Röhren zirkuliert, die eine Flüssigkeit mit niedrigem Siedepunkt enthält, z.B. reines Ammoniak (bei gewissen Bedingungen reicht auch normales Wasser aus). Der Vorteil dieses Systems ist u.a., dass das Kühlmittel mit der Zeit verdampft und sich somit das Gewicht, das mitgeschleppt werden muss, verringert. Aber auch eine Wiedergewinnung des verdampften Kühlmittels durch Entspannung/Abkühlung, in dem man es z.B. im Vakuum bei Nacht, oder bei Tag in schattigen Gebieten wieder abkühlen lässt. Wenn ein Cape angezogen wird, kann das Kühlsystem außer Kraft gesetzt werden."

„Dies bringt uns zum Ende der momentanen Betrachtung über die Erfordernisse eines Raumanzuges.

„Lunar Spacesuit"

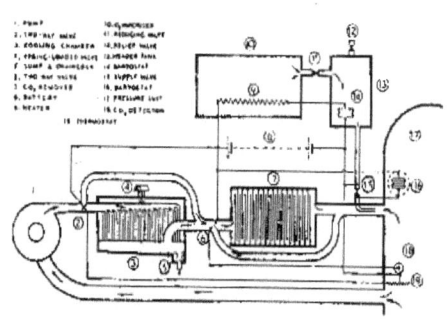
Schematic liquid oxygen supply for provision of spacesuit air and temperature conditioning services.

Die wichtigsten Punkte wurden besprochen, ein ganzes Buch würde aber von Nöten sein, um jeden Punkt im Einzelnen zu besprechen.

Das geschätzte Gewicht des hier vorgestellten Anzuges bei einem 12 Stunden Einsatz, würde bei ungefähr 75 kg liegen.

Aber auf dem Mond liegt dieser Wert nur noch bei ungefähren 12 kg."

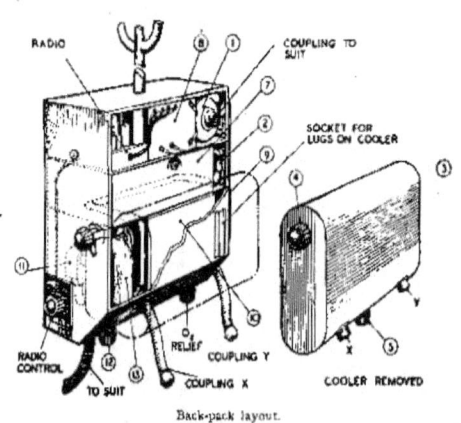
Back-pack layout.

Detailansicht des „Back-Packs"

Soweit der Bericht der B.I.S. über den Spacesuit. Vieles findet man auch später in der „offiziellen" Raumfahrt bei der NASA wieder.

Könnte der Raumanzug der British Interplanetary Society aber schon seit den 1920/30er Jahren entwickelt und gebaut worden sein? Trugen evtl. Astronauten der „wahren Raumfahrt" bereits solche oder ähnliche Anzüge?

Vergleicht man das Foto von Ing. Monguzzi, das er im Juni 1952 auf einer Hochgebirgstour im Bernina-Gebiet in den Schweizer Alpen aufgenommen hat, so erkennt man, dass der Raumanzug Silber erscheint.

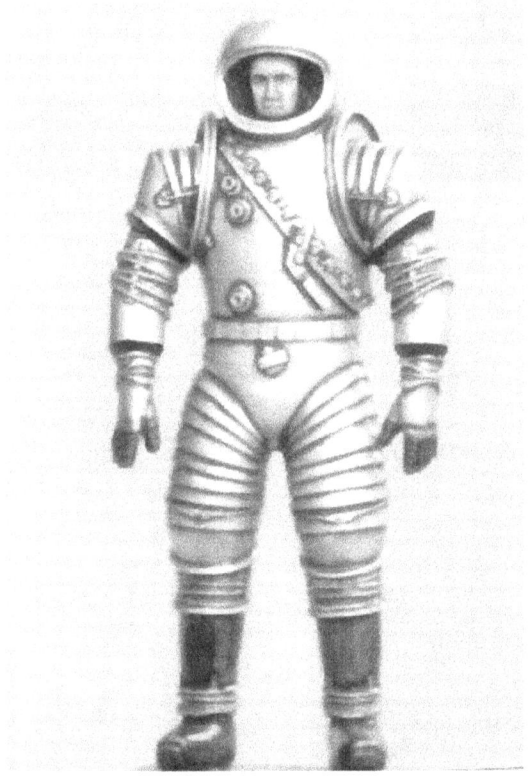

Außerdem sieht er sehr „aufgeblasen" aus, und auf der Rückseite befindet sich ein „Back-Pack" mit Antenne.

Handelt es sich hier um einen Raumanzug, wie er in dem obigen Absatz über den B.I.S. Spacesuit beschrieben wurde?

Solche metallenen Raumanzüge wurden z.B. von „Litton-Industies" gefertigt.

Betrat man mit solchen „Tomatenwurm-Anzügen", die von der B.F. Goodrich Company (Russell Colleys Entwurfsgruppe) konzipiert wurde, evtl. bereits Mitte der 1940er Jahre Mond- und später die Marsoberfläche?

## Die japanischen Dogu-Statuetten

In Japan wurden in einigen Bezirken in großer Anzahl kleine alte Dogu-Figuren gefunden, die einen besonders nachgebildeten Anzug zu tragen scheinen.

Zwei Forscher waren überzeugt, dass dieser „Jomon-Anzug" aus der Jomon-Zeit die getreue Nachbildung einer bestimmten Sorte von Raumanzügen sei. Ihre These stützten sie damit, dass der japanische Weisheitsgott Hitikotonusi auf die Erde herabgekommen sei, um den Menschen Weisheit zu lehren. Das Bemerkenswerte ist, dass dieser Gott mit europäischen Gesichtszügen einen „Jomon-Anzug" trägt, wenn auch ohne Helm.

Der japanische Experte Isao Washio erklärte zum Jomon-Anzug:

```
„Die Handschuhe sind mit einem kugelförmig gerundeten Verschluß am Unterarm
befestigt; die Augenovale können entweder geöffnet oder bis einen Schlitz
geschlossen werden, zu beiden Seiten sind kleine Hebel sichtbar, mit denen
man wahrscheinlich die Öffnungsweite einstellen konnte; die „Krone" auf dem
Helm ist wohl eine Antenne... die Zeichnungen auf dem Anzügen sind keine
Ornamente, sondern Vorrichtungen zur automatischen Druckregulierung."
```

Dokumente über die Dogus wurden auch an die amerikanische Weltraumbehörde gesandt.

In einer Mitteilung der NASA heißt es:

```
„Unsere Beobachter sind der Ansicht, daß die Hypothese über den Anzug ... ,
großes Interesse verdient. Derselbe Anzug wurde nun als Nachbildung von
Litton-Industry, Los Angeles (riesiger U.S. Rüstungskonzern, Anm.d.A.)
angefertigt und an die NASA-Generaldirektion für astronautische Ausrüstung
geschickt; er soll jetzt weiter perfektioniert werden...."
```

(aus „Besucher aus dem All" v. Adolf Schneider, Hermann Bauer Verlag, Freiburg, 3. Auflage, 1976)

Handels es sich bei der Beschreibung dieses Dogu-Raumanzugs um einen Anzug der 1. Generation von Raumanzügen, entwickelt in der ersten Hälfte des 20. Jahrhunderts?

Der Schutz der Augen vor starker Sonnenstrahlung (z.B. auf dem Mond) durch bewegliche Schlitze repräsentiert eine Technik, die heute im 21. Jahrhundert bereits veraltet ist.

## Orbital Bases

In dem „Journal of the British Interplanetary Society", Vol. 8, No. 1, January 1949 berichtet H.E. Ross über die Möglichkeit Raumstationen zu bauen, um von dort aus z.B. eine Mission zum Mond zu starten:

„Wir (die B.I.S., Anm.d.A.) erwägen, die Reise zum Mond in einfache Abschnitte aufzuteilen und unsere Raumschiffe im All aufzutanken". Der *Modus Operandi* soll wie folgt aussehen:

„Drei Raumschiffe/Raketen mit je einem Besatzungsmitglied sollen gleichzeitig von der Erde gestartet werden. Im Erdorbit von ca. 1.000 km Höhe findet das Rendezvous statt.

Ein Raumschiff wird von den anderen zwei aufgetankt. Dabei wird eine Rakete als Verlustgerät aufgegeben, während die dritte den überzähligen Treibstoff erhält. Die zwei anderen Besatzungsmitglieder steigen zu dem Astronauten in das voll aufgetankte Raumschiff um, um dann gemeinsam zum Mond zu fliegen. Dort im Orbit angekommen werden die Treibstofftanks abgestoßen und kreisen weiter in der Umlaufbahn des Mondes, während das Raumschiff auf der Mondoberfläche aufsetzt. Nach dem Start vom Mond fliegt das Raumschiff mit den drei Besatzungsmitgliedern wieder die im Orbit verbliebenen Tanks an, die mit Hilfe von Radar und anderen Navigationshilfen aufgespürt wurden und pumpen den restlichen Treibstoff um, der dann für den Rückflug zur Erde ausreicht. Es wurde auch angedacht, den Treibstoff komplett in einem oder mehreren Tanks (Module) aufzunehmen, anstatt ihn umzupumpen.

Wieder im Erdorbit wird die verbliebene dritte Rakete aufgesucht, die ja noch den Resttreibstoff von der anfänglichen Betankung übrig hat. Die Besatzung steigt um und kehrt mit diesem Raumschiff zur Erde zurück.

Für weitere Flüge Erde-Mond erwog man, unbemannte „Tanker-Raketen" im Sub-Orbit von Erde und Mond zu stationieren, um ein Rendezvous mit einer Fernsteuerung oder anderen automatischen Anflugkontrollen vorzunehmen. Somit brauchte man nur noch ein einzelnes bemanntes Raumschiff von der Erde aus zu starten, um den ständigen Flugverkehr zum Mond zu vereinfachen."

Wurde das oben geschriebene System in den dreißiger bzw. Anfang der vierziger Jahren des 20. Jahrhunderts so angwandt, damit man eine erste kleine Mondstation auf der Mondoberfläche, bzw. eine Raumstation im Mondorbit aufbauen konnte? Wurde das Tanksystem danach für Raumflüge zum Mars weiter ausgebaut, um später den Aufbau einer Marsstation und einer Mars-Orbitalstation voranzutreiben, oder wurde sogar die Errichtung einer Raumstation im Orbit einer der zwei Marsmode Phobos und Deimos geplant?

Positionierte man z.B. Tanks auf halber Wegstrecke zwischen Mond und Mars, um ein Marsraumschiff auf der Hin- und Rückreise von und zur Erde aufzutanken und mit Lebensmittel usw. zu versorgen? Entdeckte man bei einer evtl. ersten Mars-Erkundungen, dass an den Polkappen des Mars Eis vorhanden war sowie gebundenes Eis unterhalb der Marsoberfläche? War dies der Anlass, dass 1946 in der Antarktis erste Tests mit Atombomben durchgeführt wurden, um zu testen, wie man das Wasser-Eis auf dem Mars zur Bildung einer Atmosphäre schmelzen könnte? Machte man sich dabei außerdem bereits

Gedanken, wie man dem Mars eine schützende Ionosphäre (gegen die Kosmische Strahlung) verpassen kann?

Wurde nach der Einführung von nuklear/elektrostatisch betriebenen Raumschiffen – nach dem Ende des Zweiten Weltkriegs – im großen Stile begonnen, den Mars zur zweiten Erde umzuformen? Wie viele Personen - Raumfahrer, Wissenschaftler und Forscher – siedelten ca. Mitte 1946 schon außerhalb der Erde auf Raumstation, auf Stationen auf Mond und Mars, bzw. wurden dort evtl. schon geboren, um eine neue Generation von raumfahrenden Menschen heranzubilden?

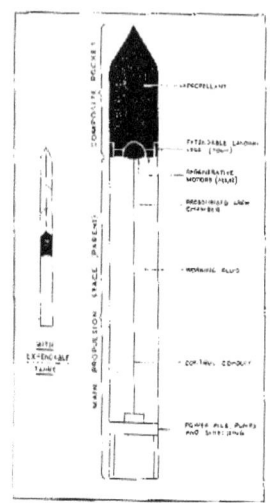

Wäre eine solch gewaltige Operation aber hier auf Erden tatsächlich unentdeckt geblieben? Könnte so oder so ähnlich eine erste Eroberung des Sonnensystems durch die Menschheit stattgefunden haben? Vielleicht fand dies statt, ob aber hier oder gar in einer anderen Welt.

Flog man vor dem atomaren Zeitalter mit diesen „Bleistift-artigen, rotierenden Raketen ins All?

Transportierten mehrere solcher Raketen Treibstofftanks in die Erdumlaufbahn, um damit eine Rakete für einen Flug zum Mond zu bestücken? Wuchtete man damit vorgefertigte Teile für eine Raumstation ins All, um evtl. eine Orbitalstation im Erd- und sogar nachher im Mond- und Marsorbit aufzubauen?

Führte man das gleiche Betankungsmanöver im Mondorbit durch, um mit einer solchen, ggfs. größeren Rakete zum Mars zu fliegen?

Geschah dies schon vor „Operation Full Moon", also vor 1947?

Abb.:

„Lunar Britannica". Flog man bereits lange vor dem zweiten Weltkrieg zum Mond und dann weiter zu roten Planen Mars?

## Flug zum Mond
## via
## zwei Sub-Orbits

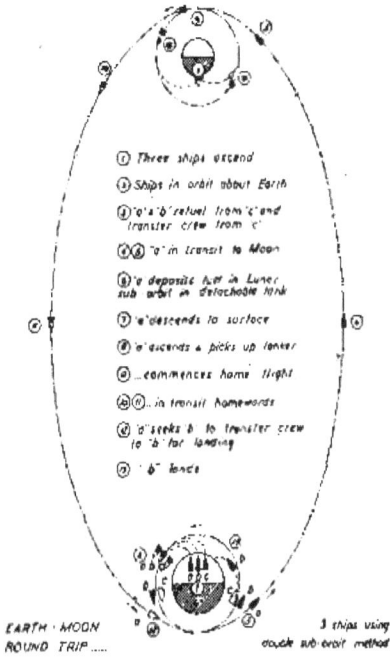

Round Trip to Moon via Two Sub-Orbits

Schickte man bei diesem „Rundflug" nicht nur eine Raumschiffbesatzung zum Mond, sondern auch unbemannte „Tanker-Raketen", die im Erd- und Mondorbit „geparkt" wurden, um abfliegende und zurückkehrende Raumschiffe zu betanken?

Konnte man mit diesem Verfahren einen regelmäßigen Pendelverkehr zum Mond einrichten und ermöglichte dieses Konzept z.B. bereits eine kleine Station auf dem Mond zu erbauen, um eine ständige Besatzung zu versorgen? Und dies alles vor 1947?

Konnte man mit diesem Pendelverkehr auch eine vorgefertigte Raumstation in großer Höhe über der Mondoberfläche errichten?

War dieses System außerdem dazu geeignet, zum Mars zu fliegen und auch ferngesteuerte Tanker-Raketen auf dem Flugweg zum Mars zu positionieren, um die große Distanz mit einer chemischen Rakete und ausreichend Nutzlast zu bewältigen?

# Die Raumstation der B.I.S.

Weiter heißt es in dem B.I.S.-Bericht von H.E. Ross aus dem Jahre 1949:

„So wie man mit mehreren Raumschiffen und Tankern einen „*Round-Trip*" zum Mond oder Mars durchführen kann, so kann man mit diesem System auch eine „*Spacestation*" im Erdorbit errichten. Wenn man z.B. drei 442-ton. Schiffe benutzt, kann man ca. 30-40 Tonnen im Erdorbit platzieren, incl. der Rückführung der Besatzung zur Erde.

Die grundlegende Forderung, wie eine Raumstation auszusehen hat, beschrieb und illustrierte bereits „Noordung" vor vielen Jahren (die Ideen für eine bemannte Raumfahrt, waren schon teilweise vor dem ersten Weltkrieg angedacht gewesen, Anm.d.A.). Die von der B.I.S. vorgeschlagene Station im All soll aus drei Sektionen bestehen: Die „Schüssel", der „Bun"/Knoten bzw. das Mittelteil und dem „Arm". Ein 65 m großer Parabolspiegel dient als Sonnenkollektor. Das Mittelteil beinhaltet die Besatzungsräume, Labors und Werkstätten.

Der Parabolspiegel und die Wohn- und Arbeitsräume werden in Rotation versetzt, um eine künstliche Schwerkraft zu erzeugen (heutige Raumstationen, wie die ISS haben immer noch keine künstliche Schwerkraft und die Astronauten und Kosmonauten müssen immer noch mit den Unzulänglichkeiten, die die „Zero-Gravity" mit sich bringt - Toiletten, Waschräume usw. - kämpfen, Anm.d.A.).

Die Rotationsgeschwindigkeit des Parabolspiegels und der Mannschaftskabine beträgt eine volle Rotation alle 7 Sekunden. In der Galerie wird dabei im inneren Bereich 1g erreicht, während in den Außenbezirken die Schwerkraft 0,43g beträgt.

Durch eine entsprechende elektrische Kreiselstabilisierung durch sechs Kreisel wird der Parabolspiegel immer in Richtung der Sonne ausgerichtet.

Der Arm hinter dem Spiegel rotiert normalerweise nicht. Am Ende des Auslegers befindet sich eine Kammer mit zwei Schleusen, die mit den Besatzungsräumen der Station verbunden ist. Diese Kammer hat zweierlei Funktion: einerseits dient sie als „Zero-Gravity" Labor und andererseits als Ein- und Ausgangsbereich zu und von der Raumstation.

Zusätzlich befindet sich am äußersten Bereich des Auslegers Funkantennen, die die Kommunikation zur Erde aufrechterhalten. Auch die Antennenanlage ist kreiselstabilisiert, um konstant Richtung Erde zu weisen. Die Antennen können aber auch manuell gerichtet werden, so z.B. um mit einem Raumschiff Kontakt aufzunehmen.

Legt z.B. ein Raumschiff an, oder die Besatzung möchte einen Ausflug ins All vornehmen, wird der Gitterrohrarm mit Hilfe einer Kupplung an die sich drehende Raumstation angeschlossen, damit sie gemeinsam mit der Station rotiert. Nachdem die Astronauten ihre Raumanzüge angelegt haben, können sie nun von den Besatzungsräumen durch das Schleusensystem in die „No-Gravity" - Kammer gehen, die sich, am ansonsten nicht rotierenden, Gitterrahmen befindet. Der „Arm" wird nun wieder entkoppelt und entgegen der

Drehbewegung gesteuert, bis er stillsteht. In der Schleuse wird jetzt die Luft abgesaugt, bis ein Vakuum entsteht und die Besatzung die Außenluke öffnen kann.

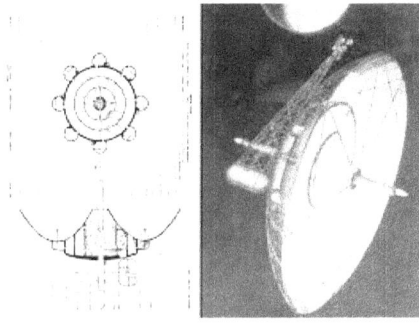

(Solche oder ähnliche Ein- und Ausgangssysteme, die das Betreten oder Verlassen einer sich ständig drehenden Raumstation ermöglichen, wird man wohl auch heute noch an div. Orten in unserem Sonnensystem - ob heute oder in einer anderen Zeitlinie - vorfinden. Auch im All „auf Reede" liegende rotierende Raumschiffe (Rotation wegen ständiger künstlicher Schwerkraft für Besatzung und Passagiere) – ob Sphären oder Hantelraumschiffe - haben bestimmt ein ähnliches System, um an Bord zu gelangen, ohne dass die Rotation unterbrochen werden muss, Anm.d.A.)

Auf der Raumstation befindet sich außerdem ein „Stroboteleskop", ein Coelostat, der aus zwei festen und zwei beweglichen Spiegeln besteht, um feststehende (nicht mitrotierende) Bilder von der Umgebung der rotierenden Station zu erhalten. Nach Meinung v. H.E. Ross ist dieses System der Beobachtung aus rotierenden Körpern einfacher, als z.B. ein Kamerabild zu erzeugen.

(Zumindest zur damaligen Zeit hatten die Fernsehbilder eine geringere Auflösung und konnten somit, z.B. schwach leuchtende Sterne und Objekte im All nicht auf dem Fernsehschirm wiedergeben. Aber auch heute braucht man sehr hoch auflösende Kameras zur Beobachtung im All und der Coelostat hat den Vorteil, dass ein einfaches Spiegelsystem originalgetreue Bilder vom Weltraum liefert, ohne aufwendige Technik, so dass es denkbar ist, dass sich auch heute noch solche – teilweise verbesserten – Coelostate in rotierenden Raumschiffen und Raumstationen befinden, Anm.d.A.).

Der Besatzungsraum der B.I.S. Spacestation besteht aus zwei Stockwerken und enthält die Arbeits- und Aufenthaltsräume/ *„Domestic Accommodation"*, wie z.B.: Konferenzraum, Küche, Freizeitraum, Krankenstation, Bücherei, Wohnräume und zwei Badezimmer für insgesamt 24 Personen.

Wie schon bei der B.I.S.-Mondrakete soll das Wasser für die Raumstation aus Wasserstoff-Peroxyd gewonnen werden. Das verbrauchte Wasser kann zu einem bestimmten Prozentsatz durch ein Filtersystem wieder zurück gewonnen werden.

Die Sauerstoffversorgung der Station besteht entweder aus purem Sauerstoff, bei reduziertem Luftdruck, oder aus einer Mischung aus Sauerstoff und Stickstoff, oder aber aus Sauerstoff und z.B. Helium. Aber auch ganz normale Luft mit evtl. einem niedrigeren Luftdruck reicht aus. Das Hauptziel jedoch war, den Luftdruck so weit wie möglich zu reduzieren, im Rahmen des psychologisch und biologisch Vertretbaren, um den Verlust an Luft durch Undichtigkeiten innerhalb der Raumstation so gering wie möglich zu halten.

Es wurde herausgefunden, dass reiner Sauerstoff in niedriger Atmosphäre über einen ausgesprochenen langen Zeitraum ohne Schwierigkeiten und Folgen für die Gesundheit eingeatmet werden kann.

Die Absorption von Kohlendioxid erfolgt entweder chemisch (durch Natrium-Peroxyd), oder durch teilweiser Verflüssigung der schädlichen Gase. Auch eine Regeneration der Bord-Atmosphäre durch Vegetation wurde in Erwägung gezogen.

Die thermische Isolierung der Raumstation gegen Hitzeeinstrahlung von der Sonne sowie gegen den inneren Verlust von Wärme, wird dadurch erreicht, dass die äußeren Wände der Station einen hellen Anstrich haben und dass die Station doppelwandig ausgelegt ist, mit einem Vakuum zwischen der äußeren und inneren Wand.

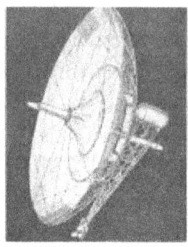 

Die Flure innerhalb der rotierenden Raumstation laufen gekrümmt und man bekommt den Eindruck, dass einem die Besatzungsmitglieder auf den Kopf fallen, was jedoch aufgrund der Fliehkraft und des Anpressdruckes nicht der Fall ist. Auch die Tische sehen auf den ersten Blick gekrümmt aus und man meint, dass z.B. ein Ball darauf herunterfallen würde. Aber er rollt wie auf einem ganz normalen Tisch."

Dies waren Auszüge aus dem B.I.S.-Bericht von H.E. Ross, so wie er sich in den 1940er Jahren eine orbitale Basis vorstellte.

Könnte eine oder mehrere solcher Station im Verlauf, der ggfs. Ende der zwanziger bzw. Anfang der dreißiger Jahre des 20. Jahrhunderts heimlich begonnen Raumfahrt, gebaut worden sein? Wurden solche Stationen im Erdorbit errichtet, um eine Versorgungsbasis - zum Auftanken, Umsteigen von Besatzungen usw. – für regelmäßige Flüge zum Mond zu haben? Schwebt evtl. bis heute eine Station im Bereich des L-5 Punktes (zwischen Erde und Mond in dem Gebiet, wo es weder eine Schwerkraftbeeinflussung von Erde und Mond gibt)? Oder wurden die Ideen der B.I.S. in einer anderen Zeit und in einer anderen Dimension verwirklicht?

Hätte man eine solche Versorgungsstation evtl. auch im Orbit des Mondes platzieren können, als Ausgangsbasis für eine Mars-Mission? Wurde der Mars mit solch einer Orbitalstation beobachtet? Flogen von dort Astronauten und Wissenschaftler ab, um die Marsoberfläche zu Erkunden? Hätte man einen eingeleiteten „Terraforming" Prozess auf dem roten Planeten durch eine mehrköpfige Besatzung, bestehend aus Wissenschaftlern, Geologen, Klimaforschern usw., aus solch einer Station heraus überwachen können?

In dem 1949 verfassten Bericht wird außerdem erwähnt, dass momentan Forschungen in Bezug auf die Ionosphäre in verschiedenen Höhenabschnitten vorgenommen werden, sowie von polaren Nordlichtern – Auroras. Aber nicht nur die Ionosphäre, sondern auch das Magnetfeld der Erde wurde mit Hilfe von „Aerobee" Raketen, die z.B. vom „White Sands

Proving Ground" am 13. April 1948 in Höhen bis zu ca. 150 km geschossen wurden, untersucht.

Außerdem wurden Forschungen im Bereich Kosmische Strahlen – „Cosmic-Ray Research" – durchgeführt. Von White Sands wurde eine V2 mit Fruchtfliegen an Bord ins All geschossen, um anhand von Mutationen die Auswirkungen der Kosmischen Strahlen auf Lebewesen festzustellen.

Forschungen im Bereich von Funkwellen, die durch die obere Atmosphäre gesendet wurden, sollten Aufschluss über die Übertragung von Daten ergeben, auch im Zusammenhang mit dem Verhalten von Mikrowellen, die durch die verschiedenen Schichten der Ionosphäre gesendet wurden.

Diese Forschungen, wann und wo sie auch immer begonnen haben, sind wichtig für die Eroberung des Alls und für Terraforming Maßnahmen, so z.B. auf dem Mars.

Arthur C. Clarke, der zweimal Vorsitzender der „British Interplanetary Society" war, schlug in einem Artikel in „Wireless World" im Oktober 1945 vor, ein „suitably outfitted object", entweder ein unbemannter Satellit oder eine Raumstation für die weltweite Übertragung von z.B. Televisonsprogrammen im Erdorbit einzurichten. Diese Station sollte entweder mit Atom- oder Solarenergie angetrieben werden. Heute ist die Vision von A.C. Clarke Realität. War sie bereits – ggfs. heimlich auf der Erde, Mond oder Mars – in den 40er Jahren wahr geworden? Angeblich wurde bereits in Deutschland während des Krieges von Wernher von Braun und seinem Team Satellitenbahnen berechnet, ggfs. wurde sogar ein deutscher Satellit ins All geschossen.

## Der B.I.S. Coelostat

Erwähnenswert ist auch die Vorrichtung, mit der man aus einem rotierenden Flugkörper heraus, ein ruhendes Bild der vorbei fliegenden Umgebung erhalten kann.

Dazu schreibt R.A. Smith im „Journal of the British Interplanetary Society", Nr. XII, Juli 1939 u.a.:

```
„Bei der Konstruktion des „Space-Ships", das kürzlich im Journal
veröffentlicht wurde, wird angegeben, daß das Raumschiff rotiert. Dafür
gibt es zwei Gründe: Längsstabilität im luftleeren Raum; das Erzeugen von
künstlicher Schwerkraft durch Zentrifugalkräfte, damit bei der Besatzung
sich kein Schwindelgefühl während der Flugzeit einstellt, sowie eine
Rotation bei abgeschaltetem Antrieb des Raumschiffes, sodaß die Rakete
nicht durch das Zünden der Feststoffraketen in unkontrolliertes Torkeln
gerät.

Während bestimmter Abschnitte des Raumfluges wird es notwendig sein, daß
die Besatzung Sternenbeobachtungen zwecks Navigation vornimmt. Da das
Schiff rotiert, sieht die Besatzung die Umgebung um die Mittelachse des
Schiffes vorbeidrehen, und dies macht eine genaue Beobachtung unmöglich."
```

Im Bericht heißt es weiter, „dass ein feststehendes Beobachtungsfeld geschaffen werden muss" und das „Technical Committee" mehrere Möglichkeiten dazu untersuchte.

Aus Gewichtsgründen wurde eine Außenkamera, die die Bilder auf einen Bildschirm im Besatzungsraum projizierte, verworfen (die damaligen Bestandteile der Fernsehtechnik waren noch zu schwer und unhandlich und sollten erst im Verlauf des Zweiten Weltkrieges weiterentwickelt und vor allen Dingen auch miniaturisiert werden, Anm.d.A.) Es wurde deshalb entschieden, ein Gerät, das aus einem System von mehreren sich bewegenden Spiegeln besteht, zu entwickeln.

Die Spiegel rotieren halb so schnell, wie das Raumschiff sich dreht. Feststehende Spiegel dienen dabei hauptsächlich als Periskop, um das Licht dem Beobachter zur Verfügung zu stellen.

## B.I.S.
## Coelostat

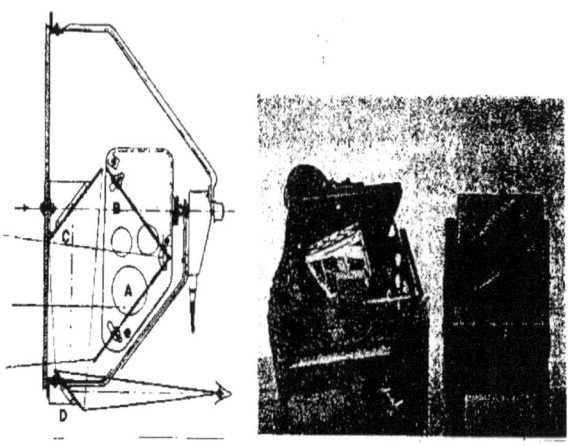

Diese Vorrichtung ermöglichte den Besatzungsmitgliedern der B.I.S. Luna Raumrakete eine stabile Plattform, auf der sie treten konnten, um aus der Raumkapsel hinaus ins All z.B. nach den Sternen navigieren zu können. Der Besatzungsraum revolvierte alle 3,5 Sekunden einmal um sich selbst und ermöglichte somit den Astronauten eine künstliche Schwerkraft von 1g.

Dieses optische System erlaubt es, einer Raumschiffbesatzung aus dem rotierenden Cockpit die Außenansicht des Weltalls, oder eines Planeten, im Ruhezustand zu beobachten.

Der Coelostat kompensiert die Rotationsbewegung durch eine sich drehende Anlage von div. Spiegeln, und das Bild außerhalb des rotierenden Raumschiffes ist ohne die störende Drehbewegung zu erkennen.

Der Vorteil eines Spiegelsystems besteht darin, dass gegenüber einer TV-Übertragung, es zu keinem Qualitätsverlust des Bildes – durch schwächere Lichtintensität – kommt.

Außer der Anwendung, um feststehende Bilder aus einem rotieren Flugkörper zu erhalten, kann man das Spiegelsystem auch als „Slow-Motion"- Stroboskop einsetzen (wurden auch die späteren rotieren Raumschiffe in Sphären-, Zylinder- und Scheibenform zuerst mit Coelostaten zur Außenbeobachtung und Navigation ausgestattet?). Der B.I.S.-Journal Artikel enthielt noch einige interessante Hinweise, die die Bauweise und Materialien des B.I.S. Mondraumschiffes betreffen:

„Außer diversen Metallen soll synthetisches Plastik zur Bauweise herangezogen werden. Die Außenhülle des Raumschiffes erhält einen Schutzmantel aus glasähnlichem geschmolzenen Aluminiumoxyd (ist u.a. auch für elektrostatische Antriebe interessant, da leitfähig, Anm.d.A.)

Balsa-Holz, das mit einem speziellen Harz behandelt wurde, dient als Baumaterial für die Inneneinrichtung und der Instrumente (man denke hier an das spätere „Dufylite" und „Honeycomb"-Material, das auch zur Gewichtsreduzierung diente, Anm.d.A.) Verschiedene Plastiksorten wie PVC, Ethylzellulose und Harze dienen für Behälter, elektrische Leitungen, Glasersatz usw."

Man bediente sich der neuesten Materialen, Techniken und Fertigungsmethoden zum Bau des Raumschiffes, um Gewicht zu sparen und um möglichst hoch belastbare Bauteile zu erhalten, die für die anspruchsvolle Aufgabe der Eroberung des Weltalls gerade gut genug waren. Dieses Prinzip wurde höchstwahrscheinlich bis heute beibehalten.

## Raketen im kreisförmigen Erdorbit

Das Fellow-Member Mitglied der British Interplanetary Society Kenneth W. Gatland schildert im B.I.S.-Journal, Vol. 8, 1949 folgende interessante Aspekte:

„Es ist offensichtlich, daß es in unserem vor-atomaren Konzept (der bleistiftartigen Raketenkonfiguration)...

(Man beachte den Hinweis über die herkömmliche Raumschiffauslegung, gegenüber den danach aufkommenden sphären- zylinder- und scheibenförmigen Raumschiffen, Anm.d.A.)

... zwei Faktoren gibt, die als wichtig erachtet werden:
a) Start von einer Gegend, die fern ab von bewohnten Gebieten liegt. Wenn möglich Start von natürlichen und hoch gelegenen Bereichen.
b) Start mit chemischen „Booster-Raketen".
c) Zusammenbau eines Raumschiffes im Orbit außerhalb der Atmosphäre, mit auf der Erde vorgefertigten Teilen, die mit mehreren aufeinander folgenden Flügen mit chemischen Raketen ins All befördert werden."

Man betrachtete bei der Landung eines Raumschiffes auf dem Mond, wo aufgrund des Abgasstrahls Staub aufgewirbelt wird, einen Atomantrieb als nicht vorteilhaft und sah deshalb eine Kombination von atomarem und chemischem Antrieb für ein Raumschiff vor

(Wird dieses Konzept des Starts in entfernten Gegenden heute noch angewendet? Siehe dazu auch die vielen „UFOs", die innerhalb der Erde fliegen und bei Außenlandungen zufällig beobachtet wurden. Außerdem wurde wohl die atomare Kraftquelle mit einem EHD-Antrieb kombiniert. Die elektrostatische Aufladung der Erde ist in großen Höhen besser, Anm.d.A.).

Da ein Raumschiff der B.I.S. durch axiale Rotation stabilisiert wird, sah man als Verbesserung für die Besatzung vor, dass die „Stühle" (Sitze bzw. Sitzgelegenheiten) gleichmäßig innerhalb der Kabine verteilt werden und sich auf schwenkbaren und beweglichen Auslegern befinden, die im Zentrum montiert sind. Somit schaut jedes Besatzungsmitglied zum Mittelpunkt des Manöverstandes und wird automatisch den jeweiligen Schwerkraftverhältnissen angepasst

(Zum Beispiel bei einem Flug eines Raumschiffes innerhalb der Erdatmosphäre, bei dem die normale aufrechte Sitzposition beibehalten wird. Bei Hochgeschwindigkeitsflügen oder bei einem Flug in die Schwerelosigkeit ins All wird, um den g-Kräften zu begegnen, die beweglich gelagerten Sitze (evtl. durch Kardanische Aufhängung in allen drei Freiheitsgraden schwenkbar) durch die Rotationsgeschwindigkeit (1g) der Kabine sozusagen an die Seitenwände gekippt, die nun für die Besatzung den „Boden" darstellt. Siehe dazu ein U.S.-Patent v. 2003, das genau diese Vorrichtung bespricht!, Anm.d.A.).

E. A. Pecker, ein weiteres B.I.S.-Mitglied postulierte in seinem kürzlichen Schreiben (ebenfalls aus dem Jahre 1949, Anm.d.A.) eine scheibenförmige Auslegung eines Raumschiffes nicht nur wegen der rotierenden Besatzungskabine, sondern auch wegen der Scheibenform als „high-speed" Auslegung für den horizontalen Flug in der Erdatmosphäre."

Seit wann dachte man in Raumfahrtkreisen, auch in England und Amerika, darüber nach, anstatt der rotierenden B.I.S.-Rakete, andere kreisförmige Flug- und Raumflugkörper zu entwerfen? War die Entwicklung deutscher Flugscheiben zu Beginn der 1940er Jahre nur Deutschland vorbehalten, oder arbeiteten die Alliierten ebenfalls zu dieser Zeit schon an (auch militärischen) scheibenförmigen Fluggeräten (siehe div. AVRO-Disks), bzw. Drohnen? T.T. Brown entwarf für die U.S. Navy schon in den 1920er Jahren elektrohydrodynamische – EHD-Flugkörper in Scheibenform. Diese Fluggeräte („Thermionic/Ion Propulsion") waren denen in Deutschland während des Krieges gebauten und geflogenen Düsenscheiben weit überlegen.

War z.B. Wernher von Braun in die Idee zum Bau von schnell fliegenden Raumschiffen in Scheibenform eingeweiht? War er z.B. mit eingebunden in weit in die Zukunft reichende internationale geheime Weltraumprojekte, wie sie evtl. schon weit ab im fernen Lateinamerika heimlich durchgeführt wurden? War die Aufgabe von Peenemünde, nicht nur eine herkömmliche Rakete zu bauen, sondern auch das Konzept von rotierenden Flugkörpern in Scheibenform, oder aber elektrostatische Flugkörper, so genannte „Foo Fighters" für das Militär umzusetzen? Zu wem hatten ggfs. ausgewählte deutsche Wissenschaftler außer den Alliierten noch Kontakt?

Wurde aus Geheimhaltungsgründen evtl. nur die deutschen Entwicklungen und Projekte (auf Basis der weniger effizienten Strahl- und Raketentriebwerke), teils als Gerüchte und teils als Desinformation sowie der Ablenkung, nach dem Krieg bekannt gegeben, und zehrt die „Ufologie" heute noch von diesen teilweise manipulierten Geschichten (Nazis auf dem Mond oder am Südpol)?

War man in den USA (Lockheed/Boeing, Northrop evtl. bereits weiter vorangeschritten mit Entwürfen und dem Bau von Flugscheiben, ob strahl- bzw. raketengetrieben, mit EHD- oder Atomantrieb? Dies könnte evtl. der Fall sein, da 1946/47 ja schon weltweit und speziell in den USA viele „UFOs" gesichtet wurden. Bis auf das Avrocar scheinen diese Flug- und Raumkörper jedoch bis heute unbekannt und geheim geblieben zu sein. Ausnahmen bilden die U.S.-Nachkriegsprojekte (Y2 Secret), die teilweise gemäß F.O.I.A. freigegeben wurden und interessanterweise teils Weiterentwicklungen deutscher Entwürfe aus der Kriegszeit sind, die man wahrscheinlich als Vorbild für Desinformations-Campagnen nahm. Scheibenförmige Raumschiffprojekte gibt es offiziell gar keine, alle ähnlichen Flugkörper sind ja bekanntlich außerirdischen Ursprungs (bzw. kommen von einer anderen Welt)!

In dem Bericht von K.W. Gatland heißt es weiter:

„Der „Fellow-Member" E.A. Pecker nahm weiter an, daß ein geeigneter Antrieb für ein Raumschiff in Scheibenform eine bestimmte Größenordnung haben muß und berechnete die theoretischen Maße eines Scheiben-Raumschiffes auf einem Durchmesser von ca. 25m und einer Höhe von 3m mit einem entsprechend großen Durchmesser der -rotierenden -Kabine für die Besatzung (die Maße treffen durchaus auf bereits gesichtete „UFOs" zu, Anm.d.A.)."

Was theoretisch in den oben genannten B.I.S.-Berichten geschildert wurde, könnte somit in der „wahren Raumfahrt" bereits seit längerem umgesetzt worden sein.

So könnte man annehmen, dass die Raumfahrt mit chemischen Raketen Mitte/Ende der 20er und 30er Jahre des 20. Jahrhunderts begann und später mit elektrostatischen Antrieben kombiniert wurden. Auch das Konzept von parallel –nebeneinander – geschalteten Raketenstufen könnte schon in den 40er Jahren erprobt worden sein. Nachdem eigene nukleare Forschungen (Sandia Labs) zur Verfügung standen, besaß man endlich eine geeignete Energiequelle um mit Hilfe supraleitenden Antrieben längere und weitere Raumflüge durchführen zu können (s. Teil II).

# Insert

# The Great Airship Scare

## Elektrostatisch angetriebene Luftschiffe

Im April 1897 und in den darauf folgenden Jahren, bis in die ersten Jahre des 20. Jahrhunderts, ereigneten sich mehrere merkwürdige Sichtungen von ungewöhnlichen Luftschiffen an unterschiedlichen Orten in den Vereinigten Staaten von Amerika.

Diese Luftschiffe wurden als zigarrenförmig, bis zu 100m lang, teilweise Rot glühend beschrieben. Manchmal wurde ein summender Ton wahrgenommen. Alle diese Flugkörper flogen recht langsam durch den Himmel und hatten zumeist eine silbern oder silbern glänzende Außenhülle.

Auch in der Türkei, in Frankreich und sogar in Irland im Dezember 1909 wurden solche Luftschiffe von mehreren Augenzeugen einwandfrei beobachtet.

Langsam fliegend, teilweise mit starken Suchscheinwerfen ausgerüstet, mit einem summenden Ton und farbig glühend, welche Art von Luftschiffe könnten dies gewesen sein und welchen Antrieb benutzten sie?

Einen elektrostatischen Antrieb?

Bei einem Luftschiff wurde ein sich drehendes Turbinenrad gesichtet. Ein elektrostatischer Generator, eine Influenzmaschine, wie ein Wommelsdorf oder Wimshurst-Generator?

Bläuliche Flammen erkannten manche Augenzeugen an der Unterseite einer länglichen Gondel. Waren dies elektrostatische Entladungen, Überschlagsblitze, eine koronale Entladung?

Bis heute wird in der Historie, weder in der Luftfahrthistorie noch anderswo in den Chroniken, die Sichtungswelle unbekannter Luftschiffe, die Ende des 19., Anfang des 20. Jahrhunderts aufkam, befriedigend erklärt.

Es wurden und werden nur die üblichen Desinformations-Geschichten bis hin zu außerirdischen Fluggeräten kolportiert, um von dem wahren Sacherhalt abzulenken.

# Frühe Marsexperimente im August 1924

In diversen Zeitungsartikeln aus dem Jahre 2003 wurden auf die europäischen und amerikanischen Marsmissionen mit unbemannten Robotsonden hingewiesen. „*Im August 2003 kommt der Mars der Erde so nahe wie **seit über 60.000 Jahren nicht mehr***", hieß es z.B. in einer deutschen Lokalzeitung. „*Im August verringert sich der Abstand auf 56 Millionen Kilometer*". Vor 60.000 Jahren hätten die Neandertaler zum ersten Mal auf den nahen Mars hinaufschauen können

Hier nun ein Auszug zum Thema „Annäherung Mars-Erde", entnommen aus dem Buch: „*Fliegende Untertassen – eine Realität*", Frank Edwards, Ventla-Verlag, Wiesbaden-Schierstein, 1967, sowie ergänzende Informationen aus dem Internet:

„...Dann waren es die Forscher C.D. Jackson und **R.E. Hohmann**, die 1962 auf der Tagung der Amerikanischen Raketengesellschaft (American Rocket Society) in Los Angeles großartige Unterlagen über das Leben im Weltraum vorlegten. In ihren Ansprachen gingen sie von den Experimenten Teslas und Marconis aus und berichteten vor allem über die phantastischen Resultate eines in der **Nacht zum 23. August 1924** von Dr. David Todd, Professor für Astronomie am Amherst College, mit Hilfe der Regierung der Vereinigten Staaten durchgeführten Experiments.

An diesen Versuchen war die **Marine** aus mehreren Gründen aktiv beteiligt. Einmal sollte ein von dem Forscher **Charles Francis Jenkins** gerade fertig gestellter Apparat getestet werden, der Radiosignale auf dafür empfindlich gemachtes Papier, bzw. auf Film aufzeichnen konnte.

...Bis 1924 war Jenkins so weit, um mit seiner Methode Radio-Impulse auf fotografischem Material auffangen und registrieren zu können. Deshalb wünschte die Marine**, im August 1924, wenn der Mars sich in Erdnähe befinden und nur 35 Millionen Meilen von ihr entfernt sein würde** (1 Meile= 1,609 km, ca. 56.000.000 Kilometer, Anm.d.A.), von diesem Planeten möglicherweise kommende Signale aufzuzeichnen... In Dr. Todd fanden sie den Richtigen. Als angesehener Astronom war er besonders am Mars interessiert und würde statt des altmodischen Teleskops den neuartigen Apparat für die Aufzeichnung von Radiowellen benutzen. Die Nacht wurde ein Markstein in den Annalen der Verbindung zu anderen Welten (auf akustischem Wege).

Zunächst ordnete die Regierung an, daß sämtliche Radiosender der Nation während der Testperiode abgeschaltet würden.... Stunden vergingen, während die Antenne direkt auf den Mars gerichtet war und das winzige Licht der ankommenden Signale auf dem Papierfilm registrierte....Eine Station in British-Columbia, BC, in Kanada, erklärte, sie habe eine verblüffende Reihe von Signalen erhalten, die viele Minuten hindurch aus vier Gedankenstrichen in Codeform bestand."

Die U.S. Regierung ordnete an, dass alle Radiotransmitter/Radiostationen im Lande, jeweils 5 Minuten zur vollen Stunde, keine Übertragungen vornehmen sollten und zwar zur jeder Stunde für insgesamt 2 Tage (man stellte sich diese Maßnahme heute vor!, Anm.d.A.) In dieser Zeit der absoluten Funkstille horchte man vom 22. bis 23. August 1924 angestrengt ins All. Auch alle militärischen Sender wurden in dieser Periode abgeschaltet. Diese Aktion ging als „*National Radio Silence Day*" in die Geschichte ein.

Dr. David Peck Todd war für die Gesamtleitung des Projektes zuständig, für die U.S. Army Major General Charles Saltzman und für die Navy war Chief of Naval Operations Admiral Edward W. Eberlein verantwortlich.

**Insert**

## Die Erfindung des Fernsehers

Bereits im Jahre 1919, (ein Jahr bevor die ersten kommerziellen Radiogeräte verkauft wurden) meldete der amerikanische Erfinder Charles Francis Jenkins aus Ohio, USA ein Patent für einen Fernseher an, der rotierende Prismenringe verwendete, um ein Fernsehbild zu übermitteln. Sechs Jahre später sendete Jenkins erstmals über Funkwellen silhouettenhafte Fernsehbilder.

Der als „Vater des Fernsehens" bezeichnete amerikanische und in Russland geborene Wissenschaftler Vladimir Zworykin meldete 1925 ein Patent für einen Farbfernseher an, 1932 baute er einen vollständig elektronischen Fernsehapparat.

Inwiefern diese ersten Fernsehapparate auch in der „Wahren Raumfahrt" Verwendung fanden, bleibt Spekulation. Aber lange vor der weltweiten kommerziellen Nutzung des Fernsehens, fand die Technik Anwendung beim Militär und in geheimen Experimenten.

So sollen z.B. geheime deutsche Forschungsstätten (s. dtsch. Atomforschung) durch Fernsehleitungen mit einander verbunden gewesen sein. Siehe auch die Äußerung von Hermann Klaas, der schon in den 1920er Jahren mit Fernsehtechnik in Berührung gekommen zu sein scheint, im Teil II.

William F. Friedman, Chief of Code Section des Signal Corps der Army überwachte ebenfalls die eingehenden Signale. Interessanterweise wurde Friedman, der in diese hochgeheime Marsmission verwickelt war, später „Chief Technical Consultant" der NSA in 1952 und zwei Jahre später deren „Special Assistant".

Ein Funkempfänger wurde mit einem Luftschiff auf 3.000m gebracht, um die 5 – 6 km langen Funkwellen der Marssignale aufzufangen

Francis Jenkins speziell für diese Mission entworfene Maschine erzeugte Lichtblitze, die auf Film aufgezeichnet wurden. Am 21. August 1924 war Jenkins Radio-Kamera betriebsbereit.

Eine Filmrolle mit lichtempfindlichem Papier, ungefähr 10m lang, lief langsam durch den Apparat und bannte die Signale, die von der, auf den Mars gerichteten, Antenne am Luftschiff aufgefangen wurden.

Nach 36 Stunden wurde der Film entwickelt, und auf einer Pressekonferenz teilte Francis Jenkins mit, dass alle dreißig Minuten Punkte und Striche aufgefangen worden sind.

„Am 28. August 1924 berichtete die „New York Times" darüber folgendermaßen:

„Nach Entwicklungen der auf einem fotografischen Filmband aufgenommenen Radiosignale während der 29 Stunden, **in denen der Mars am erdnächsten war**, hat sich das Geheimnis der Punkte und Striche, die gleichzeitig von weit voneinander entfernten Beobachtern in bedeutenden Rundfunkstationen aufgenommen wurden, nur noch vertieft.

Der Film zeigt in schwarz mit weißen Punkten eine ziemlich regelmäßige Anordnung von Punkten und Strichen auf der einen Seite, während es auf der anderen in fast gleichen Intervallen merkwürdig zusammengeballte Gruppen gibt, von denen jede die Form eines grob gezeichneten menschlichen Gesichtes trägt."

...Die scheinbaren Karikaturen wurden als „Sieben-Tage-Wunder" angesehen, bis sie schließlich zu den Akten gelegt wurden und in Vergessenheit gerieten.

Der Film mit den Signalen vom Mars wurde anschließend zum „Military Institute" in Virginia gebracht, wo er später von der NSA (National Security Agency) konfisziert wurde.
Quelle: **Internet**

„...Im Jahre 1926 errichtete die Marine gemeinsam mit dem Signal Corps, dem Nachrichtendienst des Heeres, in Nebraska eine riesige drahtlose Empfangsstation, wobei offiziell die John-Hopkins-Universität als Bauherr in Erscheinung trat. Was in Wirklichkeit in jenem Jahr dort geschah, wurde der Öffentlichkeit niemals bekannt gegeben."

Soweit die sehr interessanten Hinweise zum Thema Mars, vom dem es wahrscheinlich schon seit längerem Pläne gibt, ihn als zweite Erde umzugestalten.

Wann flogen die ersten Robotsonden ins All (zuerst um die Erde und später zum Mond usw.)? Wurde hier, wie schon von Robert Goddard Anfang des 20. Jahrhunderts angedacht, nach der Erkundung des Mondes, eine unbemannte Sonde zum Mars, so z.B. 1923, auf eine monatelange Reise geschickt, die dann, nach der Ankunft 1924, wenn die Distanz Mars Erde am kürzesten war, vorprogrammierte Radiosignale zur Erde funkte? Möglicherweise wussten nur eine begrenzte Anzahl von Wissenschaftlern und Militärs über dieses hochgeheime Experiment bescheid. Der Rest und die Öffentlichkeit wurden mit einem „Rätsel" über außerirdische Signale abgespeist (was heute noch in der „Ufologie" als „SETI" bekannt ist!).

Wurde die „Wahre Raumfahrt" von allen U.S.-Teilstreitkräften, Marine, Heer sowie den Geheimdiensten, tatkräftig gefördert und unterstützt, bzw. profitierten für ihre militärischen Anwendungen?

Thomas Townsend-Brown, ein Marine-Offizier, wurde von der U.S. Navy bei seinen Experimenten mit elektrodynamischen Fluggeräten und Raumschiffen unterstützt. Evtl. wurde sein Aero-Marine - Vehicle schon in den 1930er und 40er Jahren entwickelt, gebaut und auch in der „Rational Space-Travel" eingesetzt (Beschreibung siehe Teil III). Später wurde dieses, wohl bis dato veraltete Modell, als „Adamsky-Typ" für Desinformationen herangezogen.

Man schien sich also bereits in den 1920er Jahren weltweit darüber einig gewesen zu sein, uneingeweihte Wissenschaftler, Militärs und andere Personen, sowie die breite Öffentlichkeit mit einer „außerirdischen Story" abzulenken.

Diese Methode wurde auch in Deutschland, vor, während und unmittelbar nach dem zweiten Weltkriege angewandt, als deutsche Soldaten einer Sondereinheit heranrückenden Amerikanern erklärten, dass bestimmte Fluggeräte nicht „von dieser Welt" stammten. Bis heute wird diese Desinformations-Strategie erfolgreich eingesetzt.

Denkbar wäre, das die Unterhaltungsindustrie (Hollywood), wozu auch das Radio gehörte, in die Ablenkungs-Strategie mit einbezogen wurde. Siehe hier das Beispiel von dem Hörspiel von Orson Welles „Krieg der Welten", die Invasion vom Mars, gesendet am 30. Oktober 1938, 14 Jahre nach den „Marssignalen".

Da die Planeten in unterschiedlichen elliptischen Bahnumläufen um die Sonne kreisen, braucht die Erde 365 und der Mars 687 Tage, um einen Umlauf um die Sonne abzuschließen. Der Mars passiert die Erdumlaufbahn zweimal im Jahr, „Opposition" genannt. Die Marsumlaufbahn ist sehr elliptisch und deshalb variiert der Abstand Mars Erde je nach Opposition beträchtlich. Phasen der größten Annäherung wurden wohl seit den letzten 100 Jahren dazu genutzt, Marsmissionen zu starten. Im Jahre 1924 war es evtl. eine kleine Robotsonde, die in der Lage war, einige bestimmte und vorprogrammierte Radiosignale zur Erde zu senden. Irgendwann danach hatte man wohl auch damit angefangen, den Mars mit Sonden zu fotografieren und später könnten auch erste Astronauten zum Mars geflogen sein. Wahrscheinlich spielte sich dies mit chemischen und elektrostatischen Raumantrieben in den 1930er und 1940er Jahren ab.

Der Autor Frank Edwards schreibt betr. „UFOs/geheime Raumschiffe" in dem oben erwähnten Buch weiter:

„Dann gibt es zwanzig Jahre lang, von 1926 bis 1946, absolut keine solchen Sichtungsberichte mehr. Alle die ich finden konnte, hatten sich in den abgelegensten Orten der Erde ereignet, aber alle betrafen scheibenförmige Objekte.

Sie kamen aus der Wüste von New-South-Wales, Australien und der Kalahari-Wüste und von Schiffen in fernen Meeren; zwei Berichte aus Chile und Bolivien waren so lückenhaft, daß sie lediglich als etwa Ungewöhnliches katalogisiert werden können, über etwas, was sich dort über den Himmel bewegte."

R.E. Hohmann war 1925 in den USA u.a. mit elektrischen Raumantrieben beschäftigt. Wie lange war die (elektrisch betriebene) Mars-Sonde unterwegs? Ungefähr 6-9 Monate, wie es heute in der offiziellen Version heißt, wenn man von Marsflügen spricht, oder war die Flugzeit länger oder eher, vie kürzer? War die große Radio- und Empfängeranlage in Nebraska dafür gedacht, weitere Funksignale von Raumflügen, ob bemannt oder unbemannt, aufzufangen?

Verlagerte man diese und andere Installationen, die mit der „Wahren Raumfahrt" zu tun hatten, in menschenleerere Gebiete, wie den Rocky Mountains in B.C., Kanada, nach Australien oder in die Anden in Süd-Amerika, um der neugierigen Öffentlichkeit zu entgehen?

## Woomera Rocket Range

Aufgrund einer Britischen Forderung nach einem abgelegenem Raketentestgelände, um ungestört neue Waffensysteme zu erproben, wurde in Australien das *„Long Range Weapons Establishment"* (Woomera Rocket Range) gegründet.

Vorab wurden mehrere geeignete Geländeabschnitte untersucht, auch in Kanada (das Gebiet zwischen Vancouver, Bella Coola und Quesnel, Anm.d.A.). Am Ende entschied man sich – offiziell – für ein fast unbewohntes Gebiet im Inneren von Australien, und am 1. April 1947 wurde das gemeinsame Projekt zwischen England und Australien ins Leben gerufen.

Am 24. November 1946 berichteten englische Zeitungen, dass die australische Regierung ein Raketen-Testgelände in Süd-Australien plane. Das australische Kabinett kam mit Groß Britannien überein, dass das vorgeschlagene Gelände, Mt. Eba, ungefähr 300 km nordwestlich von Port Augusta, ideal für die Erprobung sei.

Es wird angenommen, dass die in England konstruierten und gebauten Raketen und unbemannten Flugzeuge nach Australien gebracht wurden, um auf dem dortigen Testgelände erprobt zu werden.

*„Australische Wüste ideal für Atomexperimente"*, schrieb die Daily Mail im Februar 1946. *„Australiens weitläufige Wüstengebiet ist für England ein idealer Platz um Atomexperimente im großen Stile durchzuführen."* Die Daily Mail berichtete, dass die Hiroshima-Bombe zeige, dass es notwendig ist, die Entwicklung der Atomenergie für das britische Empire voranzutreiben. England ist zu klein und überbevölkert, um große Atomtests durchzuführen, ohne dass die eigene Bevölkerung bei einem Unfall zu Schaden kommt.

Die Aussicht auf große Uranvorkommen in Australien macht es noch wahrscheinlicher, dass dieser Kontinent der beste Ort für solche Experimente ist.
**Quelle: Internet**

Offiziell wurden dort „normale" Waffen erprobt, Satelliten gestartet, die Bahnverfolgung von den ersten Raumflügen durchgeführt, einschließlich des bemannten „Mercury" Programms. In und um das Woomera Testgelände wurden bis heute interessanterweise außerdem jede Menge „UFOs" gesichtet.

Galt dieses Testgebiet, neben England und Kanada sowie Einrichtungen in den USA, als weiteres Gelände zur Erprobung von Luft- und Raumfahrzeugen, deren Existenz bis heute streng geheim gehalten wird?

Die Woomera Rocket Range wurde durch den australischen Prospektor Len Beadell 1946 ins Leben gerufen, der zuerst eine geeignete Landebahn für einen Behelfsflugplatz im Juni 1946 in dem betreffenden Gebiet ausfindig machte. Beadell war auch für die *Commonwealth Scientific and Industrial Research Organisation* (CSIRO) tätig. Len Beadell wählte auch das Gelände aus, wo die ersten atomaren Bombentests durchgeführt wurden, und zwar Emu und für die späteren nuklearen Erprobungen Maralinga.

Für die Wahl des richtigen Testgeländes wurde Beadell 1958 mit der British Empire Medallie ausgezeichnet und 1987 wurde er „Fellow of the Institute of Enginnering and Mining Surveyors, Australien". Im selben Jahr ehrten ihn die Astronomen des Mount Palomar Observatorium damit, dass sie einen neu entdeckten Asteroiden nach ihm benannten.

Wurden auch die Entdecker des Erprobungsgebietes und Raumbahnhof in den kanadischen Rocky Mountains mit Medallien und Ehrenbezeichnungen aus der Raumfahrt ausgezeichnet?

Da auch deutsche Ingenieure und Wissenschaftler nach dem Krieg für britische Stellen in Süd Afrika arbeiteten, könnte man annehmen, dass ebenso in diesem, zum britischen Commenwealth (und der Echelon-Gruppe) gehörenden Land, heimliche Flugversuche mit weiterentwickelter deutscher Technologie durchgeführt wurde. Siehe den Bericht über ein frühes Luftschiff mit elektrostatischem Antrieb in Süd-Afrika.

## Das „M-Projekt"

Diese Informationen stammen aus dem Internet und wurden im Jahr 2.000 von der U.S. Forscherin und ehemaligen USAF-Angehörige, Wendy Connors recherchiert:

„Gegen Ende des Zweiten Weltkrieges wurde vom U.S. Präsident Franklin Delano Roosevelt eine besondere „Top-Secret" Forschungsgruppe zusammengestellt.

Diese Einheit sollte herausfinden, wie man das immer größer werdende Problem mit den umher irrenden Flüchtlingen in Europa Herr werden könnte. Es sollte tatsächlich im Laufe der Zeit sowohl ein logistisches wie auch finanzielles Problem werden.

Der Kopf dieser geheimen Truppe war Henry Field.

```
„Henry Field war Anthropologe und studierte in England. Im Jahre 1941
sprach U.S. Präsident Roosevelt den Wissenschafter Field an, ob er als
Anthropologe und persönlicher Berater für ihn arbeiten wolle. Field wurde
ein Mitglied der „Special Intelligence Unit" des Weißen Hauses und Direktor
des „M Projektes".

Roosevelt ersann das „M Projekt" im Jahre 1940. Er ging davon aus, daß die
„M" Studien helfen sollten, heimatlosen und umherstreifenden
Flüchtlingsgruppen eine neue Lebensgrundlage zu geben, um damit zukünftig
auftretende Konflikte zu vermeiden.
```

Das „M Projekt" führte Studien über die weltweite Bevölkerung, über Auswanderer und Siedler durch, um Daten für eine Nachkriegs-Strategie der Neuansiedelung von Bevölkerunkströmen zu erhalten.

```
Henry Field veröffentlichte daraufhin mehrere Studien, die 1960
deklassifiziert - d.h. freigegeben wurden." 
```
(Field Archive, USA, Internet)

„Es sollte außerdem eine dringende Lösung gefunden werden, da man erwartete, dass nach Ende des Zweiten Weltkrieges tausende Flüchtlinge über den Atlantik nach Amerika auswandern würden.

Die Mitglieder von „M Projekts" bestanden aus 17 hauptamtlichen Forschern, 32 Assistenten und 9 Sekretärinnen. Alle wurden zur absoluten Geheimhaltung verpflichtet, was sowohl die Arbeit der Gruppe, als auch die Lösungsvorschläge betraf.

Einer der Lösungen des Flüchtlings-Problems bestand darin, die Leute als Bauern nach Afrika umzusiedeln.

Ein gewisser Dr. Stefan T. Possony dagegen hatte eine absolut verrückte Idee. Er postulierte, dass der Mond, Venus oder der Mars der beste Platz sei, um die Flüchtlinge loszuwerden. Dr. Possonys Pläne wurden tatsächlich ernsthaft in Erwägung gezogen. Auch Präsident Roosevelt soll die Idee gemocht haben. Im gefiel die Idee, Flüchtlinge mit Hilfe von Raumschiffen in Bunkern auf den Mond und Mars zu verfrachten.

Dr. Possony arbeitete für das „Office of Naval Intelligence" und später an der Universität in Georg Town, USA. Er hatte außerdem Verbindungen zum „Air Force Office for Intelligence" und sogar zu „Project Blue Book". Possony soll Anfang der 1950er Jahre die Ansicht vertreten haben, dass die „UFOs" aus der Sowjetunion kämen (eine der typischen Desinfo-Geschichten aus dieser Zeit, Anm.d.A.)."

Soweit einige Auszüge über die Recherche der USAF-Angehörigen Wendy Connors, die bis heute das „UFO"-Problem nicht zu lösen vermag.

Falls dieser Bericht aus dem Internet wirklich stimmen sollte, könnte er die in diesem Buch vertretene These unterstützen, dass man bereits Ende der 1920er/Anfang der 30er Jahre plante, zum Mond und zum Mars zu fliegen. Darüber könnten auch der U.S. Präsident Roosevelt, sowie der englische Premier Winston Churchill Bescheid gewusst haben.

Wieso bestimmte Planeten in unserem Sonnensystem bereits zu Anfang des 20. Jahrhunderts für eine Besiedelung vorgesehen waren, obwohl doch bis heute keine nennenswerte Raumfahrt besteht, wer weiß?

## Ciudad Subterranean de los Andes

„Alles unter einem Dach" war die Devise beim Aufbau und Betrieb der Raketenversuchsanstalt in Peenemünde vor und während des Zweiten Weltkrieges. Die wissenschaftliche Forschung und Auswertung, die Konstruktion und die gesamte Fertigung von Spezialteilen für die einzelnen Raketen-Versuchsmuster usw., alles war in Peenemünde konzentriert. Auf eine Abhängigkeit von der Industrie, von Universitäten und Personen außerhalb des Heeres wollte man so gut es geht, aus Geheimhaltungsgründen, verzichten. Die Wissenschaftler, Ingenieure, Monteure, Büroangestellte, Konstruktionsrechnerinnen und Assistenten und wer sonst noch alles für die Aufrechterhaltung eines großen Forschungszentrums von Nöten war, allesamt wohnten und arbeiteten sie innerhalb des Erprobungsgeländes auf der Insel Usedom.

Die benötigte Energie der verschiedenen Wohnungen für die Arbeiter und Angestellten, das eigene Eisenbahn-Verkehrssystem, die Fabrik zur geplanten Serienherstellung der Raketen, für alles wurde extra ein großes Kraftwerk in Peenemünde gebaut. Es hatte eine so große

Kapazität, dass man vermuten könnte, dass noch andere Forschungszweige mit Energie versorgt werden konnten.

Alle Einrichtungen auf Usedom waren auf kurzen Wegen zu erreichen. Dies förderte eine schnelle und direkte Kommunikation – mit sofortiger Umsetzung von neu gewonnen Erkenntnissen – zwischen den einzelnen Fachabteilungen.

Infolgedessen konnte man für lange Zeit die Forschung und Entwicklung von Raketen in Deutschland vor der Öffentlichkeit verbergen. Laut neuesten Erkenntnissen soll außer der bis heute geheimen Entwicklung von Flugscheiben und Raumschiffen auch die Atomforschung in Peenemünde vorangetrieben worden sein. Wahrscheinlich im Zusammenhang mit nuklearen Antrieben für die zukünftigen - scheibenförmigen – Raumschiffprojekte und als Zusatantrieb für elektrostatische Flugkörper, Molekularzerfall.

Möglicherweise wurden sogar noch „verrücktere" Forschungen in Peenemünde und anderswo betrieben (s. Aussagen von Otto Cherny).

Michael J. Neufeld erwähnt in seinem Buch *„The Rocket and the Reich"*, 1995:

„Außerdem stellte es sich als glücklich für Peenemünde heraus, daß die Schäden am Tag nach dem Angriff (engl. „Operation Hydra") so vernichtend zu sein schienen, daß die RAF Pläne für eigene oder U.S.-Folgeangriffe fallen ließ."

Hatte man kein Interesse von alliierter Seite, Peenemünde komplett zu vernichten, bevor z.B. die Verlagerung in unterirdische Anlagen beginnen konnte? Oder wollte man, das Peenemünde weitermachte, weil ja gewisse „Verschwörer" Langstreckenraketen als Träger für Atomsprengköpfe brauchten, die sie vor Ort, auf dem Schlachtfeld Deutschland in schwer befestigten unterirdischen Anlagen bauen wollten?

War dieses Prinzip, eine „Forschungs- und Entwicklungsstadt" zu errichten, in den 1930er und 40er Jahren in Deutschland einmalig, oder fand auch anderswo in der Welt eine ähnlich geartete Forschung und Entwicklung statt, jedoch in absoluter Stille?

Fanden sich dafür Personen aus allen Teilen der Welt zusammen, um ihre Visionen in den Weltraum vorzustoßen, Wirklichkeit werden zu lassen?

Einen Hinweis dazu findet man in dem Buch „Man-made UFOs, 1944-1994, 50 Years of Suppression" von Renato Vesco und David Hatcher Childress, AUP Publishers, Network, 1994 Adventures Unlimited Press:

„*The Secret City in South America*

Eine Anzahl europäischer Wissenschaftler sollen mit Marconi verschwunden sein, einschließlich Landini. Marconi soll seinen eignen Tod inszeniert haben, aber danach ging er mit seiner Yacht nach Süd-Amerika. 1937 warnte der geheimnisvolle italienische Physiker und Alchemist Fulcanelli seine europäischen Kollegen von den ausgehenden Gefahren atomarer Waffen. Er verschwand einige Jahre später und man glaubte, daß er der Gruppe um Marconi in Süd-Amerika beigetreten war.

Insgesamt 98 Wissenschaftler sollen nach Lateinamerika gegangen sein, um dort in den südlichen Dschungelgebieten von Venezuela eine Stadt innerhalb eines erloschenen Vulkan-Kraters zu bauen (siehe auch den „Tschimborasso in

Ecuador, Stichwort „Space Elevator" und scheibenförmiger Kran von Epp, Anm.d.A.).

Aus einer Anzahl von Quellen soll es Informationen über diese erstaunliche „High-Tech Stadt" geben.

In Süd Amerika ist innerhalb bestimmter Gruppen dieses Thema allgemeiner Gesprächsstoff.

In dem Buch „The Mysteries of the Andes", 1974, Avon Books, berichtet der französische Autor Robert Charroux : „ über die „Ciudad Subteranean de los Andes" wird privat von Caracas bis Santiago gesprochen." Charroux erzählt die Geschichte von Marconi und seiner geheimen Stadt, sowie die Story eines mexikanischen Journalisten mit Namen Mario Rojas Avendaro. Dieser untersuchte die Geschichte über die **Ciudad Subteranean** und kam zu dem Schluß, daß die Story wahr ist. Avendaro wurde von Nacisso Genovese angesprochen, der ein Student von Marconi gewesen sein soll und Physik-Lehrer an einer Schule in Bajy California in Mexiko war.

Genovese war Italiener und behauptete, daß er mehrere Jahre in der Unterirdischen Stadt in den Anden gelebt hat. Irgendwann in den 1950er Jahren schrieb er das Buch „Yo he estado en Marte". Das Buch wurde nie ins Englische übersetzt, aber es erschien in verschiedenen spanischen, portugiesischen und italienischen Ausgaben.
(Sowie in Deutschland unter dem Titel „*Ich bin auf dem Mars gewesen*", Anm.d.A.)"

Soweit David Hatcher Childress. Die erste Ausgabe des Buches von Narciso Genovese erschien in Wiesbaden-Schierstein im Jahre 1964. Darin hieß es u.a.:

„... Nicht nur der Autor, Narcisco Genovese war auf dem Mars, sondern mit ihm eine Reihe von Wissenschaftlern und Ingenieuren."

Das Buch von Genovese ist, wie alles was mit geheimer Raumfahrt zu tun hat, auf die Legende und Desinformations-Story über Außerirdischen abgestimmt, die seit langem die Erde besuchen sollen.

Aber jedes Gerücht hat auch einen wahren Kern.

Eine andere (teil-)manipulierte Geschichte betrifft das Buch „*Die Chronik von Akakor*" von Karl Brugger. Auch hier gibt es wahrscheinlich eine - künstliche - Legendenbildung. Karl Brugger soll für die ARD freier Korrespondent gewesen sein. Er wurde 1984 angeblich ermordet. So soll er bei seinen weiteren Recherchen in Brasilien auf offener Straße von Unbekannten erschossen worden sein. Seine Bücher wurden angeblich weltweit aus allen Archiven entfernt und die ARD weigert sich anscheinend, über ihren Mitarbeiter Auskunft zu geben.

Brugger schildert in seinem Buch die Geschichte eines südamerikanischen Stammeshäuptling Tatunca Nara, der die geschichtliche Entwicklung seines Stammes erzählt. Er erwähnt auch die Ankunft weißer Götter (Atlantis, „Akasaule" aus der ersten Welt?) in früher Zeit, die Ankunft der aus Europa stammenden Goten und das Eintreffen von zweitausend deutschen Soldaten in den 1940er Jahren des 20. Jahrhunderts.

Möglich wäre es aber, das Karl Brugger von einem Eingeboren einen Hinweis über geheime Weltraumaktivitäten erhielt, die dieser tief im Dschungel von Süd Amerika beobachten konnte, oder uralte Legenden diesbezüglich von Stammesmitgliedern erzählt bekommen hat.

76

Wenn es eine Forschungs- und Entwicklungsstätte mit angrenzendem Weltraumbahnhof irgendwo in den Tiefen der Urwälder von Lateinamerika – in der Nähe des Äquators – gibt, könnte dies durchaus vor langer Zeit bereits von umherziehenden Indianerstämmen wahrgenommen worden sein.

Das solche ungewöhnlichen und bis dato absolut unbekannten Vorgänge die Eingeborenen erschreckten, ist nicht verwunderlich. Wahrscheinlich vermischten die Indianer diese Beobachtungen mit ihren eigenen Legenden und erzählten dies dann über Generationen hinweg weiter. Ob Brugger evtl. den wahren Kern dieser Geschichten erkannte, ist unklar.

Wie ja schon in dem B.I.S.-Bericht erklärt wurde, war der Äquator in Süd-Amerika für den Start von Raketen ins All bestens geeignet. Baute man, wie später in Peenemünde - oder nach dem Krieg in dem Gebiet der kanadischen Rocky-Mountains - eine unterirdische Stadt nach dem Prinzip „Alles unter einem Dach"? War diese autarke und geheime Forschungsstätte mit hochkarätigen, international führenden Köpfen aus Forschung und Technik – u.a. aus der Luft- und Raumfahrt – besetzt? Uralte Legenden der Mayas und Inkas berichten ebenfalls von Raumschiffen, die in Lateinamerika gesichtet wurden. Übrigens gilt heute noch Brasilien als die „Kolonie von Atlantis"!

Bot man möglicherweise den nach Süd-Amerika emigrierten Wissenschaftlern Forschungsbedingungen nie gekannten Ausmaßes an? Forschung und Entwicklung ohne finanzielle Beschränkung, ohne Zeit- und Erfolgsdruck, ohne Druck der Rechtfertigung bei Fehlschlägen, aber mit dem Ziel etwas zu verwirklichen, von dem die - „offizielle" - Menschheit bis heute nur ansatzweise träumen kann?

Flogen solche oder ähnlich konstruierte Raketen bereits in den 1930er Jahren?

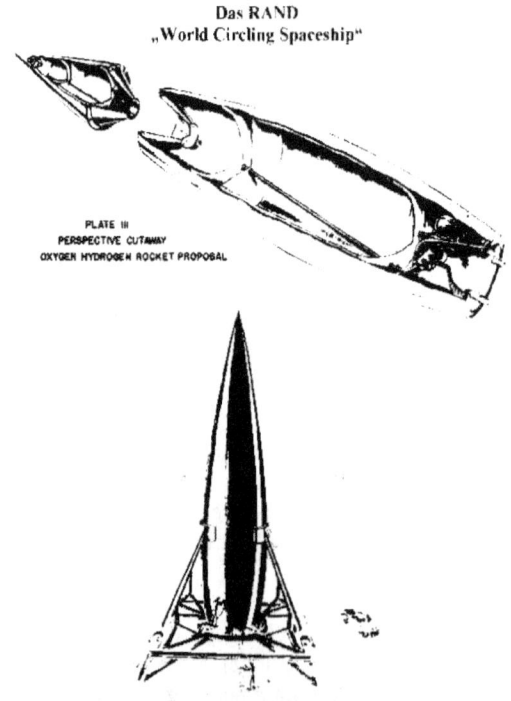

Das RAND „World Circling Spaceship"

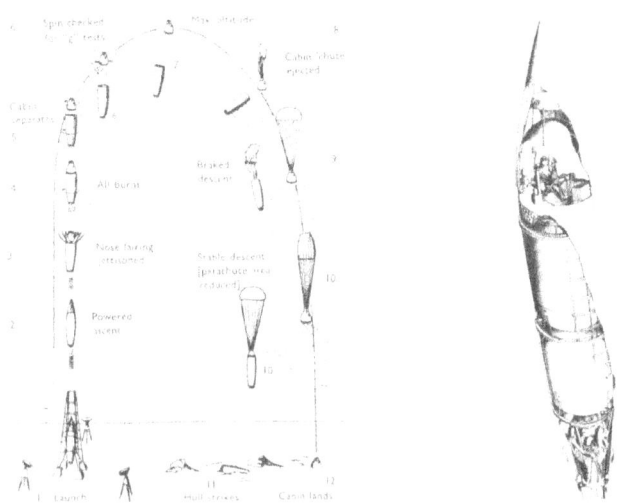

**Eine bemannte V-2**

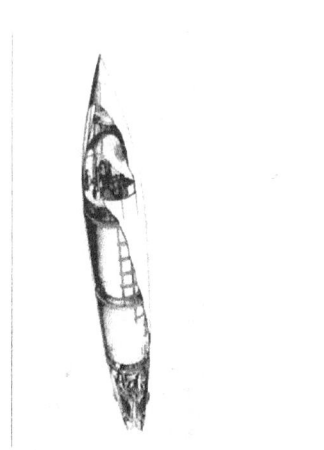

Am 23. Dezember 1946 legten die British Interplanetary Society Mitglieder R.A. Smith und H.E. Ross eine Studie für eine bemannte V-2 vor. Anstellte des Gefechtskopfes der V-2 sollte eine druckbelüftete Kabine für ein Besatzungsmitglied untergebracht werden. Der Besatzungsraum war absprengbar und gestattete dem Astronauten einige Minuten Flug in der Schwerelosigkeit, bevor die Kapsel mit einem Fallschirm wieder zur Erde schwebte.

Wurde ein ähnliches Projekt bereits Mitte/Ende der 30er Jahre des 20. Jahrhunderts verwirklicht und machten die späteren Astronauten, die zum Mond fliegen sollten, hiermit ihre ersten Weltraumerfahrungen?

Wurden nicht nur Foto-Satelliten in einen Erdorbit befördert, sondern auch Astronauten in einer druckdichten Kapsel (bzw. Kammer), wie dies von der B.I.S. nach dem Kriege an einer unbemannten V-2 vorgeschlagen wurde?

# Die „Wahre Raumfahrt"
## EM-Antrieb
## und Astronauten
## mit
## Raumanzügen aus Metall
## die
## gegen die tödliche
## Kosmische Strahlung
## schützen

Die Aufnahme vom 31.07.1952 zeigt, was Raumfahrt technisch bereits möglich war:

Ein kleines Raumschiff (Shuttle-Modell?) mit einem elektrodynamischen Antriebe (Kolloide für den Raumflug?).
Und ein Besatzungsmitglied, der richtig gegen die tödlichen Gefahren eines Raumfluges ausgestattet ist:
Ein silberfarbener Metallanzug, wohlmöglich mit einem „Back-Pack" mit Funkantenne auf dem Rücken.

Originalunterschrift aus dem Buch:
„Das Geheimnis der unbekannten Flugobjekte", Schneider/Malthaner, Bauer
Verlag, Dritte Auflage, 1977

**„Pilot mit Raumanzug, mit Stabwaffe in rechter Hand,
tritt seinen Rundgang an."**

Aus: Monguzzi-Foto-Serie von einem Bernina Gletscher,
Schweizer Alpen, Juli 1952

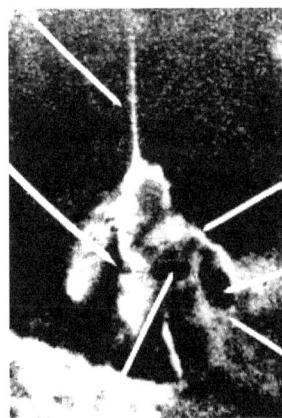 

Sah so auch ein scheibenförmiges Fluggerät aus, das z.B. im Juli 1947 bei Roswell abstürzte und wo man eine „Space Gun" in den Trümmerteilen fand? Hat der Raumfahrer im Metallanzug auch ein „Air Lock" im vorderen bereich des Raumanzuges?

Siehe hier den Abschnitt über „Hand Held Maneuvering Units" (HHMU) weiter unten in diesem Buch!

 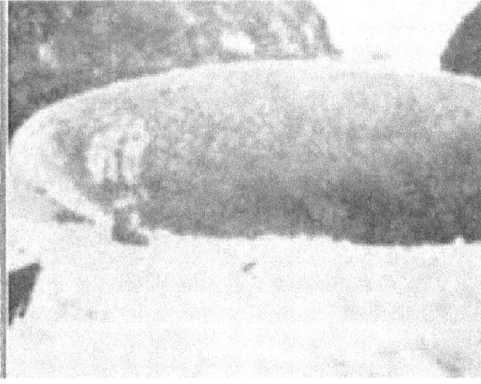

## Ist Amelia Earhart wirklich spurlos verschwunden?

Verschwand Amelia Earhart am 2. Juli 1937 für immer über dem Pazifik in der Nähe der Howland Inseln, oder ist dies eine absichtliche Legende, um Amelia der – neugierigen – Öffentlichkeit zu entziehen?

Auch die Geschichte über ein angeblichen Spionageflug über japanisches Gebiet könnte eine Deckgeschichte sein.

Ware es aber denkbar, dass die berühmte Rund-um-die-Welt Fliegerin bei einem hochgeheimen Raumfahrtunternehmen der 1930er Jahre teilnehmen durfte?

War sie vielleicht einer der ersten Frauen im All?

Siehe auch Bericht weiter unten in diesem Buch!

# The Los Angeles Air Battle
## Teil II

"Heute Mittag werden wir einen Demonstrationsflug für unsere hohen Gäste vornehmen . . . Ich danke Ihnen allen, meine Herren . . . Und Sie wissen ja, absolutes Stillschweigen!"

Die geheime Konferenz in einem unauffälligen Hotel in dem kleinen Ort Pendleton war zu Ende und Sam Collins packte seine streng vertraulichen Konstruktionsunterlagen wieder in seine braune Aktentasche ein.

„Well, Sam! Ihr Beitrag zu unserem außergewöhnlichen Fluggerät . . . , extraordinary, Sir, brilliant!"

„Es war ja nur eine ganz bestimmte Relais-Schaltung, die ich verbessern konnte . . .", meinte Sam bescheiden.

„Aber ein entscheidendes und sehr wichtiges Bauteil . . . !", freute sich sein Vorgesetzter. „Jetzt fahren wir zum Testgelände hinaus. Nahe eines Waldstückes haben wir einige Testkörper bereitgestellt . . . Damit die hohen Herren der Vorstandsetage auch mal in den Genuss unserer schönen Entwicklungen kommen können . . . !", lachte dieser, rief die Mannschaft zusammen und verkündete, dass der Bus nach dem Mittagessen für alle zur Abfahrt draußen im Hof bereitstünde.

Als alle Konferenzteilnehmer mit dem Bus über einen holprigen Feldweg eine kleine, abgelegene Waldlichtung erreichten, und Collins, die für den Flug bereit stehenden Flugkörper sah, erinnerte er sich wieder an jenen Februartag im Jahre 1942, als man einen ganz speziellen Testflug über Los Angeles machte. Danach gab es einigen Ärger, auch in seiner Abteilung bei Vega, denn die Flugabwehr hatte ziellos in die Luft geballert und die Granatsplitter verursachten doch einige, auch größere Schäden in der City of L.A.

„Aber das elektromagnetische Abschirmfeld funktionierte recht gut!" Sam war an der Entwicklung beteiligt. Er hatte zu jener Zeit, auf einem einsamen und verlassenen Luftstürzpunkt auf der San Clemente Insel vor Kalifornien, als einer der verantwortlichen Techniker, noch schnell letzte Startvorbereitungen erledigt.

„Hoffentlich schießen die braven Jungs von der Heimatfront unsere Maschine hier nicht zu Klump . . . !", meinte damals ein Entwicklungs-Ingenieur zu ihm.

„Nein, nein, das elektromagnetische Feld ist so stark, es muss ja auch kleinere und größere Gesteinsbrocken, die im Weltall umher vagabundieren, von der Außenhülle abhalten können . . . !"

Man hatte das riesige Raumschiff auf die kleine, einsame Insel San Clemente von einem weiter nördlich gelegenen Geheimstützpunkt, der tief in den Rocky Mountains verborgen war, hier her geflogen. Heute, am Dienstag, den 24. Februar 1942 machte man letzte Startvorbereitungen vor dem großen Experiment.

„Die Maschine ist ja unbemannt und wird ferngesteuert, bzw. kann einen einprogrammierten Rundkurs absolvieren. Außerdem wissen wir ja, wo welche Flugabwehrgeschütze positioniert sind. Die schweren Broken mit den großen Kalibern, die umfliegen wir natürlich, oder wir gehen so tief runter, dass die Kanoniere überhaupt keine Chance haben, uns je treffen zu können."

Sam Collins schaute in eine geöffnete Wartungsklappe hinein, wo der riesige Brenner für den Ionenwind installiert war.

Das Fluggerät war groß, sehr groß.

„Sie wissen ja, Sam, wie bei einem Segelboot, je mehr Segel, desto mehr Wind wird eingefangen und desto schneller fährt das Boot . . . !"

„Yes, Sir! Große, gekrümmte Flächen für viel elektrischen Wind, das ergibt eine schöne große voluminöse Luftströmung um das Flugzeug . . . , viel Auftrieb, damit das Ding nicht vom Himmel fällt."

Für den Langsamflug sollte der starke „Flame Jet" ausgeschaltet bleiben und nur der große Brenner mit den starken Gebläsen würde für den Ionenwind und damit für Auf- und Vortrieb sorgen. Ein spezielle Gas-/Dampfturbine, wie sie auch im Kraftwerksbetrieb eingesetzt wird, war im unteren Bereich des Rumpfes installiert. Sie sorgte dafür, dass die interne Bordelektrik und der Transformator für die hohen Voltzahlen mit Energie versorgt werden konnten.

„Habt ihr das Wasserstoffperoxyd für die Turbine aufgefüllt? Nicht, dass uns noch der Saft wegbleibt und die Mühle abstürzt . . . !", erkundigte er sich bei den zuständigen Bodenwarten.

Die Turbine war so konstruiert worden, dass diese, wenn man Wasserstoff, der überall im Weltraum zu finden war, in Wasser und Sauerstoff durch Elektrolyse aufspaltet, mit einem hohen Dampfdruck große Stromgeneratoren antreiben konnte. Auch eine entsprechende, nahezu vollautomatische Elektrolyseanlage hatte das Raumschiff an Bord. Der Sauerstoff wurde so aufbereitet, dass er für eine Raum-Besatzung zum Atmen dienen konnte.

„Gut, dass das Schiff so groß ist, da passen alle Anlagen, ob für die Stromerzeugung, oder für das Lebenserhaltungssystem, bequem hinein. Wenn wir jetzt die Atomkraft noch dazu nützen könnten, erhitztes Wasser in Dampf für die Dampfturbinen umzuwandeln, dann haben wir das perfekte Raumschiff!", freute sich Sam, der schon mit Technikern von Westinghouse und DuPont gesprochen hatte, die die Turbinen und die Atomanlagen entwickelten und herstellten.

Dann wartete er gespannt, bis die Startfreigabe kam.

„Super Conductivity!", fiel Collins beim Warten auf den Start des Raumschiffes wieder ein.

„Wenn wir erst einmal alle elektrischen Leitungen und Systeme auf Supraleitung umstellen können, dann haben wir auch nicht mehr das Problem mit der Kühlung der gesamten Elektrik. So waren noch überall Lüfter im Schiff installiert, die das Aufheizen der elektrischen Anlagen verhinderte und immer wieder anliefen, wenn die Temperatur zu hoch angestiegen war.

„Supraleitung bei Zimmertemperatur . . . , das wird unser langfristiges Ziel sein, um damit die Raumschiffe ausstatten zu können, auch für eine verlustfrei Übertragung der Energie. Aber auch hier sind Spezialisten bereits daran, eine Kühlanlage zu entwerfen, die den Strom verlustfrei und ohne, dass die Geräte aufheizen, durch die Leitungen fließen zu lassen.

„Aufheizung und Verlust von Stromstärke wegen der vielen Stromleiter, ein noch zu lösendes Problem . . . !", und Sam runzelte die Stirn.

Da wurde Sam Collins aus seinen Gedanken an die damaligen Ereignisse gerissen.

„Gentlemen . . . !", begann sein Abteilungsleiter den hohen Herren und Geldgebern von Lockheed zu erklären, wie die Flugkörper, die vor ihnen bereits auf speziellen Vorrichtungen am Boden in eine Rotation versetzt wurden, nun gestartet würden.

„Wir zünden nun einen speziell konstruierten Gasbrenner, der in der Lage ist, bestimmte Metall-Legierungen hoher Elektronendichte sehr stark aufzuheizen, damit die dünnen Bleche Ionen abstrahlen.

Wir haben einige starke Batterien mit einem Elektromotor eingebaut, der alle elektrischen Systeme antreibt und die hohen Voltzahlen für die Elektrode erzeugt.

Die von den Blechen generierten Ionen werden wir mit Hilfe des im Zentrum installierten Gebläses über ein kreisförmiges Auspuffsystem durch das Lüftungsgitter, das 360 Grad im Zentrum um der Scheibe verläuft, ausstoßen. Dabei strömen die ausgeblasenen Ionen über eine mittig angebrachte Elektrode, die je zu 180 Grad positiv und negativ aufgeladen ist. Sehen sie den dicken, runden Draht? Das ist die Elektrode, die das Lüftungsgitter in der Mitte teilt!", und er deutete auf den Flugkörper, der vor ihnen abflugbereit auf dem Startgestell rotierte.

„Da strömen die Ionen drüber und werden von Plus nach Minus, also von vorne nach hinten angezogen, umfließen den gesamten Flugkörper und werden außerdem nach außen geschleudert."

„Was stinkt denn da so penetrant nach elektrisch Verbranntem?", beschwerte sich einer der Herren im schwarzen Anzug und nestelte nervös an einem seiner Manschettenknöpfe aus purem Silber herum.

„Das sind die erhitzten Ionen die gerade über die heiße Elektrode strömen, Sir!"

„What a damned shit . . . Disgusting smell. And we pay for this . . . !", murmelte der Angesprochene seinem Kollegen zu, der neben ihm stand und fasziniert auf das rotierende, silberne Ding starrte.

„Der Ionenfluss, der von der positiv geladenen Elektrode zur negativen strömt, reißt nun genügend Luftmoleküle mit sich, damit die übliche Auf- und Vortriebsverteilung wie bei jedem gewöhnlichen Flugzeug um die Scheibe entstehen kann. Nach dem Gesetz von Bernoulli . . .", begann der Techniker weiter zu erklären. „Aber ohne den schädlichen Luftwiderstand . . . , da die Luftpartikel die Außenhaut der Maschine nicht berühren!"

"Bernoulli, Lift and Forward Motion, Air Resistance . . . Do you understand what this guy means . . . ?", musste der Mann im feinen Anzug wieder seinen Nachbarn fragen. Der verstand auch nichts und schüttelte nur verständnislos mit dem Kopf.

Dann rauschte der silberne Flugkörper in der Luft und verschwand erst einmal im blauen Himmel von Oregon außer Sichtweite.

Auch hier sollen recht bald kleine, kompakte Antriebseinheiten eingebaut werden, die nicht nur eine nukleare Energiequelle haben, sondern ein entsprechendes „Superconductive"- Leitungssystem . . . , dachte Sam. „Und das alles „Fail Save", sowie vollautomatisch!"

Als der silberne und rotierende Flugkörper wieder auf Baumwipfelhöhe herabgestiegen kam, dachte Sam Collins wieder an das Experiment aus dem Jahre 1942:

„Die Lichter gehen aus . . . !", rief sein Nachbar, der neben Collins am Rand der Flugzeughalle stand und auch angespannt Richtung Küste und der Millionenstadt L.A. starrte.

„Ja, die Verdunklung setzt ein. Die haben bemerkt, dass jemand über der Stadt kreist!"

„Unser Raumschiff!", freute sich der Techniker.

„Gut, dass die Behörden die Luftabwehrmaßnahmen penibel einhalten . . . ! Sonst hätte unser starkes Plasmafeld die Lichter in der Stadt von selbst gelöscht. Die Interferenzen sind sehr stark, auch Radios wären gestört worden und die Leute hätten sich gefragt, woher die Störungen kommen.

Ein halbwegs intelligenter Mensch hätte sich gefragt, ob die Unterbrechungen gar von unserem Fluggerät kämen. Dann wäre die schöne Geschichte mit dem japanischen Angriff schwer zu erklären gewesen. So spielen alle mit, die Rundfunkstationen sind abgeschaltet und man hat freiwillig das Licht ausgeschaltet, überall an der Küste. Da fällt keinem auf, dass ein EM-Raumschiff die Ursache für einen Stromausfall gewesen wäre, hätte es keine Luftwarnung und die Angst um japanische Angriffe auf die Stadt gegeben!", freute sich Sam Collins.

Dann hörten sie, wie die Flugabwehr zu feuern begann.

„Jetzt wird sich beweisen, ob unsere Berechnungen betreffend des Plasmafeldes stimmen . . . !"

„Oder ob das Schiff getroffen wird und abstürzt . . . !"

„Dann sind eben die „Außerirdischen" notgelandet . . .", murmelte Collins und dachte dabei an Orson Wells und „Mars Attacks!"

„Unser Bergungstrupp und die Army müssen dann schnell reagieren und alles absperren, bevor irgendjemand merkt, dass unser Raumschiff von der Erde kommt . . . !", überlegte der Techniker.

Nachdem das Raumschiff seinen vorher fest gelegenen Kurs über das nächtliche Los Angeles abgeflogen hatte, kehrte es zu einem kurzen Zwischenstopp auf St. Clemente zurück.

Nach eingehender Prüfung der Außenhaut, war man sehr gespannt, zu sehen, ob das starke Magnetfeld um die Außenhülle des Raumschiffs tatsächlich die leichteren Flak-Geschosse abhalten konnte.

„Einige Splitter scheinen doch durchgeschlagen zu sein und haben die Außenhülle angekratzt. Aber damit hatten wir ja gerechnet und die Hülle extra verstärkt."

Nach der Inspektion der Außenseite machte sich das Raumschiff erneut auf und flog zurück zum geheimen Raumhafen in den Rocky Mountains, um dort weiter eingehen untersucht und getestet zu werden.

## 2. Kapitel

## Insert

## The L.A. UFO

Die diversen Informationen sind aus unterschiedlichen Quellen zum Thema „Los Angeles Air Battle aus dem im Internet entnommen, hauptsächlich aus:

THE BATTLE OF LOS ANGELES: 1942 UFO

DURING THE 1942 BATTLE OF LOS ANGELES A GIANT AERIAL OBJECT OF UNKNOWN ORIGIN APPEARED IN THE NIGHT SKY ONLY TO ESCAPE AFTER MORE THAN 1440 DIRECT ROUNDS FROM ANTI-AIRCRAFT GUNS
The Wanderling, Internet

Hier einige relevante Stichpunkte aus obigem Artikel, die für das Verständnis der damaligen Ereignisse, die sich am dunklen Nachthimmel von Los Angeles, Cali, USA, am Mittwoch, den 25. Februar 1942 wie folgt abspielten:

„**At 3:36**, however, they were shocked and their slumbering families rudely roused again, this time by sounds unfamiliar to most Americans outside the military services.
…
The roar of the **37th Coast Artillery Brigade's antiaircraft batteries** jolted them out of bed and before they could get to the windows the flashing 12.8 pound shells were detonating with a heavy, ominous boomp - boomp - boomp and the steel was already raining down. All **radio stations had been ordered off the air at 3:08**.

In the early morning hours of February 25, 1942, suddenly appearing out of nowhere, but most likely doing so only after **dropping out of the night sky initially from a steep angle out over the Pacific on a curving south to east trajectory**, <u>a huge object</u> of unknown origin, **possibly with protective detection devices on, at a lower altitude levels off**. The object continues on a trajectory east toward the city of Los Angeles at ultra high speed barely skimming the water just above the surface. At 120 miles out, the object most likely picks up electronic probes from the Army long range listening apparatus or rudimentary early radar and retracts it's entry shields, reducing it's speed to a near crawl some 50 miles out, turning inland somewhere near Point Dume.
   Scattered eyewitness accounts from years later pick up the object apparently dropping down into the radar shadow **by hugging the mostly unpopulated ridge-line along the north side of the Santa Monica mountains in an easterly direction**. It then turned south in the gap in the mountains around Sepulveda Boulevard and Mullholland Drive **coming in BEHIND the aimed direction of the** <u>majority of the anti-aircraft guns</u> **and any possible radar or long range listening devices**. In a continuing steeply angled climb out of the Santa Monica mountains the object curved slightly to the east around and well above the 511 foot altitude of Baldwin Hills in what appeared **to be a concerted effort** <u>to stay away</u> **from all the potential aircraft and armament associated with Mines Field (now LAX)**. The object turned **westward toward the ocean coming out over the aircraft manufacturing plants near the El Segundo tank farm, then, dropping altitude, south along the coast**.
…
At 2:15 AM, with the object's position unknown with any amount of certainty, for the first time since the start of the war,

the controller ordered the whole warning system into operation, with an **area-wide blackout** that effected the region **from Los Angeles to the Mexican border** and as far inland as the San Joaquin Valley.

Even with all that going on, as soon as it happened to as late as a full 45 years after the event and continuing to this day, people are still questioning **why no U.S. planes were ordered into the skies to apprehend the object on it's approach**.

...

**Radars picked up an unidentified target 120 miles west of Los Angeles.** Antiaircraft batteries were alerted at 0215 and were put on Green Alert — ready to fire — a few minutes later. **The AAF kept its pursuit planes on the ground**, preferring to await indications of the scale and direction of any attack before committing its limited fighter force.

...

However, whatever it was or whatever they were, **no bombs were dropped nor was there any resultant destruction by the invader.** So too, despite the fact that **1,440 rounds** of anti-aircraft ammunition had been expended, **whatever was "up there" seemed impervious to the barrage** --- in the end, **escaping with no sign of damage or losses.**

...

Even though the object basically came straight on and crossed directly over the top of us, being out of the range of the searchlights **it's actual shape was hard to discern against the upper night sky.**

...

My dad, who in 1929 had actually watched the Graf Zeppelin land in Los Angeles at Mines Field (now LAX and about eight miles north of Redondo Beach) and even walked along side and under the giant airship, often said the object **that passed over us that night was as big, if not bigger**, than a **Zeppelin**.

...

Face on as I remember it, the object was not round or circular like a Zeppelin or a blimp, but **wide and flat** or **slightly curved** toward the center concave-like across the bottom from the outside edges. It seemed bluntly-wedged or possibly sloped toward the top and back somewhat in the front, sort of like the triangular or boxy shape of present day stealth aircraft or more closely, **an upside down pointed shovel**.

...

No propellers, exterior motors and **no sound**. It had no wheels, wings, fins, or stabilizers either, although **it did have the capability to rise and fall in altitude and pick up and gain speed as well as have the ability to go so slow it barely moved.** After all **it took well over thirty minutes to travel the twenty miles** or so from Baldwin Hills to the ocean to Redondo Beach, then when my dad and neighbors attempted to follow it **the object took off at a fairly high speed** --- so much so their cars could not keep up with it.

However, my dad said when he tried to catch it, coming almost abroad side although well below and somewhat behind, **he could see what looked like three distinct, possibly four, narrow red-orange slit-like openings on the side toward the back,** describing them as "looking like shark gills **only glowing**."

...

**This object seemed more like a battleship.** There was something heavy about it. The thing is, is that it made **absolutely no sound.** Totally silent, which is odd because almost everything I ever saw that moved and was that big --- locomotives, airplanes, ships --- all made lots of noise. The only other thing that stood out **about the object was that it left a very slight but distinct odour** trailing off behind it. If any of you have ever owned an electric train like a Lionel for example, and noticed **the smell the transformer** gives off during a lengthy period of use, after the object

passed overhead, **in it's wake, the air reeked with an odor very similar to that same smell.**
...
Although it did not have protruding wings like an airplane, **the object's outside edges ominously curved down.** As well, other than feeling a **slight vibrational "hum"** in his chest as it passed over, the object made no sound."

Courtesy:The Wanderling, Internet

Abb.: San Clemente Island mit Landing Strip. Stützpunkt für geheime Experimente in 1942?

"In February of 1942 there was a **barely used if not practically abandoned, wide open Naval Auxiliary Air Station located right in the middle of the island.** In 1938 the Works Progress Administration (WPA) and a contractor had **built two runways, one 2,000 feet the other 3,000** feet over an old airstrip. The construction was completed by 1941, but for all practical **purposes it really wasn't being used.** It is not that the object needed a runway to set down, only an unobstructed, wide open area --- without a major population to contend with. The San **Clemente strip was the only viable landing area for a wounded or disabled craft for thousands of miles around that met such criteria.** No coast defence guns, no shore batteries, no searchlights, no prying eyes to speak of. It was only sometime AFTER the incident that any real sort of military presence showed up on the island, first with a Marine scouting squadron that suddenly began operations from the airfield with 19 Vought SB2U Vindicators sometime in 1942, then the Army installing and activating TWO fully equipped radar stations. **In other words, at the time the object exited over the Pacific south of Long Beach heading toward the general direction of San Diego, the island had so few people on it, it was basically uninhabited.**

-Ends-

Anmerkung des Autors:

Ein rundes, sehr großes Flugobjekt, Augenzeugen sprechen von bis zu 800 ft., circa 245m im Durchmesser, flog in der Nacht von Dienstag auf Mittwoch im Februar 1942 über Los Angeles und Umgebung, um ggfs. auf der kleinen Insel San Clemente zwischen zu landen. Zur Größe eines elektrohydrodynamischen Fluggerätes oder Raumschiff sagt T.T. Brown:

„Jedem Luftfahrt-Ingenieur ist bei der Anwendung des elektrostatischen Antriebsprinzips sofort klar, daß ein **großer Elektrodenbereich** benötigt wird. So wie ein Segelboot ein großes Segel braucht, benötigt jedes Fluggerät mit elektrohydrodynamischem Antrieb eine **große** ballistische **Elektrode**, um mit Hilfe des Druckes eines Plasma-Windes, Auf- und Vortrieb zu erzeugen.

## Geheime Erprobung?

Flog in jener Nacht von Dienstag auf Mittwoch, den 25. Februar 1942 ein, mit einem Plasma/Ionenwind betriebenes Fluggerät – Raumschiff – über Los Angeles?

Warum sollte ein geheim gehaltenes Raumschiff im Tiefflug über einer so großen Metropole fliegen, mitten im Krieg?

Wo doch die Stadt mit Flugabwehrgeschützen vor feindlichen Luftangriffen der Japaner schwer und wachsam verteidigt wurde.

Und ausgerechnet vor ein paar Tagen flogen die Japaner, die immer wieder mit U-Booten vor der Westküste der USA auftauchten, einen Angriff mit einer trägergestützten Maschine, oder beschossen die Küstengegend und die Ölproduktionsstätten bei L.A. mit einer Bordkanone.

War es pure Absicht, genau diese Kampfhandlungen auszunutzen, um möglichst niedrig und recht langsam mit einem riesigen Flugkörper über Los Angeles zu kreisen, damit die „Trigger Happy" Flak-Crews ja kräftig in die Luft ballerten konnten und eine Granate nach der anderen auf einen vermeintlichen Gegner in den dunklen Nachthimmel feuerten?

Außerdem war von großem Vorteil, dass bei Luftalarm an der Pazifikküste, weite Gebiete bis runter an die mexikanische Grenze verdunkelt und auch alle Radiosendungen eingestellt wurden.

Denn ein mit einem Ionen-/Plasmawind betriebenes Flugzeug, das hohe Voltzahlen entwickelt und damit jegliche Elektrik am Boden und in der Luft nachhaltig stört, wäre bei einer hell erleuchten und verkehrsreichen Stadt sofort aufgefallen.

Überall entlang des Flugweges wären die Lichter reihenweise ausgefallen, Autos hätten nicht mehr weiterfahren können, das Radio rauschte nur noch, und die Leute am Boden hätten sich gefragt, was los sei und ggfs. neugierig in den Himmel geschaut, wo sie etwas hätten erkennen können, was niemand je zu Gesicht bekommen sollte.

Blieben deshalb auch die Curtis P-40 „Warhawk" Kolbenmotor-Abfangjäger am Boden, erhielten Startverbot, da auch bei diesen Maschinen die Bordelektrik aufgrund starker Interferenzen mit dem Plasma/Ionenwind ausgefallen wäre und die Jäger reihenweise Motoraussetzer gehabt hätten?

Wer aus Kreisen des Militärs, bestimmter ziviler Stellen wusste, dass in jener Nacht ein Experiment stattfinden würde und veranlasste die notwendigen Maßnahmen, z.B. dass die Jäger am Boden blieben?

Wie viele Mitwisser gab es und war auch der Verfasser des oben erwähnten Internet-Artikels, bzw. die vielen Zeitzeugen, die dieser im Laufe der Jahre zum „L.A. Battle" befragte, in die ein oder anderen Weise in das damalige Ereignis verwickelt?

Beziehungsweise, alle diejenigen, die sich mit EM-Fluggeräten auskannten oder auskennen, hätten begreifen können, dass es kein „gewöhnlicher" Angriff der Japaner, sondern etwas Außergewöhnliches über Los Angeles im Gang war.

Auch hier – wie schon in Teil II geschildert, wo der „Delta-Gyropter" mitten in das Invasionsgebiet der Alliierten im Juli 1944 in die Normandie flog und evtl. auch dort auf einem Scheinflughafen in Lisieux landete – so nutzte man in Los Angeles, wo sich die Lockheed Flugzeugwerke befanden, die Wirren des Krieges aus, um eine spezielle Erprobung durchzuführen, die niemand als solche je erkennen würde.

Die Propaganda hat im Laufe der Jahre wie üblich aus dem Fluggerät über L.A. ein „außerirdisches Raumschiff" gemacht, oder bringt eine an den Haaren herbeigezogene Desinformationsstory nach der anderen.

Übrigens wurden die Wirren eines Krieges, von Konflikten ect., immer wieder dafür genutzt, nicht nur neuartige Waffen auszuprobieren, sondern auch geheime Entwicklungen verdeckt einzusetzen, damit solche Tests niemanden auffallen.

Ob bei dem Experiment, dass eventuell dazu gedient haben könnte, die „Beschussempfindlichkeit" eines großes Raumschiffes - nämlich der Schutz gegen Meteoriteneinschläge bei einem schnellen Flug durch Alls – zu erproben, auch der Navy Offizier Thomas Townsend Brown zugegen war, wird sich offiziell wohl nie klären lassen.

Auch, ob das riesige Fluggerät Beschädigungen abbekommen hatte, oder ein sehr stark gepoltes Magnetfeld die metallenen Granaten und deren Splitter erfolgreich von der Außenhülle abhalten, ablenken und umlenken, oder elektrisch abstoßen konnte.

Es ist gut möglich, dass ähnlich Flugkörper oder Raumschiffe später von dem Privatflieger Kenneth Arnold in der Gegend des „Mount Rainier" gesichtet wurden. Dazu heißt es im Internet:

„Am 24. Juni 1947 behauptete Arnold, während er nahe **Mount Rainier (Bundesstaat Washington)** flog, habe er **neun ungewöhnliche Flugobjekte** in den Wolken gesehen. Er sagte weiter, er habe die Zeit gestoppt und schätze ihre Geschwindigkeit **auf 1200 Meilen pro Stunde (rund 1900 km/h)**. Zuerst habe er nur eine Art Lichtbälle erkannt, bis er näher herankam. Die ersten Berichte beschrieben **acht Objekte** als **flache, tellerartige Scheiben** und **ein Objekt** als **flach und fledermausartig oder sichelförmig**.

Der Begriff "Flying Saucers" sei ein Missverständnis mit Reportern gewesen:

"... when I described how they flew, I said that they flew like they take a saucer and throw it across the water. Most of the newspapers misunderstood and misquoted that too. They said that I said that they were saucer-like; I said that they flew in a saucer-like fashion."

War das "sichelförmige" Flugobjekt möglicherweise baugleich dem Objekt, das über L.A. flog? Hat die Flugzeugfirma Boeing in Seattle, WA etwas mit diesen Fluggeräten zu tun?

Wie die Vorversuche ausgesehen hatten, die in Wirklichkeit irgendwann in den 1920er Jahren in den USA stattgefunden haben mussten, nämlich, wie man mit Hilfe von erzeugten Ionen einen Ionen-, sprich elektrischen Wind erzeugt, um damit Flugobjekte anzutreiben, zeigen die Experimente, die eines der Erfinder, der Navy Offizier Thomas Townsend Brown nach dem Krieg in Europa, in Frankreich (ob dieses Land in Europa ein Hauptstützpunkt für die Entwicklung von EM-Fluggeräten ist?) interessierten Personen aus der französischen Luftfahrtindustrie vorführte.

Interessanterweise sollte ein Jahr später in Rouen, Frankreich ein „UFO" gesichtet worden sein, das genauso aussah, wie ein EM-Fluggerät in McMinnville, Oregon, USA. Beide Fluggeräte könnten auf die Entwicklungsarbeit von T.T.Brown zurückzuführen sein.

Möglicherweise könnte auf dem Flugplatz in Rouen, oder eines der Plätze in der Nähe, geheime Test mit einem elektromagnetischen Flugzeug von der französischen Luftfahrtindustrie, wie SNCASO (Société Nationale de Construction Aéronautique du Sud-Ouest) oder SNECMA, oder von Dassault Breguet, Marcel Bloch durchgeführt worden sein.

Der Vulkan Mount Rainier liegt circa 200 Kilometer von Portland, Oregon entfernt, wo in McMinnville eine UFO-Sichtung stattfand und wo scheibenförmige Flugkörper über einem Testgelände gefilmt wurden.

Wurden spezielle, hoch geheime und unkonventionelle Fluggeräte in den U.S. Bundesstaaten Oregon und Washington in dortigen einsamen und verlassenen Gebieten, die dünn besiedelt waren, heimlich erprobt?

Interessant ist, dass der Mount Rainier, ein Schichtvulkan und Zentrum des Mount-Rainier-Nationalparks, 87 km südöstlich von Seattle in Pierce County, US-Bundesstaat Washington liegt. Mit 4.392 Metern ist er der höchste Gipfel der Kaskadenkette und des Bundesstaats Washington.

Hat eventuell auch dieser Vulkan ein dunkles Geheimnis? Eine geheime Erprobungsstätte, ein Stützpunkt, irgendwo tief im oder um den Vulkan gelegen, so, wie der schon erwähnte Tschimborasso in Ecuador oder ein Vulkan am Südpol? Überall dort könnte Geothermales Heizen die Stützpunkte mit Wärme versorgen und Dampf aus den Tiefen der Erde könnte für Turbinen für eine Stromerzeugung genutzt werden.

War es also kein Zufall, dass Kenneth Arnold in der Gegend der Kaskadekette ungewöhnliche Flugobjekte beobachtete?

Auch am Nordpol gibt es einige Vulkane. So heißt es in einem Internet-Artikel der „FAZ" v. 9. Juli 2003:

„Unter dem Eis der **Arktis brodeln Vulkane und heiße Quellen**. Diese überraschende Entdeckung machte jetzt eine deutsch-amerikanische Expedition, wie die Max-Planck-Gesellschaft in München mitteilte.
Die Forscher hätten den von **Grönland bis nach Sibirien** reichenden, 1.800 Kilometer langen Gebirgszug unter dem Nordpolarmeer untersucht, der mit fast 5.000 Meter Höhe mächtiger als die Alpen sei. Entgegen allen Erwartungen stellten sie **„eine sehr starke Vulkanaktivität"** fest. „Einmal sahen wir sogar eine **aktive heiße Quelle auf dem Meeresboden**", sagte Jonathan Snow, Leiter der Forschungsgruppe am Max-Planck-Institut für Chemie in Mainz.

Wird dieses Prinzip, der Nutzung Geothermaler Quellen für unterirdische Stützpunkte auch auf anderen Planeten, anderen Welten im Sonnensystem und weit draußen im All angewandt?

Wollten die „U.S. Verschwörer" Stützpunkte an heißen Quellen an den Polen der Erde verwenden, um von dort den Dritten Weltkrieg zu führen?

Heute könnten solche Stützpunkte von der „Wahren Raumfahrt" genutzt werden, die unentdeckt von der Weltöffentlichkeit für Geheimoperationen dienen.

# T. T. Browns Experimente in Paris
# 1955-1956

Von P. LaViolette, May 13, 2012:

Abb.:

Townsend Brown flying his discs at the S.N.C.A.S.O. facility outside of Paris.

(Photo courtesy of J. Cornillon)

In **1955 and 1956** Townsend Brown made **two trips to Paris, France,** where he conducted tests of his electrokinetic apparatus and electrogravitic vacuum chamber tests in collaboration with the French aeronautical company **Société National de Construction Aeronautiques du Sud Ouest** (S.N.C.A.S.O.).

He was invited there by Jacques Cornillon, the company's U.S. technical representative. The project was named **Project Montgolfier** in honor of the two French brother inventors who performed early aircraft flights.

The project continued for several years until the company changed ownership resulting in a final report which was written up in 1959.

Details of the Project Montgolfier experiments remained a closely guarded secret for many years until Jacques Cornillon courageously decided to make them public prior to his death in July 2008.

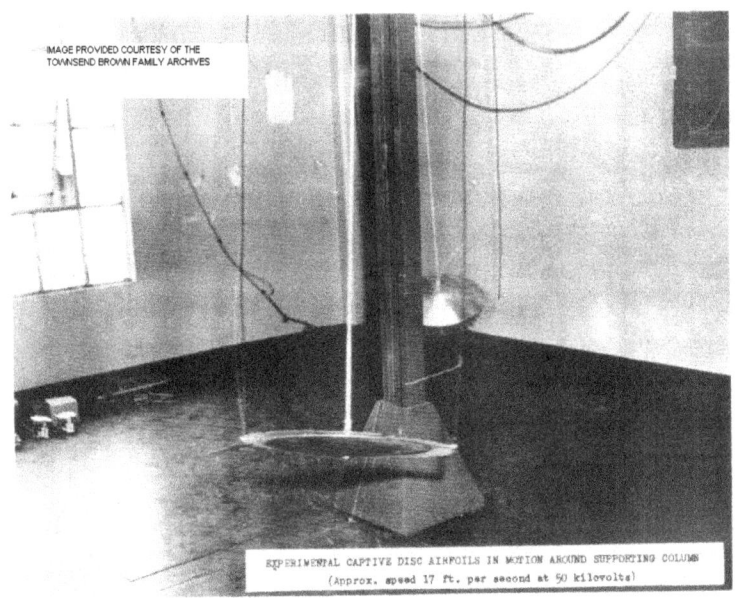

The flying disc carousel experiment that the Montgolfier Project conducted in 1955 used 2-1/2 foot diameter discs (75cm Durchmesser) hung from 4m tethers suspended from the ends of a 3m arm. Based on the description given, this seems to have been almost the same flying disc test that Brown gave to the Navy at Pearl Harbor a year or two earlier.

Anmerkung des Autors:

Oder bereits in den 1920er Jahren, woraus kurze Zeit später die ersten elektromagnetischen Fluggeräte und Raumschiff-Prototypen resultierten, siehe auch Überflug eines Thermionischen Fluggerätes/Raumschiff über Los Angeles in 1942 in den USA.

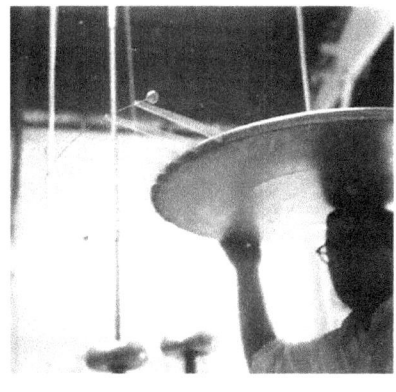

Abb.:

Left: Brown holding a flying disc tested in Project Montgolfier.

Right: Close-up of disc showing **Outboard Leading-edge Wire**.

Abbildung:

Die Nahaufnahme der Metallscheibe zeigt den <u>außerhalb des Flugkörpers angebrachten Draht (Elektrode),</u> befestigt an mehreren durchsichtigen (Plastik-) Abstandshaltern an der vorderen Scheibenkante.

(Photos courtesy of J. Cornillon)

Based on the angle of the disc suspension cable seen in the photo on the right below, one may estimate that the disc was travelling at a speed of ~8.7 meters per second, or about 20 mph. It would have completed one revolution of its 18 meter course in 2 seconds.

Abb.:

Left: Carrousel test rig. Right: Disc in flight.

(Photos courtesy of J. Cornillon)

Brown had finished his collaboration with S.N.C.A.S.O. in 1956. From a letter that Mr. Cornillon later wrote to a colleague, we learn that in October 1957 Brown was in the process of test flying 10 foot diameter discs energized at a voltage of 300 kV!

Here we see that Brown had followed the plan he had first set out in his 1952 **Project Winterhaven** proposal which was to eventually test fly a ten foot diameter disc powered by 500 kV (70% more voltage than he used in his 1957 test flight).

Hence we see that by this early date Brown had progressed beyond the toy model stage to flying small scale aircraft. To reach this stage he must have been receiving substantial funding from either the military or from a major corporation. (Lockheed, Burbank?, Anmerkung des Autors)

In addition the Project Montgolfier team constructed a very large vacuum chamber for performing vacuum tests of smaller discs at a pressure of 5 X 10-5 mm Hg; see below.

Abb.:

Left: Vacuum chamber vessel (1,4m Durchmesser) for conducting electrogravitic tests.

Right: Vessel opened to show test rotor rig within.

(Photos courtesy of J. Cornillon)

In reading the section describing the vacuum chamber results, we learn that when the discs are operated at <u>atmospheric pressure</u> they move in the **direction of the leading edge wire** regardless of outboard wire polarity. This indicates that in normal atmospheric conditions the discs are <u>propelled forward primarily by unbalanced electrostatic forces</u> due to the prevailing nonlinear field configuration (**which causes <u>thrust</u> in the direction of the low field intensity ion cloud** regardless of the ion polarity).

On the other hand, the report says that under <u>high vacuum conditions</u> the discs always moved in the **direction of the positive pole**, regardless of the polarity on the outboard wire. This indicates that in the absence of the unbalanced forces exerted by ion clouds, the discs moved mainly on the basis of the electrogravitic field effect, always toward the positive (negative G) direction.

These vacuum chamber experiments were a decisive milestone in that they demonstrated beyond a doubt that electrogravitic propulsion was a real physical phenomenon.

The report concludes saying:

"It seems perfectly reasonable to conclude that a concentrated force of some kind accumulates within the presence of a strong dielectric." (i.e., presumably in the presence of a high-K dielectric.)

Courtesy: Starburst Forum: „Electrogravitics and Field Propulsion", Internet:

Abb.:

Flog auf Basis dieses EHD-Modells ein Raumschiff von ungefähr 245m im Durchmesser über Los Angeles, Kalifornien am 25.Februar 1942?

Sahen Augenzeugen, die in der Nacht vom 24. zum 25. Februar 1942 in und um Los Angeles auf die Straßen liefen, eventuell verkleidete Leading und Trailing Edge Elektroden, sowie die hinteren vier Austrittsöffnungen eines „Elektrischen-Glüheffekt-Flammen-, Plasma-Abgasstrahl"?

# Project Montgolfier, the Biefeld-Brown Effect and the Flying Saucer

Posted on 7.April 2012 ellazir, Internet:

INTRODUCTION TO PROJET MONTGOLFIER REPORTS by Jacques M. Cornillon

I came into the life of Thomas Townsend Brown in the mid-1950's. I was the U.S Technical Representative for a French aeronautic company, **Societe National de contruction Aeronautiques du Sud-Ouest, SNCAO.**

I was in the library of the Institute of Aeronautical Science of Los Angeles, studying a magazine when my attention was drawn to the word "Wow" written in the margin, with exclamation points.

I read the article

"*The Flying Saucer: A Simplified Explanation of the Application of the Biefeld-Brown Effect to the Solution of the Problem of Space Navigation*", by Mason Rose that said a Townsend Brown had found a new force that seemed to indicate a **new form of propulsion for aviation.**

In this article he outlined the Biefeld-Brown Effect, electrogravitation, and its application to space navigation. There was considerable interest throughout the world on this subject at that time, with many applications for patents. An address was provided at the end of the article, so I decided to contact the author, Dr. Mason Rose. I did, and we met. Subsequently he introduced me to a 'Dr. Shank'. We spoke at length about Brown's project and its history and of my company and our potential interest in Brown's project. At the conclusion they recommended that I contact Brown, which I did on my return to the East Coast.

I met with Townsend Brown in Washington on April 7, 1955. I first asked him if he was free to work with our French company, that he was not already engaged with an American company or with the American government. He told me that he would get back to me in a few days. Several days later, he called me to tell me that he was able to work with us. We then made a contract with him to come spend some time with us at our facility outside of Paris to make the experiments that he had outlined for us. He had given us plans of some 'flying saucers' that he wanted us to build in our workshops, and to procure a machine to produce the needed energy source,

Our company undertook the project in secret with a limited team, at a **building in our Courbevoie facility called 'B12'**. We baptized this project "*Projet Montgolfier*", in honor of the French brothers who were the first men to experience free flight. Our first goal was to make a complete scientific study of the Biefeld-Brown effect.

Dr. Brown came to France twice in the period from 1955 to 1956. Many tests were made. The first round of testing was done in the air. We found that when we 'flew' the saucers around the tether, this was simply a pure demonstration of '**electric wind**'. We found there was a small force that sometimes was added to the expected force, but it was much too small to measure in the air where there is ionization.

So it was decided that a new round of tests needed to be made in vacuum to eliminate the effect of ionization in the air. We created a vacuum in a small bell jar with a modified miniaturized saucer and tether design from Dr. Brown and performed a series of new tests.

While we did achieve results indicating a separate force not attributable to ionization, the experiments in the small bell jar were affected by the outside atmosphere on the bell jar wall and rendered these experiments scientifically inconclusive.

It was decided that the next step was to make tests in a big vacuum chamber. Dr. Brown again sent us designs for the construction of a large vacuum chamber and test apparatus.

As this phase of the project was undertaken my company was merged into another company. During this turbulent period of the merger we were able, with difficulty, to continue and complete the construction of the large vacuum chamber, though moved to a less hospitable location.

The president of my company, now the president of the new merged company, **Sud-Aviation**, decided not to continue the experiments but to pass them along to another company **SNECMA, Societe Nationale d´Etude** et de **Contruction de Moteur d´Aviation** that was more specialized in this type of research.

The team made some hasty tests before having the project shut down for delivery of the vacuum chamber to the new company. The Final Report for the Project Mongolfier, April 15, 1959, outlined these five tests confirming, as in the prior tests, that there was a definable force. At this point our team was scattered, the project shut down and we were unable to make the further tests to further refine and quantify the results.

It was at this point that I lost contact with the project, and despite later efforts was never able to find out what, if anything, happened to it.

Note: Jacques Cornillon passed away on May 30, 2008, at the age of 99, not long after he concluded these notes."
-Ends-

Ein schöner Bericht, der einem vorgaukeln soll, dass in Frankreich kein all zu großes Interesse bestand, den „Elektrischen Wind", sowie den „Thermionic Effect" und die überragenden Flugeigenschaften von „Elektrohydrodynamischen Flugzeugen" zu erforschen und in praktische Fluggeräte umzusetzen.

Wer soll das glauben?

Flugzeuge, und vor allen Dingen Raumschiffe, die den bis heute bekannten Flugzeugen und Raketenantrieben für die Raumfahrt um Längen überlegen sind, solche Technologie will keiner haben?

So heißt es unter andrem über T.T. Brown:

„By mid-WWII П, Mr. Brown's scientific ability and reputation as a brilliant engineer had catapulted him to the rank of Lieutenant Commander, and Commanding Officer of the U.S. Navy Radar School at Norfolk, Virginia. Working too many hours, he finally collapsed. Retiring from the Navy, he was able to recuperate after a period of six months, and accepted a position with **Lockheed-Vega**

(Burbank, Los Angeles, Kalifornien! Siehe Überflug in 1942 über L.A.!, Anmerkung des Autors)

In the ensuing years, he never again, on his own initiative, attempted to interest anyone in his discovery of electro-gravitation."

Immer wieder wird in unserer Welt der Eindruck erweckt, dass die bis heute vehement vertuschten EM-Techniken für Luft- und Raumfahrzeuge kein Interesse bei den jeweiligen Stellen, ob Militär oder im zivilen Bereich hervorrufen würden.

Zu dem geheimen Flugzeugwerk in B2 bei Coubervois, nahe Paris, folgender Auszug aus dem Buch: *„Technopoles of the World: The Making of 21st Century Industrial Complexes"*:

```
„The proximity of a secondary airport in Vilizy-Villacoublay (siehe Michel
Wibault und sein Gyroptere, Anm.d.A.), often used for flight tests, was
another factor in anchoring in the area research facilities and auxiliary
firms of the aircraft industry. These firms had frequent contacts with the
factories of the Dassault aircraft company, located in the industrial town
Courbevois in the northwest sector of the Paris region.
```

(Siehe hier Marcel Bloch, aka Marcel Dassault, der im KZ Buchenwald aufgrund der schützenden Hand von Admiral Wilhelm Canaris und seines Helfers vor Ort, die Zeit im Konzentrationslager überleben konnte, sodass er nach dem Krieg nach Paris, Frankreich zurückkehren konnte. Wusste man in Deutschland, wo auch EM-Experimente durchgeführt wurden, dass Marcel Dassault noch eine größere Rolle in den Nachkriegsentwicklungen von unkonventionellen, elektromagnetischen Flugzeugen in Frankreich spielen würde?, Anm.d.A.)

```
Thus, a western location for these companies was by no means eccentric to
their main focus of activities; yet they benefited from a better
environment and a higher social status. In all, from the 1960s onward, the
southwest sector of Paris began to become a magnet for high-level research
centers for nuclear energy, electronics and aviation: the core of French
high-technology industry, directly linked to the Government´s priority
programs in defense and nuclear energy, the two pillars of Gaullist dream
of a powerful and independent France."
```

Wurde in der Gegend um Paris, wo auch der Delta-Gyroptere zu seinem geheimen Flug nach Lisieux in 1944 flog, elektromagnetische Experimente durchgeführt und arbeitete hier Thomas Townsend Brown mit Dassault zusammen an neuen EM-Antrieben auf Basis des Biefeld-Braun Effektes für Luft- und Raumfahrzeuge?

Sind die obigen Berichte nur Ablenkungsgeschichten, die verschleiern sollen, dass mit großer Anstrengung auch Frankreich an neuen, nie gekannten Antrieben für die Luft- und Raumfahrt gearbeitet hatte und sich die Hilfe und Unterstützung aus den USA versichert hatte, indem Thomas Townsend Brown in den 1950er Jahren nach Paris geschickt wurde?

# Los Angeles Times

**TUESDAY MORNING, APRIL 8, 1952**

**LIGHT ON MYSTERY**—Watching two model flying saucers hanging from pivoting arm are trio of the new University for Social Research: Researchers Bradford Shank, left, and Townsend Brown, and Mason Rose, president. They present a novel theory.
*Times photo*

## Flying Saucers 'Explained' by Men of New Research University Here

Two metal-plexiglass disks, suspended from a central pylon, swung through slow circles in a darkened room yesterday as spokesmen for a new university sought to convince newsmen they have solved the flying saucer mystery.

"We have hesitated to divulge our findings," said Mason Rose, president of the University for Social Research, "because they read too much like science fiction..."

Substance of the alleged discovery, credited to Inventor Townsend Brown, is that saucers operate in a field of "electrogravity" that "acts like a wave with the negative pole at the top and the positive pole at the bottom."

**Travel Like Surfboard**

"The saucer travels like a surfboard on the incline of a wave that is kept continually moving by the saucer's electrogravitational generator," explained Bradford Shank, third spokesman for the group claiming knowledge "almost too sensational, too spectacular."

All three men are convinced that flying saucers are real, "controlled by an intelligence rather than a pilot" and capable of speeds up to that of light—186,000 miles a second.

Their research is new and novel, they insist, and "it is distinctly improbable it has been duplicated anywhere in the world," experiments coupling electricity and gravitation that apparently go even beyond Einstein's unified field theory.

Asked about official government study of their findings, Rose said details had been given to "some Navy admirals" but as yet there was no censorship. He talked guardedly about military "interest" in the work but declined to mention specific agencies.

He spoke too about the early trials and tribulations of Marconi, Edison and the Wright brothers.

The three men said space travel will be possible within 10 years.

At one point Shank was asked if he had a degree.

**'Superior Intelligence'**

"No," he acknowledged, "I'm free of those encumbrances. That's why I find it so easy to talk in these new terms."

To all dead-end questions there was the answer: "A superior intelligence thousands of years ahead of ours would have many answers we don't know about."

For more than four years Brown has been attempting to predict the ups and downs of the stock market with electronic apparatus he installed in the basement of a building on S Spring St. His equipment, he said, registers small variations in sidereal or cosmic rays which bombard the earth from outer space.

These rays, in some yet unexplained manner, are suspected of influencing human psychology. Brown declined to say how his stock market "barometer" has worked.

## Rain, Holiday Snarl Traffic

It looked like the day before Christmas in the downtown area yesterday as slowly moving traffic was backed up solid from Temple to 12th Sts. and crowds crammed the sidewalks.

The really big crush was at noon.

Contributing factors: (1) rain-slickened streets, which always slows traffic; (2) pre-Easter shopping; (3) youngsters out of school for Easter vacation.

Throughout the city, of course, there was the customary epidemic of minor collisions, most of them resulting in locked bumpers—and tempers.

## Fluggeräte angetrieben mit „Elektrischem Wind"

Abb.:

Gefunden im Internet:

Ein Fluggerät, das auf den „Biefeld-Brown Effekt" beruhen könnte. Denn zwei asymmetrische, unterschiedlich große Elektroden, hier eine an der Nasenvorderkante und eine zweite, abgesetzt als halbrunder Kreisbogen, erzeugen einen Ionenfluss. Dieser „Ionen Wind", der einen aerodynamischen Auftrieb, sowie Vorwärtsschub generiert, da durch die Ionen auch Luftmoleküle mitgerissen und somit Luftmasse in Bewegung versetzt werden, wird noch durch den Ausstoß eines Flammenstrahls, erzeugt von einem Edelgas wie Cäsium oder Argon, der an der Rückseite des Fluggerätes, durch z.B. rechteckige Austrittsöffnungen ausströmt, enorm verstärkt.

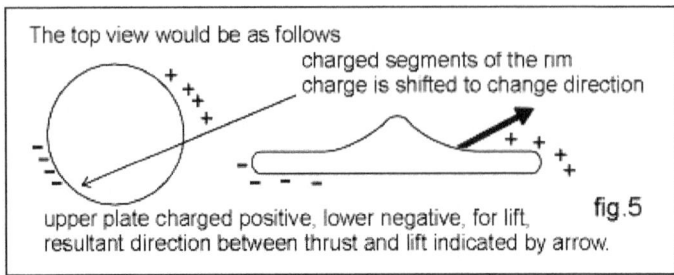

fig.5

Abb.:

Der **Biefeld-Brown-Effekt** ist ein im Jahr 1920 von Thomas Townsend Brown entdeckt worden und wurde 1923 von dem Schweizer Paul Alfred Biefeld an der Denison University in Granville, Ohio, USA, bestätigt Dieser physikalischer Effekt äußerst sich durch eine Schubkraft in Richtung der kleinen Platte eines mit Hochspannung aufgeladenen asymmetrischen Kondensators.

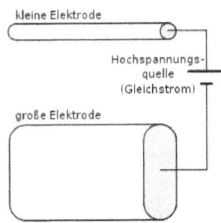

Abb.:

Der Biefeld-Brown-Effekt wird von Ionen erzeugt, die in einem Elektronenfeld beschleunigt werden. Daraus ergibt sich der so genannte „Elektrische Wind". Denn die Ionen reißen Luftmoleküle mit sich und es werden dadurch Luftmassen in Bewegung versetzt, die einen normalen, aerodynamischen Auf- und Vortrieb erzeugen, wie bei jedem herkömmlichen Flugzeug mit Tragflächen auch.

An der kleinen Platte des Kondensators werden Moleküle des umgebenden Mediums, wie z.B. Luft oder Wasser, aufgrund der dort hohen elektrischen Feldstärken ionisiert und in Richtung der größeren Platte beschleunigt. Dabei reißen sie durch Kollisionen weitere, nicht ionisierte Luft- oder Wassermoleküle mit und erzeugen so einen Schub, der den Kondensator in Richtung der kleineren Platte schiebt.

Bei der Produktion des „Elektrischen Windes" entsteht bei einem Flugzeug dieselbe Druckverteilung nach Bernoulli, wie bei normalen Flugzeugen auch: Auf der Oberseite entsteht ein Unterdruck, der das Fluggerät in die Luft saugt und auf der Unterseite entsteht ein Überdruck, der ein Flugzeug nach oben drückt.

Diese Antriebsart ist **keine** „Elektrogravitation", sondern „**Elektro-Aerodynamik**". Es wird nicht die Schwerkraft aufgehoben, sonder überwunden! Der Auftrieb eines EHD angetriebenen Fluggerätes ist höher als die 1g Schwerkraft und dadurch entsteht Auftrieb!

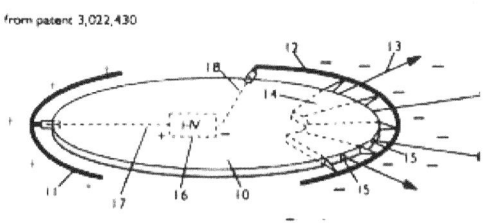

Abbildung:

Beachte die beiden Elektroden an der Vorder- und Hinterkante der Flugscheibe! Beachte, dass die hintere Elektrode auf Abstand zum Scheibenkörper gehalten wird. Im hinteren Bereich befindet sich eine oder mehrere (rechteckige) Düsenaustrittsöffnungen, wo ein Flammenstrahl, der z.B. mit dem Edelgas Argon generiert wird, über die hintere Elektrode strömt und die Ionen zusätzlich aufheizt. Dieser heiße Abgasstrahl, zusammen mit den erhitzten und enorm beschleunigten Ionen, treibt das Fluggerät mit mehreren 10.000 km/h vorwärts.

Dazu schreibt T.T. Brown:

„Dieser so genannte **elektrische Wind**" ist ein Ionenfluß, der sich sehr schnell fortbewegt. Dieser Ionenfluß kann unterschiedlich auftreten:

- in der Art und Weise wie der Fluss erzeugt wird, und

- gemäß der Beschaffenheit der Oberfläche (gekrümmte Flächen), der ihn begrenzt."

Wobei eben große, gekrümmte Flächen mehr Auf- und Vortrieb erzeugen, als kleinere. So ist es durchaus möglich, dass das Flugobjekt über Los Angeles tatsächlich an die 800ft. groß war. Denn, je größer die Fläche, desto mehr Ionen können beschleunigt werden und damit große Luftmassen in Bewegung versetzen, die auch ein riesiges, schweres Raumschiff durch die Atmosphäre bewegen können.

Im luftleeren Raum und im Weltall treibt der „Ionen-Wind", ggfs. im Zusammenspiel mit Kolloiden, Metall/Russpartikel, die mit dem Flammenstrahl über die hintere, im Abgasstrahl liegende Elektrode ausgestoßen werden, ein Raumschiff mit hoher Geschwindigkeit vorwärts. Es wirkt die übliche Impulserhaltung, wie bei den allseits bekannten Raketen mit chemischen Antrieben, wo die verbrannten Abgase, die Russpartikel im Weltall den Schub generieren.

Siehe auch die Beschreibung eines 15 Meilen langen Abgasstrahls in Teil III, wo der Flammenstrahl, zusammen mit den aufgeheizten Ionen nicht nur einen mächtigen Schub erzeugte, sondern auch eine Wolkenformation zerteilte, geradezu verdampfte.

Eine Technik, die seit den 1920er Jahren aufwärts machbar war und auch konsequent in der „Wahren Raumfahrt" umgesetzt worden zu sein scheint.

War das Flugobjekt über L.A. ein Raumschiff auf einem Testflug? Was sollte getestet werden?

Hier noch mal die Beschreiben aus Teil III „Die Geheime Raumfahrt", von Klaus-Peter Rothkugel:

„Ein Fluggerät nach Tesla könnte folgendermaßen beschaffen sein:

Der Flugkörper besteht aus Keramik. <u>Keramik ist ein guter Isolator</u>, schwer brennbar, widersteht intensive Hitze oder Kälte, ist hart wie ein Panzer und <u>durchlässig für magnetische Felder</u> (s.a. „Flux-Pin"). Die Keramikhülle ist außen mit dünnen Metallplatten, entweder aus Kupfer oder Aluminium verkleidet. Die einzelnen Metallpanele sind durch einen schmalen Streifen Keramik von der inneren Hülle isoliert. Diese metallene äußere Hülle schützt vor den äußeren Einflüssen wie Regen, aber auch z.B. vor Kerosindämpfen. <u>Im Weltall kann die Metallhülle, wenn negativ aufgeladen, Kleinstmeteoriten vor Einschlägen schützen</u>, sowie auch die gefährliche Kosmische Strahlung abhalten. **Ankommende kleine Meteoriten und Staub werden negativ aufgeladen und dann von der negativ gepolten Außenhülle abgestoßen, bevor diese Kleinstteile die Außenhülle beschädigen können. Leider gilt dies nicht (damals noch nicht?) für größere Meteoritenteile."**

So schreibt der Autor „The Wanderling" in seinem Internet-Artikel:

„90mm Anti-aircraft guns OR 3-inch Anti-aircraft guns:
Over and over in reports regarding the Battle of L.A. it is stated that the the 37th Coast Artillery Brigade began firing 12.8-pound anti-aircraft shells at the unidentified object. <u>It should have been 12.5 pounds</u>. BUT, in either case, using 12.5 or 12.8, the guns used against the unidentified aerial object that night could NOT have been 90mm.

The shell weight for the 90mm anti-aircraft round is 23.4 pounds
**The shell weight for the 3-inch, 7,62cm anti-aircraft round is 12.5 pounds**

The below from History of the 4th Antiaircraft Command, I, 115-25, and IV, Docs 28 and 29:

"During the next hour they expended some **1,400 rounds of 3-inch antiaircraft ammunition** against a variety of "targets" in the Los Angeles area. Exhaustive inquiries on 25 February accumulated a mass of conflicting evidence as to what these targets were."

… the research data provided by The History of the 4th AA Command, Western Defense Command, Jan 9 1942 to July 1 1945:

TIME: 0306. Batteries B, C and D of the 65th and Battery B of the 205th
482 rounds of **3-inch, 7,62cm**
TIME: 0333. Batteries B, C, D, G and H of the 78th and B, C and D of the 122nd
581 rounds of **3-inch**, 38 rounds of **37mm, 7,62cm**
TIME: 0355. Batteries C and D of the 65th 100 rounds of **3-inch, 7,62cm**
TIME: 0405. Batteries B, C, and D of the 78th 246 rounds of **3-inch, 7,62cm**
TOTAL ROUNDS: 1447

**TOTAL WEIGHT OF 3-INCH, 7,62cm ROUNDS;
12.5 LBS EACH: 17,612.5 POUNDS (<u>8.8 tons</u>)**

From the Footnote text above:
"At the time both regiments armament <u>consisted of 3-inch and 37mm anti-aircraft guns</u> and it was a combination of those guns and those from surrounding batteries that expended the nearly 10 tons of ammunition that rained down all over Los Angeles and the surrounding cities during the supposed raid."

The above 17,612.5 pounds of 3-inch , **7,62cm** rounds does not factor in the 38 rounds of 37mm shells nor do the figures reflect additional or "unaccounted" ordinance which could easily add up to the NEARLY 10 tons of ammunition so cited. However, considering the almost two-to-one weight ratio between 3-inch rounds and the 90mm rounds it is almost impossible to rectify the use of 90mm rounds.

Please note that the total number of batteries officially reported as responding to the raid that night, Batteries B, C and D of the 65th; Batteries B, C, D, G and H of the 78th; B, C and D of the 122nd; and Battery B of the 205th, add up to **the total number of guns (12)** as found in The Army Air Forces in World War II Volume VI:

"(The) plan called for 120 three-inch guns for Los Angeles and its immediate environs, but in December (of 1941) there were **only 12 guns on hand to protect all the defense plants of that area.**
…
According to World War II comes to Redondo Beach installed on the end of the pier were **two 155mm guns**. Not wussy 3-inch or 37mm guns, but **huge big babys** that fired **full 6-inch in diameter projectiles**. The object seems to have had the ability to withstand the anti-aircraft rounds without incident, but the 155mm rounds at such a close range from both guns in tamden, maybe not so well.

The object turned <u>inland toward the low coastal hills, hugging first the top then cresting over</u> toward the bottom as they ran eastward along Torrance Boulevard. **The guns on the pier did not have full 360 degree turning ability, and even if they could swing around they would not have been able to level their barrels on the object because it could not be seen.** Plus, firing with such large bore rounds so close to the ground would have torn to shreds any civilian structures in its path.
…
In the center of Manhattan Beach just a few blocks inland off the ocean were **TWO huge 8-inch, 20,32cm railway guns** mounted on specially built flatcars sitting on a spur track laid just for the guns.
…
The guns could easily fire their five-hundred pound projectiles for up to twenty miles. So to, unlike the Redondo guns, they were able to rotate all the way around in a full 360 degrees. **They just were not able to fire at an object so close in just above the beach** - and, even if they did, everything in their path between the end of their gun muzzle and the beach would have been pulverized. **Instead the object just slipped on by.**
-Ends-

Wusste man von Seiten einer geheimen Testmannschaft, die das große Raumschiff mitten in der Nacht über Los Angeles kreisen ließ, wo die „neuralgischen Punkte", sprich schwere Flak stationiert war, die man zu umfliegen oder im absoluten Tiefflug zu vermeiden hatte?

Es war am Mittwoch, den 25. Dezember 1942 also nicht die volle Anzahl an Geschützen zur Hand und die meisten waren kleinerer Kaliber. Außerdem wurden die meisten „Rounds" nur wahllos in die Luft geschossen, landeten als Schrapnells in der Innenstadt von L.A. und beschädigten Häuser, Autos und verletzten Passanten.

Der Geschosshagel, der das große Raumschiff traf, oder in die Nähe der Außenhülle gelangte, wäre durch ein entsprechendes Plasmafeld wohlmöglich abzuhalten gewesen.

Konnte man 1942 auch bereits größere Meteoritenteile von der Außenhülle eines Raumschiffes auf Distanz halten oder wollte man dies zukünftig entwickeln in nächster Zeit testen?

Denn 1946 tauchte ja das große sphärenförmige Raumschiff von dem B.I.S. Mitlied Dr. Warnett Kennedy auf, das wohlmöglich nicht nur zum Mond, sondern tief ins All vorstoßen sollte.

Wenn dieses kugelförmige Raumschiff einen gewissen Prozentsatz der Lichtgeschwindigkeit erreichte, dann hätte es Abwehrmöglichkeiten zum Schutz der Außenhülle benötigt, die wohl vor 1946 an verschiedenen Plätzen auf der Erde oder gar im Sonnensystem bereits im Versuchsstadium waren, wie eben auch 1942 über Los Angeles.

Wurde zudem später, wie Augenzeugen z.b. im Koreakrieg berichteten, oder wie ggfs. zuvor schon im Zweiten Weltkrieg, EM-Flugkörper absichtlich gegnerischer Flak ausgesetzt, um zu erproben, ob ein EM-Schutzschild die Flak-Granaten abhalten und ablenken konnte? Alles Versuche, die zudem für einen militärischen Einsatz bestimmter unkonventioneller Flugzeuge und für einen kommenden Dritten Weltkrieg interessant waren? Siehe z.b. auch das „Cox-Patent" in Teil III, das bestimmte Tarnmaßnahmen für eine militärische Anwendung beschreibt.

Sicherlich ein sehr interessanter militärischer Vorteil, wenn z.B. die Verschwörer, die den Dritten Weltkrieg planten, Fluggeräte im Besitz gehabt hätten, die eine gegnerischen, z.B. russische Flak nichts mehr anhaben konnte!

Machte man also 1942 bereits solche Versuche, ob ein Raumschiff Gesteinsbrocken, Kleinstmeteore und andere Objekte im Weltall von seiner Außenhülle abhalten kann, oder eben gegnerische Flakgranaten bei militärisch einzusetzenden „Special Air Vehicles wirkungslos würden? Unter anderem geheime Versuche bei Lockheed in Burbank, L.A., Kalifornien?

Flog man deshalb absichtlich in den Flak-Bereich von Los Angeles und der Westküste der USA ein - weil dort Flugzeugfirmen, wie Lockheed ansässig waren, und wo auch ggfs. das Fluggerät konstruiert und gebaut (vormontiert) worden ist – weil man das Plasma-Schutzschild des Raumschiffes unter Belastung, sprich Beschuss durch kleine und mittlerer Flak-Granaten testen wollte?

Interessanterweise mied das geheime und bis heute unbekannte Objekt größere Flak-Geschütze, wie ein Einsenbahngeschütz, das außerhalb von L.A. auf einer Einsenbahnstrecke positioniert war.

Weil man von Seiten der Erprobungsmannschaft die Gegebenheiten der Flugabwehr in und um Los Angeles kannte und deshalb einen gezielten Flugkurs, unter Ausnutzung der Bodenbeschaffenheit – Hügel, Wälder usw. – ausnutzen konnte, um nicht unbeabsichtigt von Geschützen getroffen zu werden, die der Maschine tatsächlich etwas anhaben konnte, da die Geschützkaliber zu groß waren?

# Das Militär wiegelt ab und desinformiert

TOP SECRET

Top Secret

gm 25
February 27, 1942

THE WHITE HOUSE
WASHINGTON

February 27, 1942

MEMORANDUM FOR

CHIEF OF STAFF OF THE ARMY

I have considered the disposition of the material in possession of the Army that may be of great significance toward the development of a super weapon of war. I disagree with the argument that such information should be shared with our ally the Soviet Union. Consultation with Dr. Bush and other scientists on the issue of finding practical uses for the atomic secrets learned from study of celestial devices precludes any further discussion and I therefor authorize Dr. Bush to proceed with the project without further delay. This information is vital to the nation's superiority and must remain within the confines of state secrets. Any further discussion on the matter will be restricted to General Donovan, Dr. Bush, the Secretary of War and yourself. The challenge our nation faces is daunting and perilous in this undertaking and I have committed the resources of the government towards that end. You have my assurance that when circumstances are favorable and we are victorious, the Army will have the fruits of research in exploring further applications of this new wonder.

You may speak to me about this if the above is not wholly clear.

F. D. R.

Abb.:

Ein wahrscheinlich mit hoher Sicherheit gefälschtes Papier im Zusammenhang mit den „M.J.-12 Dokumenten".

Interessante Textpassage:

„I <u>disagree</u> with the argument that such information <u>should be shared with our Ally the Soviet Union</u>. Consultation with Dr. Bush and other scientists on the issue <u>to find practical use for the atomic secrets</u> . . ."

Der Verfasser der obigen Desinformationsschrift war kein Freund der Russen und er könnte etwas über nukleare Atomantriebe gewusst haben, die sicherlich parallel zur Entwicklung von Atommeilern und der A-Bombe auf der – geheimen – Agenda standen.

Zu dem obigen MJ-12 Machwerk schreibt „The Wanderling" im Internet:

„On March 5, 1942, less than two weeks after the above message, Gen. Marshall sent another top-secret memo to the President regarding the air raid over Los Angeles stating "it was learned by Army G2 that Rear Admiral Anderson recovered an unidentified airplane <u>off the coast</u> of California

with no bearing on conventional explanation. This Headquarters has come to
the determination that the mystery airplanes are in fact not earthly and
according to secret intelligence sources they are in all probability of
interplanetary origin."

Notice that Marshall says Army G2 learned, implying the Navy was keeping
the information to themselves. **Notice as well Marshall also uses "airplanes
are" indicating the plural, or more than one.** All the talk of "airplanes"
is probably how the Army got wind of the whole thing in the first place. In
1942 the Air Force was not a separate entity, but under the Army's umbrella.

**Please note in the purported letter or memo of communication below, between
then U.S. President Franklin Delano Roosevelt and the U.S. Army Chief of
Staff General George C. Marshall, dated February 27, 1942,** two days after
the UFO over Los Angeles, where **FDR refers to "atomic secrets learned from
study of celestial devices." The date, being just two days following the
February Los Angeles event,** is most likely coincidental as nothing if
anything --- except perhaps speculation --- could have been garnered of any
substance or significance over such a short period of time. The gist of the
memo does, however, set the tone for a more receptive atmosphere of such
events by powers that be. The **Dr. Bush referred to in the memo by the way
is Dr. Vannervar Bush, the chairman of FDRs National Defense Resource
Committee (NDRC),** which looked into the invention and development of atomic
weapons for the war effort.

Hier sieht man also sehr schön die Fälschung des Schreibens, denn wie richtig bemerkt, hätte man zwei Tage nach dem Überflug über L.A. noch gar nicht wissen können, was für ein Antrieb das Raumschiff hatte. Zumal es wohl auch nicht abgestürzt war und zurück zu einem geheimen Stützpunkt geflogen wurde.

Es sei denn, es war eben eine Entwicklung, in die u.a. Lockheed verwickelt war und bestimmte Kreise des Militärs und auch der U.S. Administration waren die geheimen Bemühungen, unkonventionelle Flugzeuge und Raumschiffe zu entwickeln und zu bauen, durchaus bekannt, bzw. man förderte sie. Um unter anderem für den geplanten Dritten Weltkrieg gegen die Sowjetunion mit überlegenen, nie gekannten Waffen einen schnellen Sieg erringen zu können.

General Marshall begegnen wir wieder als Vorgesetzten des Air Attachés, der in Nazi-Deutschland vor dem Krieg in Berlin tätig war, und der eine Messerschmitt Bf-108 als Kurier- und Reisemaschine innerhalb Deutschlands bis 1941 nutzte.

Außerdem begegneten die Deutschen General George Catwell Marschall nach dem Krieg wieder, als der Marschall-Plan für das Nachkriegsdeutschland aufgestellt wurde.

Die Firma Lockheed, und deren „Shadow-Works" waren wohl schon recht früh in hoch geheime Luft- und Raumfahrtprojekte verwickelt. Möglicherweise im Verbund mit andren großen Flugzeugwerken, wie Boeing oder Northrop. Baute man nach den Vorgaben von Thomas Townsend-Brown und anderen eingeweihten Ingenieren, Technikern und Wissenschaftlern irgendwo bei Lockheed oder deren ausgelagerten Werke, geheime Flugkörper auf Basis elektromagnetsicher Antriebe?

Wie viele Personen waren und sind bis heute darin verwickelt und welche Motivation haben diese Leute, über Jahrzehnte Stillschweigen zu bewahren und gegenüber ihren Mitmenschen nichts über diese fantastischen, außergewöhnlichen Fluggeräte und Raumschiffe zu berichten? Wer oder was (für eine Technik) hält sie davon ab?

## Lockheed Air Terminal

This airport, in the northwest corner of **Burbank**, was built in 1930. By 1934 the airport had become Los Angeles' primary airport known as Union Air Terminal. During the1930's **Lockheed Aircraft Company**, adjacent to the field, evolved into one the nation's largest aircraft manufacturers, and in 1940 Lockheed purchased the airport.

It was then renamed **Lockheed Air Terminal** and used to test and delivery Lockheed aircraft. It also remained Los Angeles' primary civil airport and remained the area's only civil airport throughout the war. During the war Lockheed built P-38 fighters, Hudson and B-17 bombers. The Royal Air Force's Air Technical Services Command and US Army Air Forces Western Technical Training Command had operations at the field."

Anmerkung des Autors:

Wussten diese Commands etwas über den Überflug im Februar 1942?

"The airport and the Lockheed plant were extensively camouflaged during the war. The main Lockheed plant and runways were made to appear as grain fields and houses, and the parking lot was covered over with netting to appear as alfalfa fields. In addition, an extensive smoke screen system was installed to hide the plant under smoke. See photographs below for examples of this deception.

In 1947, when Mines Field was expanded to become Los Angeles' primary airport, this facility became a secondary airport. In 1975 the cities of Burbank, Glendale and Pasadena bought the airport and renamed it Burbank Glendale-Pasadena Airport. Lockheed continued in operation at the field for many years.

Source: World War II Sites in the United States: A Tour Guide and Directory by Richard E. Osbourne.

## Burbank Lockheed Aircraft Factory

The Lockheed Aircraft Company, in existence under various names since 1912, **relocated to Burbank, California**, **United States in 1928** next to the Union Airport (which the company would purchase in 1940). In 1929, the company was sold to Detroit Aircraft, but Detroit Aircraft's bankruptcy during the Great Depression led to it becoming independent once again in 1932, emerging as the Lockheed Aircraft Corporation.

From the 1930s and into the war, the **Plant B-1** complex (which were the first buildings set up when Lockheed relocated to Burbank in 1928) at the eastern side of the Lockheed complex in Burbank built the pre-war Vega transports, Hudson bombers (which was based on Lockheed's Model 14 Super Electra civilian transport design), and P-38 Lightning fighters.

The **Plant A-1** complex to the west and near the airport built 2,750 B-17 Flying Fortress bombers during the war; the B-17 bombers were built under license from Boeing.

The **Plant B-6** complex to the north supported manufacturing efforts during WW2, and would later gain greater fame as the location of the assembling area for U-2, SR-71, and F-117 aircraft of a later era "Skunk works").

During the war, fearful that the Burbank facilities would come under Japanese air attack, the entire area was camouflaged under a very large burlap tarp. An intricate scene of suburban life, complete with painted homes, false trees, and even fire hydrants. When the war ended in 1945, Lockheed (including its Vega subsidiary, which was merged into Lockheed in 1943) had built 19,278 aircraft, which was about 6% of the total American aircraft production between 1941 and 1945.

After the war, the Lockheed facilities in Burbank continued to play a role in supporting the US military, including the P-80 (later, F-80) Shooting Star project and the Plant B-6 projects noted earlier. The Burbank facilities stopped producing aerospace products in 1992.

ww2dbaseSources: GoDickson.com Wikipedia

Abb.:

Getarnte Flugzeugwerke von Lockheed bei L.A. Wusste man dort von geheimen Entwicklungen und standen dort einige Beobachter, die den geheimen Überflug eines ihrer Flugzeugentwicklungen in der Nacht vom 24. auf den 25. Februar 1942 aufmerksam verfolgten?

## Lockheed Advanced Development Programs

Aus Wikipedia:

Lockheed Advanced Development Programs (auch bekannt unter der Bezeichnung „Skunk Works", dt. etwa: Stinktierwerk) ist eine geheimnisumwitterte Abteilung der amerikanischen Firma Lockheed zur Entwicklung von exotischen Waffensystemen und Technologien, hauptsächlich von Kampf- und Experimentalflugzeugen, die ihrer Zeit jeweils weit voraus sind. Umgangssprachlich werden diese Entwicklungen auch als Black Projects bezeichnet, wobei die Arbeiten in engster Zusammenarbeit mit der United States Air Force geschehen. Die Abteilung beschäftigt rund 3.600 Mitarbeiter, welche zur höchsten Verschwiegenheit verpflichtet sind.

Geschichte:

Die Skunk Works wurden im Juni 1943 von Clarence „Kelly" Johnson" als „Advanced Development Projects" innerhalb des Lockheed Unternehmens gegründet. Hierfür durfte Johnson 27 Ingenieure und 105 Mechaniker aus anderen Lockheed-Kriegsprojekten rekrutieren. Auslöser für die Gründung war der Auftrag der U.S. Army Air Force zur Entwicklung eines strahlgetriebenen Jagdflugzeugs rund um das britische De Havilland Goblin - Triebwerk, die innerhalb von sechs Monaten abgeschlossen sein sollte. Die Abteilung war zunächst in Burbank, Kalifornien beheimatet. Unter der Leitung von Kelly Johnson entstand der Prototyp der P-80 „Shooting Star" in nur 143 Tagen. . . .

Anmerkung des Autors:

Dies ist die offizielle, geschönte und zensierte Firmengeschichte, die natürlich nicht die komplette Entwicklung von Lockheed wiedergibt.

Seit wann gab es bei Lockheed eine Art „"Skunk Works" für EM-Flugzeuge und Raumschiffe? Wo war diese angesiedelt. Auch in Burbank und ging man später zu einer anderen Locations, wie in die Wüstengebiete von Nevada, Oregon, Washington oder nach New Mexico? Wurden und werden bei den „Skunk Works" nur die Flugzeuge gebaut, die irgendwann in die - geheimen - reguläre U.S. Air Force Einheiten einfließen.

# Zip Gun

Folgender Hinweis aus dem o.g. Internet Artikel von „the Wanderling" ist sehr interessant:

„In standard Roswell lore **the rumor of a <u>pistol-like device</u> bearing similarities to a science-fiction type ray gun having been found at the debris field remains at the most vague or not discussed at all.** None of the big movers in the field who write book after book on

Although "Memory Foil" has long been part of the history and lore of Roswell because some of it apparently fell into the hands of civilians much to the dismay of the authorities, **any weapon of sorts, hand-held or otherwise, has never come to light on an official basis --**
… **after seeing my sketch, drew his own picture of what he remembered the pistol looked like.** Right away I knew what he was talking about. It wasn't the Buck Rogers U-235 Atomic Pistol but another toy gun I had as a kid called the **Hiller Silver Atom Ray Gun.**

# Gas Guns

Aus Wikipedia:

These were developed for the Gemini Program, more formally called the **Hand-Held Maneuvering Units (HHMU)** but also known **as zip guns or maneuvering guns.** They were <u>deployed on the Gemini 4 and 10 missions during space walks.</u> In science fiction, a more advanced and long-enduring version was used by Reed Richards of The Fantastic Four wile exploring the world-ship of Galactus.
The real-life HHMU consisted of **a gas canister of pressurized oxygen** connected to an **<u>external expulsion nozzle and an oversized, simplified trigger</u> assembly** that would allow its easy handling and use by spacesuited astronauts. It was deigned only for use around the Gemini capsule, and did not have capacity for extended use.

114

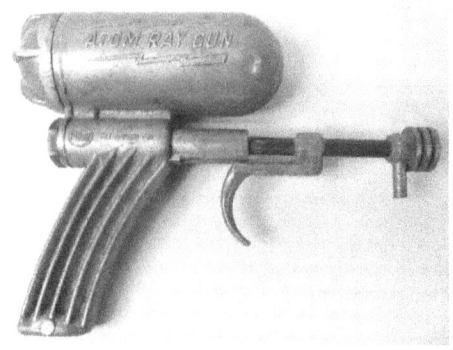 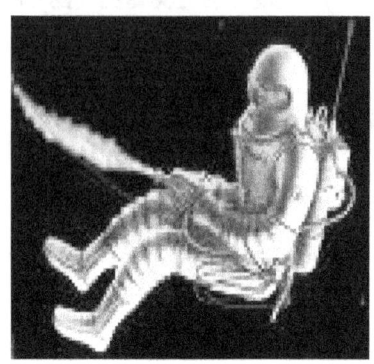

Abb.:

Hatte dieses amerikanische Spielzeug eine frappante Ähnlichkeit mit einer „Space Gun", einer „Gas Gun", wie sie der Onkel von „The Wanderling" innerhalb des Trümmerfeldes einer abgestürzten (raumtauglichen EM-) Flugscheibe in Roswell, N.M. im Juli 1947 gefunden hatte?

Beachte links bei dem Spielzeug den Gasbehälter auf der Oberseite und den großen „Trigger", den Abzug, den man auch mit steifen (Metall-) Handschuhen noch sicher abdrücken konnte.

Rechts ein Astronaut der „Wahren Raumfahrt", der sich mit einer Space Gun nach dem Rückstoßprinzip fortbewegt. Beachte Gasbehälter und Austrittsdüse. Das Gas, Sauerstoff bekommt die Kanone von dem „Back-pack" auf dem Rücken des Astronauten, siehe Verbindungsschlauch!

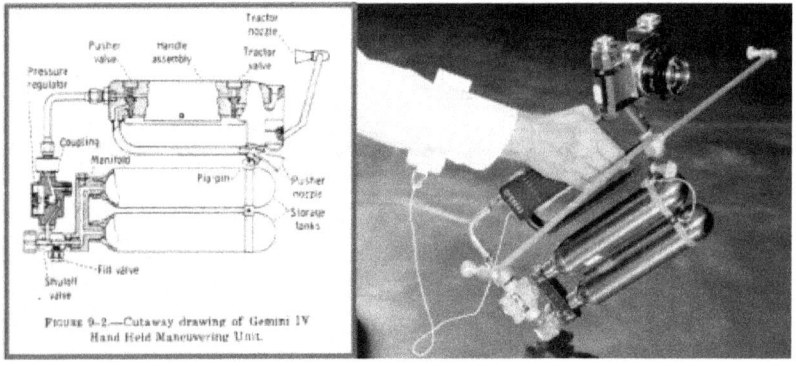

Abb.:

„Hand Held Maneuvering Unit" für Außeneinsatz von Gemini IV.

Beachte Gastanks und Nozzle und vergleiche dies mit dem Spielzeug!

War es purer Zufall oder Absicht, dass der Spielzeughersteller eine „Atomic Ray Gun" konzipierte, die einige markante Features einer „Space Gun" beinhaltete, die in der „Wahren

Raumfahrt" zum selben Zweck von Astronauten für Außeneinsätze genutzt wurde, wie später bei den Gemini-Astronauten, nämlich um sich frei im Weltraum bewegen zu können?

So schreibt der Internet-Artikelschreiber weiter über das Trümmerfeld in New Mexico, wo 1947 ein „UFO" abgestürzt war:

„He, LaPaz told me **what he buried that day in 1947 up and behind the debris field** was something he found while searching for one of the so-called anomalous I-beams with suspected alien Hieroglyphic Writing on them, or for that fact, anything with hieroglyphs on it. He didn't find any pieces, scraps, items, or objects with hieroglyphs he was readily willing to admit to, **but he did find what appeared to be a weapon --- a <u>pistol</u> of sorts, although possibly a <u>little bit smaller</u>** in overall handling size than one of our hand held pistols such as a Colt .45 for example, but, except for <u>how light it was</u>, still generally comparable in shape and handling to a pistol. He said as a pistol it reminded him **looks-wise a great deal like the toy gun I used to have** (i.e., the Hiller Atom Ray Gun). Now, if what he found and then later buried was actually a hand-held weapon, i.e., a pistol or not, he didn't know because at first he never made an attempt to figure out how it worked --- or if it even worked.
…

Abb.:

Diese "Zip Gun" benutzten die Gemini-Astronauten bei ihren Außeneinsätzen.

Wurden diese Dampfpistolen absichtlich so unhandlich und kompliziert konstruiert, damit sie sich von den mehr handlichen und Pistolen ähnlichen „Space Guns" der „Wahren Raumfahrt" unterschieden?

Aus Ablenkungsgründen, damit man keine Rückschlüsse über die tatsächliche Funktion mehr ziehen kann, falls man einen Raumfahrer der Wahren Raumfahrt mit einer Gas/Dampfpistole sehen würde?

Auch hier scheint es wiederum genügend Personen zu geben, die über den wirklichen Sachverhalt Bescheid wissen, und eine bereits erfolgreich verwendete - geheime - Technik, komplizierter konstruieren, nur um gewisse kompromittierende Details in der Öffentlichkeit verschleiern zu können!

# Ionen-Wind

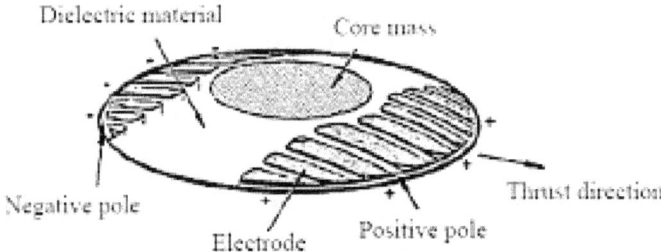

**Explanation of dynamical Biefeld-Brown Effect from the standpoint of ZPF field**

Takaaki Musha

Abbildung:

Sah so, oder so ähnlich das riesige, eventuell 245m durchmessende Fluggerät aus, das in der Nacht von Dienstag auf Mittwoch, den 25. Februar 1942 über dem verdunkelten Los Angeles schwebte?

Augenzeugen rochen einen „elektrischen Geruch", wie, wenn ein elektrisches Gerät durchschmort. War es Ozon oder die aufgeheizte Ionen, vermischt mit Abgasen eines „Flame-Jets", die aus dem Heck des Fluggeräte zwecks Vortriebs ausgestoßen wurden?

Abb.:

Gefunden im Internet. Haben die Flugkörper in der Zeichnung eine gewisse Ähnlichkeit mit dem Fluggerät/Raumschiff, ausgestattet mit einem „Biefeld-Brown Antrieb", das über Los Angeles in Jahre 1942 flog?

Beachte Flammenstrahl am Heck. Es fehlt die hintere, negativ geladene Elektrode, die Ionen produziert, die von dem Flammenstrahl erhitzt und mit enormen Schub, zusammen mit den positiv geladenen Ionen von der negativen Elektrode am Bug, nach hinten ausgestoßen werden und die Maschine mit hoher Geschwindigkeit vorwärts treibt.

## Ionen-Wind

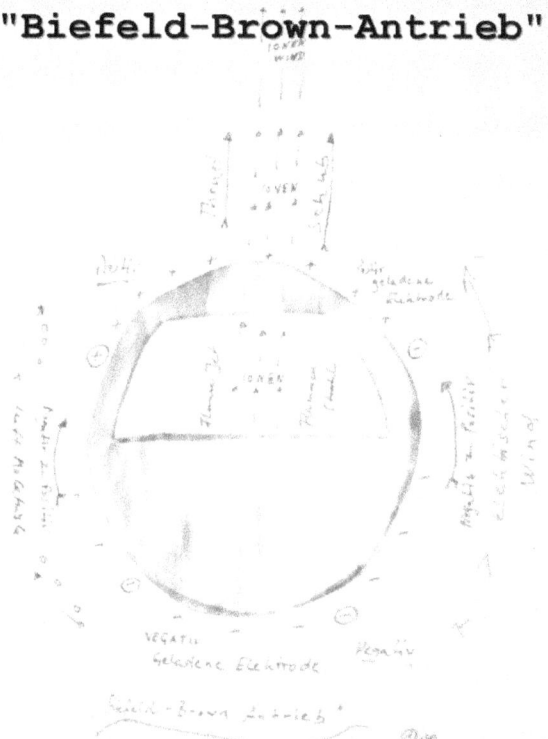

**Flugobjekt über L.A. in 1942?**

Abb.:

Das unbekannte Flugobjekt über Los Angeles im Jahre 1942 könnte einen „Biefeld-Brown-Antrieb" gehabt haben.

Ein „Ionen-Wind" und der sich daraus resultierende „Elektrische Wind", der mit Hilfe von, in Strömung versetzte Luftmassen Auftrieb erzeugt, zusammen mit dem elektrisch aufgeladenen Flammenstrahl, der die negativ geladenen Ionen von der Nasenvorderkante um den Flugkörper zur negativ geladenen Elektrode am Heck strömen lässt, treibt das Fluggerät vorwärts.

Die um den Rumpf strömenden Ionen ergeben einen „reibungslosen Luftstrom", da die mitgerissenen Luftmoleküle nicht bis an die Außenhaut gelangen und dadurch ein schädlicher Luftwiderstand vermieden werden kann.

Im luftleeren Raum und im Weltall treiben die, durch den Flammenstrahl, der durch ein Edelgas, wie Cäsium oder Argon in mitgeführten Gastanks gespeist wird, erhitzen Ionen aufgrund der Impulserhaltung und des Rückstoßes, das Raumschiff voran.

## Ionen-Wind Antrieb

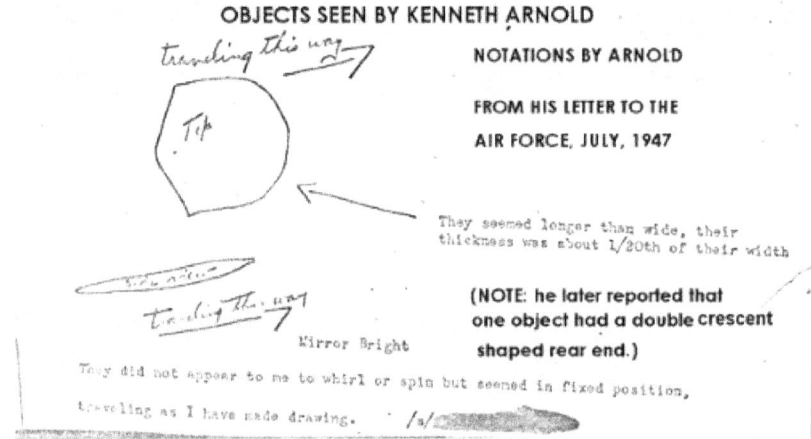

Abb.:

Kenneth Arnold Sichtung von 1947.

Kenneth Arnold bemerkt, dass die Flugscheiben sich nicht drehten und einen positiven Anstellwinkel während des Fluges einnahmen.

Somit könnten alle Fluggeräte nach dem Prinzip des „Ionenwindes" angetrieben worden sein, denn die Luftströmung ist dieselbe, wie bei herkömmlichen Flugzeugen auch.

# Ionen-Wind

Abb.:

Schreiben von Kenneth Arnold.

Beachte hier, dass das Fluggerät, das der Augenzeuge Kenneth Arnold zeichnete, noch in der form ähnlich der Beschreibung wiedergegeben wurde, wie es auch in dem Internet-Bericht von „The Wanderling" beschrieben wurde, wie eine „umgedrehte Schaufel".

# Ionen-Wind

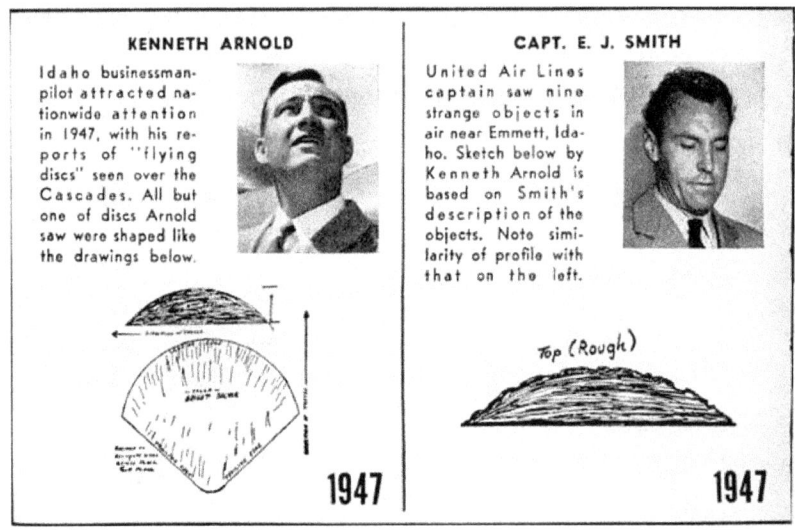

Abb.:

Beachte großer Halbbogen, was die negativ geladene Elektrode darstellt, über oder unter die ein elektrostatisch aufgeladener Flammenstrahl strömen könnte.

# Ionen-Wind

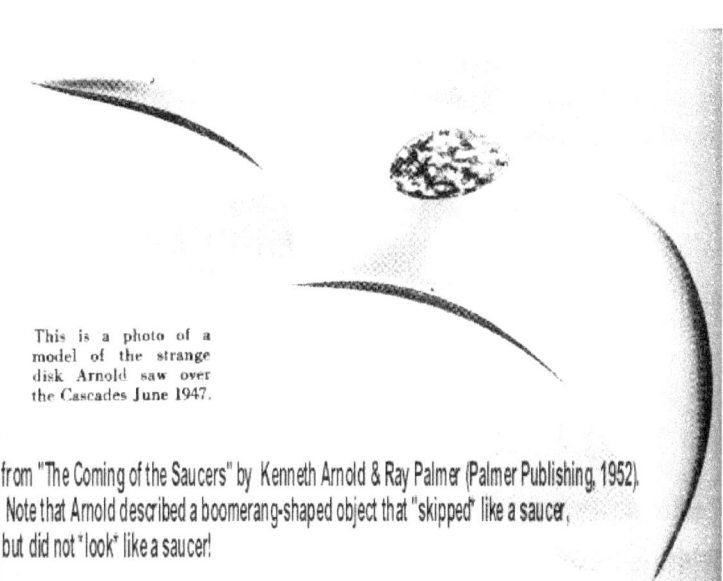

Abb.:

Grobe, ungenaue Zeichnung, die das wahre Fluggerät verschleiern soll. Erkennbar ist die vordere runde, positiv aufgeladene Elektrode an der Nasenvorderkante. Hinten am Heck der Bereich, wo der elektrostatisch aufgeladene „Flame Jet" austritt, der über eine hintere, negativ geladene Elektrode strömt. Hier ist die hintere, halbkreisförmige Elektrode aus Desinformationsgründen weggelassen worden, um aus Ablenkung die Aufmerksamkeit auf so genannte Nurflügelflugzeuge zu lenken.

Diese „Nurflügler" wollte man den Russen andichten, die nach dem Krieg die deutschen Horten/Gotha Maschinen nachbauten und damit in die USA einflogen.

Was vollkommener Quatsch ist! Die Russen bauten keine deutschen Nurflügler nach und flogen auch nicht mit solch strahlgetriebenen Maschinen in den amerikanischen Luftraum ein.

Um in den feindlichen Luftraum eindringen zu können, benutzte man „UFOs", „Außerirdische Raumschiffe" und die amerikanische Bevölkerung hatte auf einmal nichts dagegen, dass sowjetische Aufklärer/Drohnen direkt, wenige Meter über ihre Köpfe flogen! Denn sie wussten ja nicht, welcher Herkunft die Maschinen tatsächlich waren, dank der überaus wirksamen Propaganda! Soviel zur „Nationalen Sicherheit".

Dies gilt auch umgekehrt für die Sowjetunion und die NATO-Länder, wo auch „UFOs" die dortigen Militäranlagen ausspionierten. Außer dem „Geschwätz" über „Besucher aus dem All" beschwerte sich niemand, dass der Feind im kalten Krieg im Westen sensible Bereiche ungestört aufklären - und auch stören - konnte!

# Ion Wind Vehicles

Abb.:

Beachte oben das scheibenförmige Fluggerät mit Auspuffschlitzen rund um den Äquator, also um die Mitte der Scheibe und vergleiche Zeichnung von Augenzeugen, der in Long Beach, Cali., im Jahre 1943 ein unbekanntes Flugobjekt in der Luft sah, von dem er vermutete, das es ein geheimes Erprobungsmuster von Lockheed gewesen sein könnte.

Abb.:

Aufnahme aus einem UFO-Film von Daniel Fry, angeblich aus dem Jahre 1964.

Beachte mittig angeordnete Spitzen oben und unten. Die um die Mittelachse rotierende Maschine hat eine Reihe von Auspuffschlitzen im Zentrum der Scheibe und in der Mitte der

Öffnungen vermutlich eine umlaufende Elektrode, die je zur Hälfte, also jeweils 180 Grand positiv und negativ aufgeladen ist, zur Erzeugung des Ionen/Elektrischen Windes, der nicht nur die Scheibe in Rotation versetzte, sondern auch für den Auf- und Vortrieb sorgte.

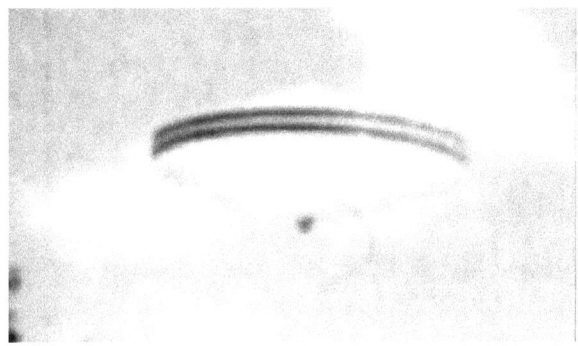

Abb.:

Fotos von Daniel Fry, die in der Nähe Merlin, Oregon im Jahre 1964 aufgenommen worden sein sollen. Wann wurden diese Aufnahmen tatsächlich gemacht? Schon mehr als 20 Jahre früher? Siehe auch die Beschreibung über das Fluggerät bei Long Beach, das 1943 beobachtet wurde! Kamen die Fluggeräte aus einer geheimen Werkstatt der Lockheed Aircraft Corp.?

Mit hoher Wahrscheinlichkeit handelt es sich bei den Abbildungen um unbemannte Flugkörper, die durch Rotation kreiselstabilisiert wurden.

Beachte die länglichen und rechteckigen Auspufföffnungen und in der Mitte eine umlaufende Elektrode.

Strömte daraus ein elektrisch aufgeheizter Ionenwind, der von Augenzeugen als „elektrisch verschmorter" Geruch wahrgenommen wurde?

Befand sich im Inneren des Flugkörpers eine heiße Ionenquelle? Ein, mit einem elektrostatisch aufgeladenen Edelgas, wie Cäsium oder Argon betriebener Gasbrenner, der das aufgeheizte Gas über eine Elektrode, die um die Scheibe am Äquator, zwischen den Austrittsgittern verläuft, ausströmen ließ?

War, wie üblich, die vordere Hälfte der Elektrode negativ aufgeladen, die hintere positiv, damit ein Ionenfluss generiert werden konnte, der zudem Luftmoleküle für Auf und Vortrieb mitriss? Wurde der Flugkörper bereits am Boden in Rotation versetzt?

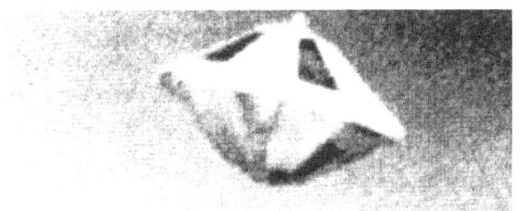

Abb.:

Ein Flugkörper der nach dem Prinzip des Ionen-Windes angetrieben wurde? Siehe große Öffnungen auf der Ober- und Unterseite. Aufnahme soll von Dr. Fry gemacht worden sein.

 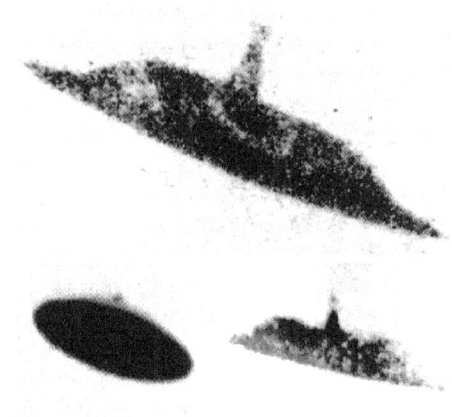

Abb.:

Links: EHD-Flugscheibe bei McMinnville, Oregon, USA im Jahre 1950 aufgenommen.

Rechts: Dasselbe Fluggerät, aufgenommen diesmal in Frankreich, bei Rouen, wohlmöglich am 5. März 1957 um 08.13 Uhr. Darunter nochmals zum Vergleich die Maschine aus Oregon. Dazu heißt es:

„Flying to intercept a mysterious radar reflection, an unknown <u>French Air Force pilot photographed this craft</u> ... over Rouen with his gun-sight camera. The UFO paced the plane for several minutes before speeding off past the maximum velocity of the French airplane." Anm.d.A.: Reagierten unbemannte EM-Drohnen auf Bewegung mit Hilfe eingebauter Sensoren und verfolgten dann ein bewegtes Objekt solange, bis ein „Timer" dafür sorgte, dass die Maschine mit hoher Geschwindigkeit davonflog?

Beachte zudem den Bericht von Thomas Townsend-Brown, der 1955-56 in Frankreich weilte und wohl eine Propaganda, eine Ablenkungstour machte, um zu suggerieren, dass eine EHD/Ionen-Wind Entwicklung sich momentan nur auf Modellversuche beschränkte.

Aber einige Monate später könnte in Frankreich ein solches Fluggerät, wie es in den USA schon entwickelt und gebaut wurde, entweder in Frankreich zu Demonstrationszwecken probegeflogen worden sein, oder man fertigte einige Versuchsmuster bei den staatlichen franz. Flugzeugwerken in Lizenz.

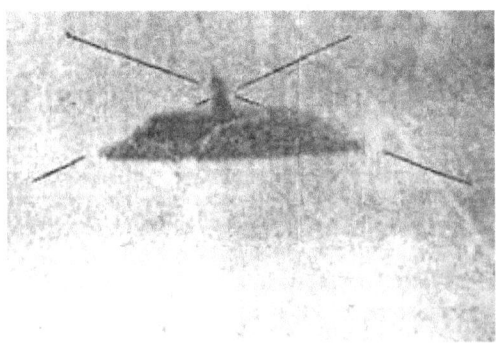

Abb.:

Beachte platter Boden, der als Auflage bei Flügen in der Atmosphäre zur stabilen Fluglage dient. In der Mitte befindet sich eine Art „Turm". Dieser könnte an der Spitze eine heiße Ionenquelle gehabt haben und zur Steuerung, der Richtungsänderung der EM-Maschine beigetragen haben. Konnte der obere, evtl. aerodynamisch verkleidete Aufbau für Kurvenflüge schwenkbar gelagert gewesen sein?

War die Maschine, die eventuell zwischen 8 und 10m im Durchmesser groß war, bemannt oder wurde sie ferngesteuert, bzw. flog autonom, wie die allermeisten bis heute gesichteten EM-Drohnen?

**McMinnville UFO Pictures**

May 11, 1950 was a normal day for Evelyn Trent, who was feeding off her rabbits on the farm near McMinnville, Oregon until she noticed a metallic disk like object flying high in the sky.

Abb.:

Von welcher Testeinrichtung kam dieser unbemannte EHD-Flugkörper, der über McMinnville, Oregon einen Rundkurs absolvierte.

Zu McMinnville heißt es:

„Das Evergreen Aviation & Space Museum ist ein Flugzeugmuseum in McMinnville im US-Bundesstaat Oregon. Es wurde 1991 von Captain Michael King Smith, dem Sohn von Delford M. Smith, dem Gründer von Evergreen International Aviation gegründet."

Heute ist u.a. die berühmt „Spruce Goose" des Millionärs Howard Hughes dort ausgestellt.

Außerdem gibt es in Oregon die **Pendelton Test Range**, die heute für die UAV – Unmanned Air Vehicle – Industrie in dem U.S. Bundesstaat Oregon an der Pazifikküste für Testflüge genutzt wird:

"Located in eastern Oregon with 347 days of VFR (weather good enough for visual flight), the Pendleton Range has a wide range of imagery objectives, **great weather for flying**, and the growing need for UAS services. Range personnel are available to facilitate development, engineering and integration procedures, as well as modelling and simulation requirements and FAA and airspace compliance.

**Infrastructure**

**Airport facilities and dedicated UAS operations areas** available at Pendleton. A Mobile Operation Center is available for use both on and off the airfield when extra infrastructure is required or to stage a demo to prospective clients. Other ground-based services include providing FAA qualified and current visual observers, customizable facilities/work areas and short to long-term storage.

**Airspace**

The **Pendleton Range** covers 14,000 square miles in **north eastern Oregon.** From **high desert to 10,000 foot peaks,** the underlying land is mostly sparse population with large **sections of agriculture and forest.**

**Forest fire fighting** in this region is an activity that has just begun utilizing UAS for support. Additionally, there are thousands of miles of infrastructure covering transportation, energy, water management, communications and earth monitoring. **The Eastern Oregon Regional Airport** (KPDT) is within Class Delta airspace that is managed by a UAS experienced Control Tower that coordinates closely with the Range and the established National Guard UAS unit."

Die Flugzeugfirma „Erickson Incorporated", gegründet 1971, baute in Portland, Oregon den S-64 "Aircrane" Helikopter, der auch zur Waldbrandbekämpfung genutzt wird.

Abb.:
"**Airbus** set to begin testing radical single person 'Vahana' flying taxi in **Oregon.** The firm's „Vahana" – "Flying Carpet" vertical takeoff and landing craft arrived to the test hangar. Airbus says the move is a 'monumental' step toward the craft's first flight. The company previously revealed plan to test the prototype by the end of 2017."

Ein elektrisch, mit Batterien fliegendes Taxi, dessen Prototyp wird momentan (2018) auf der „Pendleton Test Range" in Oregon erprobt.

Machte man auch schon nach dem Zweiten Weltkrieg in der östlichen Region von Oregon mit unkonventionellen „UAVs" bis heute geheim gehaltene Testflüge? War daran auch Dr. Daniel Fry verwickelt, der von „Aerojet" kam?

Flogen dort die „Nachfolger" der elektrostatisch angetriebenen „Foo Fighters" und machte man Versuchsflüge mit Elektrohydrodynamischen, EHD-Flugkörpern nach dem Antriebsprinzip des „Ionen-/Elektrischen Windes", siehe McMinnville Fotos?

Der zu der „Sonderprojektgruppe Breslau" gehörende Hans Göbel schreibt in einem von ihm verfassten Bericht:

"My name is **Hans Göbel,** and I was a **pilot in the Luftwaffe** throughout the war. I served in the western front, and for most of the war I was assigned to the **Special Projects Group at Breslau,** Germany. You have asked me to explain how I came to this country (United States of America, author´s note) and the circumstances surrounding the capture and relocation of this group of special pilots and aircraft. This I will do, to the best of my ability.

**We operated from Western Germany**, primarily against the bomber formations that flew ceaselessly overhead. As our best planes and pilots were all shot down, the German High Command advised new ways to attack our enemy. We developed a number of new Terror Weapons to use against them, including the suicidal *Natter* expendable rocket-fighter.

But one of the least effective was the desperate use of **various saucer designs**. Early versions of this machine involved small, **6 to 8 meter** silver disks, launched by hidden **catapults** along the flight path of the bombers.

These rapidly moving saucers would approach the formations from the rear, then veer away suddenly because of **internal gyroscopes**. They never seemed to hit anything, but could be retrieved and launched repeatedly.

Over time, we perfected this system, making the **saucers larger** and equipping them with **jet propulsion and remote TV links**, such as we also used on Messerschmitt Me-163 Komets. Since these saucers were **unmanned**, they were able to maneuver in ways that would have killed a human pilot, and **use of remote control** gave them the illusion of being guided by human intelligence.

None of **these unarmed versions** were successful, but you must remember that we used them to strike terror in the minds of the bomber crews, and in that I believe they had some success. They earned the nickname 'Foo Fighters', and our **Japanese allies** even requested and we ship a number of them to the Far East, something our leaders were happy to do. In the **Pacific** they could be launched from boats or small jungle islands, and were used frequently in the desperate last days of the war.

When the end came for us, it was <u>the Americans that arrived at our facility</u>, and they were eager to capture any secret weapons they could find. Some of our officers were aware of the Führer's fascination with legends and the occult, and decided to claim that these terror weapons were the 'technology of the gods', recovered by us in crashed other world vehicles and applied through dedicated German engineering.

We were amazed that the gullible Americans believed us, but they gathered together our entire group and **moved us to the United States**. Luckily, we had been ordered to destroy all working saucer systems before the allies arrived, and thus all the Americans found were saucer shells and what they believed was the talent to build more of them.

I later learned this Operation Paperclip worked with the OSS and the CIA to bring many important Nazi officers into the service of secret American organizations. Reinhard Gehlen moved his entire Eastern Front espionage organization over, in much the same way we were transplanted. I think that the CIA also captured vast sums of hidden German gold, for when we arrived, **large facilities were constructed on our behalf**. These are, I believe, still operating US Navy and Air Force bases, parts of which were **buried deep beneath the earth** to keep our activities hidden.

Of course, we had no idea of how to create the type of technology the Americans expected, but with their support and secrecy, we began a **long program of experimentation and testing** in the vast deserts of this country.

I moved back and forth between **Edwards Air Force Base** in California and various **airfields in Nevada** repeatedly as I was asked **to pilot the craft that my German associates constructed**. I was one of the few fortunate pilots from the Fatherland who survived the ordeal.

There were other secrets about our activities that I was never told. We understood that it was best if we knew as little as possible, and to this day I too am unsure why our officers kept this effort so secret, arresting and even killing intruders, reporters, and unlucky visitors.

**I was moved here, to a small cabin along the Oregon coast,** when my eyesight became too poor to continue with this secret program. Here I have remained for the last twenty-three years. This is all that I know of this German Flying Saucer program, and these facts I swear are true."

War auch Hans Göbel, der unterhalb von München, entlang der Autobahn wohlmöglich unter anderem mit elektrostatische Flugkörper – „Foo Fighters" – gegen einfliegende Bomberverbände verschoss, nachdem er in der Wüste von Nevada bei geheimen Tests teilnahm, nach Oregon gegangen, um dort weiter an unkonventionellen Flugkörpern zu arbeiten? Dort in Oregon setzte er sich auch zur Ruhe und verbrachte seinen Lebensabend.

Wurden auch in Deutschland Experimente mit Flugkörpern gemacht, die ähnlich aufgebaut waren, wie obige Aufnahmen zeigen?

Flugkörper, die einen Ionenwind erzeugten und „elektrisch" rochen?

Dazu heißt es in den deutschen Offenlegungsschriften aus den 1960er Jahren, siehe auch Teil III:

„... kann der Flugkörper auch mit Generatoren versehen werden, die die künstlichen elektrischen Felder und Raumladungen durch Elektronenstrahlung, z.B. durch **Erhitzen** von einer **hohen Elektronendichte ausweisenden Metallen**, wie **Thorium, Wolfram, Barium, Rhenium** oder deren Legierungen, oder durch den Zerfall von radioaktiven Stoffen, wie Strontium 90 oder durch den Molekularzerfall komplexer Moleküle, z.B. durch Versprühen von ätherischen Ölen in Luftatmosphäre, oder auch durch **Kombination zweier oder mehrerer** dieser Prozesse aufbauen."

Wurde das amerikanische Prinzip heißer Ionen in Deutschland weiterentwickelt und hier bei dem Antrieb durch elektrostatische Anziehung oder Abstoßung angewandt?

Jetzt wurden Ionen durch das Aufheizen bestimmter Metall-Legierungen generiert und strömten aus „Generatoren", aus runden Auspufföffnungen, um den metallenen Flugkörper elektrostatisch aufzuladen.

Im Inneren eines entsprechenden Flugkörpers musste sich eine Heizquelle, ähnlich einer Wendel eines Tauchsieders befunden haben, der Metallplatten oder einen radioaktiven Stoff wie Thoriumplatten so weit auf Temperatur brachte, dass diese Stoffe entweder positiv oder negativ geladene Ionen absonderten, die wohlmöglich durch ein kleines Gebläse durch das Auspuffsystem nach außen geblasen wurden, sich an den Innenseiten der Auspuffrohre rieben und ihr jeweiliges Ladungskennzeichen an den Metallflugkörper abgaben.

Dieser war somit entweder mit einer Plus- oder Minusladung versehen und konnte in der jeweils vorherrschenden Raumladung der Atmosphäre sich durch Abstoßung oder Anziehung fortbewegen.

Auch hier könnte es „elektrisch" gerochen haben, wenn die Ionen aus den Generatoren strömten. War Hans Göbel in Einsätze mit Flugkörpern mit solchen elektrostatischen Ionen-Antrieben in Deutschland während des Krieges betraut worden und konnte er seine Erfahrung nach dem Krieg, unter anderem in Oregon auf einem Testgelände seinen amerikanischen Kollegen weitergeben?

# Teilnehmer der Geheimen Raumfahrt

Auszüge von der Web-Site:

## „Protecting Earhart, The hidden Legacy of Legendary Pilot, Amelia Earhart"

Below: Excerpt from retired USAF Colonel Rollin C. Reineck's 1991 taped interview with Monsignor James Francis Kelley. Reineck tracked down the elderly Monsignor after learning information from two of the Monsignor's good friends, Helen Barber and Donald DeKoster.

Reineck: If you have <u>things of hers [Earhart's]</u> I would like to see them. Are you aware that **she was Irene Bolam**?
Kelley: What?
Reineck: Amelia Earhart was Irene Bolam?
Kelley: **That's right, yes**.

NOTE: In 1991, retired Air Force Major, Joe Gervais and retired Air Force Colonel, Rollin Reineck held a press conference in Hawaii to provide some recent updates pertaining <u>to their ongoing investigation of Amelia Earhart's disappearance</u>, to foremost include their belief that she had **'quietly survived' World War Two.** Colonel Reineck soon after received a letter from a Mrs. Helen Barber, that described something her seasonal neighbor, Monsignor James Francis Kelley had shared with she and her husband a decade earlier. She referred Colonel Reineck to another couple she knew, Mr. and Mrs. Donald DeKoster of Detroit Michigan, (Mr. DeKoster was an auto industry executive) to additionally verify the information she had been made aware of. Both the Barbers and the DeKosters were fairly affluent and both owned winter homes in the Virgin Islands on St. Croix, near Monsignor Kelley's home there. The following statement was excerpted from the letter sent to Colonel Reineck by Mrs. Helen Barber of Wayne, Pennsylvania shortly after the press conference took place:

"Dear Colonel Reineck,

My husband and I read about your news conference in Hawaii. We are impressed by the integrity of your investigation into the Earhart matter and we simply had to contact you with a related experience we have kept to ourselves for many years. We have a home in the Virgin Islands where we spend winters and one of our neighbors down there is Monsignor James Francis Kelley. Monsignor Kelley owns a beautiful home on top of a hill on the island of St. Croix where our winter home is also located. In 1981 during a luncheon with him, **he related to us how he was commissioned at the end of the war to help bring Amelia Earhart back from Japan.** He said he was chosen to serve as her psychiatric priest. He also told me something about <u>missing documents he had to get that she needed in order to help with her Identity change</u>. The Monsignor told us that he received her as she was being **subjected to an identity change**. He told us that she stayed with him at his New Jersey home and I believe sometimes his St. Croix winter home while he helped with her emotional, spiritual, and psychiatric needs."

Above passage reprinted from a letter Helen Barber sent to Rollin Reineck in 1991. Reineck recorded different phone conversations he had with Mrs. Barber and Mr. Donald Dekoster, who both believed with certainty what Monsignor Kelley had told them.

"Amelia Earhart **survived** and she **eventually returned to the United States**. There's no doubt about it anymore." USAF Colonel Rollin C. Reineck (Ret.), who met and spoke with Monsignor Kelley, from an interview with the National Geographic Channel, 2006.

## NASA Astronaut, Wally Schirra Discusses Earhart

From the 1970s on, a variety of accounts surfaced describing **Amelia Earhart's post-WWII continued existence in the U.S.** under an assumed identity. One of them came from NASA Astronaut, Wally Schirra.

In 1988, Astronaut Wally Schirra described to Rockville, Illinois TV news reporter, Dean Magley, **that he had met the woman previously known as Amelia Earhart at NASA's Cape Kennedy in the 1970s.** Dean Magley actually filmed a brief interview with Wally Schirra, where the famous astronaut mentioned "reliable people" had disclosed such a truth to him. The now-late Dean Magley had extensively interviewed Monsignor Kelley as well, and as a result of his separately conducted interviews with both men and other knowledgeable individuals he had engaged about it, **Dean Magley was fully convinced that the Gervais-Irene Bolam had previously been known as 'Amelia Earhart.** Mr. Magley was equally convinced such a truth was something the public was left unaware of by intention. Below, note the Gervais-Irene's survived sister in law's 1993 comment about her late sister-in-law having known "astronauts."

-Ends-

Gab man eventuell der berühmten und erfahrenen „Rund-um die Welt-Fliegerin" Amelia Earhart die Gelegenheit, irgendwann in den 1940er Jahren mit einem EM-Fluggerät und mit einem EM-Raumschiff mitzufliegen?

Ergab sich diese Möglichkeit, weil Mrs. Earhart Produkte der Flugzeugfirma Lockheed nutzte, die werbewirksam die Qualitäten und Vorzüge von Flugzeugen aus dem Hause Lockheed in der Öffentlichkeit demonstrierten? Und weil die Firma Lockheed geheim gehaltene EM-Fluggeräte und Raumschiffe baute oder zumindest endmontierte?

Wollte man eine berühmte und weltweit – auch in Fliegerkreisen – bekannte und anerkannte Persönlichkeit als Zugpferd verwenden, um Nachwuchs, Pioniere, Abenteurer, Spezialisten und Enthusiasten für die „Wahre Raumfahrt" anzuwerben?

Bot man auch Amelia Earhart die Aussicht, ins All zu reisen, auf den Mond und später zum Mars zu fliegen?

War der Preis dafür, dass sie aus der Öffentlichkeit verschwinden musste, weil es ja offiziell keine solche fortschrittliche Raumfahrt gibt?

Erfand man für das Verschwinden von Amelia eine entsprechende plausible Geschichte, die mit allen Beteiligten abgesprochen, auch mit dem U.S. Militär, war und vertritt bis heute diese Deckgeschichte in der Öffentlichkeit?

Alles nur Spekulation? Oder war Amelia tatsächlich nur eine Spionin, die für die USA in Japan und deren besetzte Gebiete militärische Aufklärung betrieb?

# Geheime Aktivitäten der U.S. amerikanischen Botschaft vor dem Krieg?

Um Spionage könnte es sich vordergründig auch bei bestimmten Aktivitäten der, in Berlin ansässigen U.S. amerikanischen Botschaft in Nazi-Deutschland gehandelt haben, um möglichst viel Informationen über die militärische Stärke der Nazi herauszufinden. Denn auch die USA wusste, dass früher oder später Deutschland erneut einen Krieg anzetteln würde.

Wäre dies der Fall - und man hatte mit Sicherheit alle Informationen gesammelt, denen man habhaft werden konnte - könnte man die Sache eigentlich als Teil der Geschichte des zweiten Weltkrieges auf sich beruhen lassen.

Jedoch ist auffällig, dass von dem Flugzeug, das die U.S. Botschaft für Kurierflüge innerhalb Nazi-Deutschlands nutzte, bis heute kein Foto aufgetaucht ist.

Bekannt ist, dass es sich um ein Muster der berühmten und damals, wie heute immer noch modern wirkenden Messerschmitt Bf-108 „Taifun" handelte. Dazu heißt es, entnommen aus dem Buch: "United States Naval Aviation, 1919-1941", von E.R. Johnson:

„A single Bf 108b was purchased by U.S. government in the spring of 1939 for the use for the **Military Air Attachés** in **the American Embassy in Berlin**. Though flown by **both the Army and Navy Air Attachés**, the aircraft was entered on the Army inventory as the XC-44. Historical records indicate that the Bf 108b had been grounded by embassy officials a month before been seized by the German government in December 1941."

A civil-registered Bf 108b of the type used by the Naval Air Attaché in Berlin from 1939 to 1941. The swastika was required by German law.

Abb.:

Zivile Messerschmitt Bf 108 B mit der Kennung D-IRNU und der Bildunterschrift:

"A civil-registerd Bf 108B of the type used by the Naval Air Attache in Berlin from 1939 to 1941. The Swastika was required by German law."

Weitere Informationen aus dem Internet zur BF 108B der amerikanischen Botschaft in Berlin, die bis zum Kriegseintritt der USA in Deutschland flog:

„In the spring of 1939 funds were allotted to the US Military Attaché for Air in Berlin, Germany for the local purchase of an airplane for liaison and staff flying. The aircraft purchased was a Messerschmitt Bf 108B Taifun (contract W-535-AC). The plane was a standard production version costing 14,378 dollars. Once delivered, the plane was designated XC-44 and assigned the U.S. serial number 39-718. The aircraft was delivered in March 1939 and accumulated **76 flying** hours during the **next six months**. On 15 November 1940 the German government took control of the aircraft after the US Military Attaché left Germany.

Die oben abgebildete Maschine mit der Kennung D-IRNU war auf „Otto Brindlinger, Augsburg" zugelassen.

Abb.:

Dies sind alles typische Werksaufnahmen der Messerschmitt AG, Augsburg, die später in „Janes´s all the World Aircraft" veröffentlicht wurden.

Die Bf-108B D-IRNU ist **nicht** die Messerschmitt, die auf die Amerikanische Botschaft in Berlin zugelassen war!

Abb.:

Messerschmitt Bf-108B, Werk-Nummer 835 des ungarischen Air Attaches.

Die Werk-Nummer der Bf-108B der amerikanischen Botschaft soll 836 gelautet haben.

Bis jetzt scheint kein Foto der CX-44/Bf-108B, die für die U.S. Botschaft in Berlin flog, aufgetaucht zu sein! Warum nicht?

Machte niemand aus der Botschaft, oder die Navy und Army Piloten, die die Messerschmitt in Deutschland flogen, einige private Aufnahmen? War man nicht stolz, solch eine schnittige, elegante und moderne Maschine fliegen zu dürfen?

Gab es kein offizielles Foto zur Dokumentation für die amerikanischen Akten?

Wenn es offizielle oder private Fotos gab, wurden diese eventuell zensiert und beschlagnahmt, der Öffentlichkeit vorenthalten?

So heißt es doch offiziell:

```
„Attachés were the Army's eyes and ears abroad in the days before satellite
photography and sophisticated electronic intelligence collection techniques.
They were not spies. They used overt means and sources to collect facts
about foreign weapons specifications, military doctrine, and order of
battle."
```

Also war Truman Smith, U.S. Military Attaché und Geheimdienstoffizier an der Berliner U.S. Botschaft, kein Spion, denn er nutze nur frei zugängliche Informationen zur Sammlung von "Intelligence" von "Nachrichtendienstlichen Informationen" für sein Land, bzw. für die U.S. Army und U.S. Navy?

Wenn dem so war, warum wollte man die (Spionage-) Flüge mit der Bf-108 „Taifun" in Nazi-Deutschland nicht zugeben und scheint sie lieber zu vertuschen?

Nachdem die Messerschmitt „Taifun" der U.S. Botschaft von der deutschen Regierung beschlagnahmt wurde, weil die USA in den Zweiten Weltkrieg eingetreten war, soll die Bf 108B spätestens im Jahre 1942 in den Dienst der Luftwaffe gelangt sein.

Was dann aus dieser Maschine wurde, ob sie in den Wirren des Krieges beschädigt, abgeschossen, untergegangen war, wird sich heute nur noch schwer feststellen lassen.

Wer hat Informationen zu der intensiv genutzten Messerschmitt „Taifun" mit der Werk-Nr. 836 in amerikanischen Diensten bei der U.S. Botschaft in Berlin von 1939 bis 1940, die insgesamt 76 Stunden in der Luft war?

Gibt es ein Flugbuch, ein „Flight Log" der CX-44?

Wo ist die Maschine überall gelandet, auf welchen zivilen Flughäfen, welchen Werksflugplätzen deutscher Flugzeugfirmen, anderen Plätzen, wo in der Nähe deutsche (Rüstungs-) Firmen lagen, oder deutschen militärischen Einrichtungen (Peenemünde, Truppenübungsplätze, Luftwaffen-Einsatzhäfen, in der Nähe geplanter zukünftiger Anlagen, wie im Eulengebirge, Jonastal, Alpengebiet, ect. In der Schweiz oder nahe der Schweizer Grenze auf einem dortigen Flugfeld, z.B. in Lindau am Bodensee?

Wer waren die U.S. Army und Navy Piloten, die die „Taifun" steuerten?

Was wurde aus der Bf 108B, als man sie in den Luftwaffen-Dienst übernahm, zu welcher Einheit gehörte die ehemalige Botschaftsmaschine, wie wurde sie umlackiert (RLM 70/71/65)?

Wenn die CX-44 als ganz normale Maschine, mit einer ganz normalen, üblichen Werksbemalung von Messerschmitt ausgeliefert wurde, sagen wir einmal in RLM 63 Hellgrau, mit schwarzer Kennung D-IXXX – „I" gibt die Gewichtsklasse bis 2 to an, kleinere, leichtere Maschinen hatten hinter der Länderkennung „D" ein „E", wie „Einmotorig", so wie heute alle Leichtflugzeuge bis 2to – wie auf den Fotos oben, mit Hakenkreuz auf rotem Grund, dann war die „Taifun" somit ein ganz normales, unauffälliges Reiseflugzeug, mit denen reiche Privatflieger oder Geschäftsleute großer Firmen, wie:

D-IASO, Messerschmitt Bf 108 B-1, D-IASO, Deutsch-Amerikanische Petroleum

D-IDBT, Messerschmitt Bf 108 B-1, 1660, D-IDBT, G-AFZO, ES955, G-AFZO, G-AFRN HB-ESL, Margaret Gutermann/Gutach, Deutsche Botschaft in London, UK

D-IDVD, Messerschmitt Bf 108 B-1, D-IDVD, Röchling GmbH, Völklingen

im Lande umher reisten.

Ist es nur purer Zufall, dass in der Öffentlichkeit noch kein Foto der U.S. Botschafts-Maschine aufgetaucht ist, oder wurde auch dieses Flugzeug von einem Zensor aus der Chronik des Zweiten Weltkriegs gestrichen?

Weil die Maschine für Machenschaften - eben nicht nur für Spionageflüge - genutzt wurde, die man bis heute lieber unter der Decke halten möchte?

Weil bis zum Kriegseintritt der USA in den zweiten Weltkrieg bestimmte Personen, die in der U.S.-Botschaft tätig waren, schon vor dem zukünftigen Kriegsende (das man sicherlich schon versucht hatte abzuschätzen, wann in Nazi-Deutschland die Ressourcen zu Neige gehen) Planungen für eine weiteren Krieg organisierte, mit Wissen bestimmter Personen aus Partei und Militär in Deutschland? Weil Personen aus dem Umfeld des OSS in der Schweiz mit der „Taifun" nach Deutschland eingereist waren?

## Insert

**Truman Smith** (August 25, 1893 – October 3, 1970) was a U.S. Army infantry officer, **Military Attaché, and intelligence officer.** He collected valuable intelligence on German military capabilities while serving in Berlin before World War II. During the war, he was a **personal advisor to General George C. Marshall.** He influenced the establishment of the new *Bundeswehr* to play a role in the Cold War.
...
Smith returned to Washington, D.C. as a **specialist on Germany** in the U.S. Army military intelligence division, and as a **personal adviser to General George c. Marshall** (1939-45).

From Berlin in the late 1930s, he reported on German rearmament, Luftwaffe capabilities, and the increasing extent of the Germans' organization for war. **He was friendly with important officers such as Werner von Blomberg** (Minister of War).

Smith arranged (May 1936) the first of **Colonel Charles A. Lindbergh's** five inspection trips to the German aircraft industry and the Luftwaffe. Senior Luftwaffe officers discussed air tactics and operations with Lindbergh; he flew a Messerschmitt Bf-109. The trips produced valuable intelligence.

Smith took the initiative in arranging for Colonel Lindbergh's first visit to Germany in 1936; on subsequent trips, Lindbergh helped Smith write favorable reports on the new Luftwaffe: "this miraculous outburst of national energy," proof of "the technical and scientific skill of the race." Because of his links to Lindbergh, Smith became a controversial figure, though always backed by General Marshall.

Lindbergh's public opposition to Roosevelt's war policies, among other things, made him unpopular. Accepting a medal from Hermann Göring fueled suspicion that he was Nazi Sympathizer and disloyal to his country. Smith represented that Lindbergh's visits in fact provided valuable intelligence. (Smith was himself vulnerable to vilification as a defeatist or German sympathizer, but **General Marshall** who had commanded him at Fort Benning, **protected him.**

Smith by all accounts served the Army well during World War II but he and his wife Katharine remained staunchly anti-Roosevelt in their outlook. Upon hearing of FDR's death in April 1945 Smith and his wife burst into roars of laughter and embraced each other and a friend.

Wir erinnern uns:

General George C. Marshall äußerte sich am 5. März 1943, wenige Wochen nach dem hoch geheimen Flugexperiment über Los Angeles, Kalifornien, wo ein EM-Raumschiff absichtlich mit Flak-Granaten beschossen wurde:

"... learned by Army G2 that Rear Admiral Anderson recovered an unidentified airplane off the coast of California with no bearing on conventional explanation. This Headquarters has come to the determination that the mystery airplanes are in fact **not earthly** and according to secret intelligence sources they are in all probability of **interplanetary origin**."

General Marshall verschleiert, dass die USA nicht nur konventionelle Flugzeuge bauen konnte, sonder auch elektromagnetische Flugkörper und Raumschiffe. An den Unsinn mit nicht irdischen, interplanetaren Raumschiffen wird er als gut gebildeter Offizier wohl kaum geglaubt haben, denn dies war ja auch schon damals die, bis heute gängige Desinformation über „Außerirdische", um die Bevölkerung ruhig zu stellen, damit keine unnötigen Fragen gestellt wurden.

Vielleicht wusste Marshall zudem, dass auch das Militär, damals die US Army Air Force, brennend an solch überlegenen Flugzeugen Interesse hatte, weil man damit jedem anderen Gegner, der nicht über diese Technologie verfügte, haushoch überlegen war.

Zumindest heimlich hatte man ja solche elektromagnetischen und elektrostatischen Flugkörper, die als „Foo Fighters" im Zweiten Weltkrieg bekannt geworden sind, versuchsweise, „live" auf den Kriegsschauplätzen in Fernost, Pazifik und in Europa eingesetzt.

Zu dumm nur, dass das russische Militär, die „Kommunisten", zumindest nach dem Krieg in der Ära des „Kalten Krieges" eben auch über diese Technologie verfügten, ob aufgrund eigener Entwicklung oder mit „Entwicklungshilfe".

Zu dumm, dass die Wahre Raumfahrt, wozu auch Russland gehört, ebenfalls diese Technologie zur Besiedelung des Weltalls nutzt.

Ob George C. Marshall etwas über den Dritten Weltkrieg gewusst hatte, der ja nicht alleinig dazu gedient hätte, Russland zu erobern, sondern um klare Verhältnisse für eine zukünftige weltraumfahrende Menschheit zu schaffen, ist unklar.

Er könnte aber gewusst haben, dass man Deutschland als Aufmarschort für den Kampf gegen die Sowjetunion nutzen wollte, und dass man dafür schon vor dem Krieg bestimmte Dinge organisieren musste, die ggfs. bis Kriegseintritt der USA, heimlich über die U.S. Botschaft in Berlin liefen.

Deshalb deckte er eben den Attaché Truman Smith, auch wenn dieser manchmal zu offen Sympathien gegenüber den Nazis hegte.

# U.S. Botschaftspersonal geht nach Bad Nauheim

Das „Jeschkes Grand Hotel" in der hessischen Kurstadt Bad Nauheim diente nach Ende des Zweiten Weltkrieges als Hauptquartier der 15. U.S. Armee. Die 15. Armee wurde zeitweilig von U.S. General Patton bis Ende 1945 befehligt. Auch der Großvater des Autors fuhr als ziviler Fahrer mit USAAF-Uniform genau hier die Auffahrt hoch, um U.S. Offiziere mit seinem rot/schwarzen DKW Privatwagen aufzusammeln oder wieder abzusetzen.

Abb.:

Gedenkplakette am Eingangsbereich der ehemaligen Volksschule zu Ehren des prominenten Bad Nauheimer Grundschülers Franklin D. Roosevelt.

Bild:

Die kleine Dorfschule in Bad Nauheim, in der der spätere U.S. Präsident Roosevelt kurzzeitig am Unterricht teilnahm.

Abb.:

Inschrift:

„In diesem Gebäude befand sich von 1869 bis 1902 die städtische Volksschule. Zu ihren Schülern zählte 1891 - während des Kuraufenthaltes seiner Eltern - der neunjährige Franklin Delano Roosevelt, U.S. Präsident von 1933 bis 1945."

In dem kleinen Kurort Bad Nauheim in Hessen befand sich das kleine „Adlon", ein Ableger des Adlon in Berlin.

Dort in dem so genannten „Grand Hotel", oder „Jeschke´s" wurden 1941 die U.S. amerikanischen Botschaftsmitglieder aus der U.S. Botschaft in Berlin hier her, nach Bad Nauheim ausgelagert. Das Botschaftspersonal blieb bis 1942 in der Stadt und reiste dann über Biaritz in Süd Frankreich nach Lisabon in Portugal. Dann ging es per Schiff weiter in die, von Kriegshandlungen unberührten Vereinigten Staaten von Amerika, nach New York City.

Nutzte der SD möglicherweise alte, heimlich installierte Anlagen, Kabelschächte in Heizungsverkleidungen und anderes, um wieder eine Abhöranlage in dem Grand Hotel neu zu installieren? Schon früher könnte man nämlich in dem noblen Hotel die zahlreichen illustren und internationalen Gäste aus Politik, Wirtschaft und von div. Regierungen, die den Kurort in Oberhessen aufsuchten, systematisch abgehört haben, das Gesagte auf Schallplatten aus Schellack aufgezeichnet und später in Berlin, in diversen Botschaften und anderswo begierig ausgewertet haben.

So wie man dies auch heute noch in jedem besseren, größeren und internationalen Hotel tut, wo sich Prominenz aus aller Welt versammelt und logiert.

Wer weiß, was mancher Prominenter oder internationaler Gast in verdeckter Mission im Bett, während des Schlafes, bei heimlichen Treffen alles so von sich gegeben hatte.

Also immer Vorsicht in großen - und auch kleineren Hotels, wo das Personal, zumindest der Hauptverantwortliche am Empfang, meistens von bestimmten Leuten angeworben wurde, um gegen ein paar Scheinchen mal schnell zu verraten, wer so als Gast alles im Hause logiert.

Der alt bewährte Trick mit den Laufenden Wasserhähnen eignet sich auch heute noch bestens, Mikrofone taub werden zu lassen.

Wer weiß, wie viel Heilwasser im Grand Hotel zu Bad Nauheim den Abfluss herunter lief, das gar nicht zum Kuren benötigt wurde?

Bild:

Das „Grand Hotel" in Bad Nauheim in den 1940er Jahren.

In diesem, vor dem ersten Weltkrieg im amerikanischen Stil errichteten „Protzbau" wurde 1941 das U.S. Botschaftspersonal aus Berlin nach Bad Nauheim ausgelagert.

Der Bau der großen Herberge wurde im Jahre 1911 begonnen, ein Jahr später, 1912 war bereits die Eröffnung des 202 Zimmer umfassenden Grand Hotels.

Neben amerikanischen Gästen, die in Bad Nauheim kuren wollten – das Hotel erhielt extra und auf dringenden Wunsch des Betreibers einen gesonderten Anschluss für Heilwasser aus den nahe gelegen Kuranlagen, als einziges Hotel in der Stadt! – kamen auch U.S. Prominenz in die Nobelherberge, wie der Schauspieler und Komiker Buster Keaton oder der Zeitungskönig William Randolph Hearst.

Zu dem amerikanischen Botschaftspersonal, das 1941 nach Bad Nauheim kam, heißt es in einem Artikel von Michael S. Cullen:

```
„Sowohl in Deutschland wie in Amerika wurde improvisiert(Wirklich?,
Anm.d.a.). Innerhalb weniger Tage war entschieden worden, dass die
Amerikaner nach Bad Nauheim in ein Luxushotel kommen sollten, während man
die Deutschen in einem nicht minder angenehmen Grandhotel in White
Sulphur Springs, West Virginia, festsetzen wollte."
```

Anmerkung:

Das „Greenbrier Grand Hotel" in West Virginia, wo das deutsche Botschaftspersonal während des Krieges in den USA festgesetzt wurde, und wo man sehr bequem und luxuriös lebte, ist auch als „Hotel Armaggedon" bekannt geworden:

The Congressional Bunker

Many Americans don't even want members of Congress employed, let alone designated as the survivors of atomic Armageddon. But that's exactly what would've happened **from the 1960s through the 1980s, when West Virginia's Greenbrier Resort** sheltered **a top secret survival bunker** built with covertly allocated tax dollars for the U.S. Senate and House of Representatives."

Ein Zufall, dass das deutsche Botschaftspersonal nach West Virgina und ebenso ein Zufall, dass das U.S. Botschaftspersonal nach Bad Nauheim kam?

„Nachdem das Gepäck in Berlin verladen worden war, fuhr der Zug kurz nach 13 Uhr los. Erst im Speisewagen erfuhren die Amerikaner offiziell, wohin die Reise ging: Auf der Karte stand „Berlin - Bad Nauheim". Nach sieben Stunden Fahrt erreichte man den ehrwürdigen Kurort bei Frankfurt am Main. **Das Hotel allerdings war auf die Gäste kaum vorbereitet,** sodass im Zug übernachtet werden musste.

**Warum die Wahl auf Bad Nauheim gefallen war, ist nicht bekannt.** Das Grand Hotel Jeschke´s gehörte zu jenen Kurhotels, die nur im Sommer geöffnet hatten. Es stammte aus den letzten Jahren der Kaiserzeit, ein 400-Zimmer-Haus, semimodern und komfortabel. Seit Kriegsbeginn allerdings hatte es geschlossen.

So gab es kaum Personal, als der Zug aus Berlin eintraf, Direktor Gustav Zorn wohnte allein im Haus. Die meisten Möbel waren verhängt, selbst das Besteck hatte man lange schon weggepackt. Jetzt, mitten im Dezember, war das Haus kalt und staubig. In dieser Spukschlossatmosphäre versuchten sich die Amerikaner nun auf unbestimmte Zeit einzurichten.

Anmerkung:

Warum schickte man die Amerikaner in eine unvorbereitete Herberge und nicht in ein anderes Hotel in einer sicheren Stadt irgendwo im Reich oder den besetzten Gebieten, das auf Gäste eingerichtet war?

Weil man aus irgendeinem Grund (Sicherheitsaspekte, Kontrolle, Überwachung, Beeinflussung) sowohl die Leute unbedingt in Bad Nauheim, als auch in Sulphur Springs, Virginia haben wollte?

Hier die Abschrift eines „New York Times" Zeitungsartikels vom 10. Juli 1910, der auf das oben genannte Hotel Bezug nimmt:

# $ 1,000,000 Nauheim Hotel

## Herr Jeschke to Build One at Famous Resort on American Lines

Special Cable to THE NEW YORK TIMES.

BERLIN, July 9. - Americans who visit Bad Nauheim, the famous Hessian spa, where heart affections are treated as a specialty, will be interested to learn that plans have been completed for the erection there of a million-dollar hotel de luxe.

A conspicuous feature of the new establishment will be that it will be possible for the cure-guests to take their bath on the premises without having to visit the regular bath establishment, as is now necessary. The projector of the enterprise is Lorenz Jeschke, the manager of the Hotel Adlon in Berlin and the nephew of Herr Adlon, proprietor of that hostelry. Herr Jeschke will leave the Adlon at the end of this year and devote himself exclusively for the succeeding twelve months to the construction of the Bad Nauheim establishment. He has closed a remarkably advantageous contract with the Grad Ducal Hessian Government, by which his new hotel will be the only one entitled to be supplied with Nauheim´s famous curative waters for bathing purposes, for a period of thirty years.

Thirty thousand visitors go to Nauheim in the course of a year and fully half are Americans. The new hotel will be patterned on the American system throughout, especially with regard to medicinal bathing facilities. It will be open for business in the Spring of 1912.

-End-

Anmerkung des Autors:

Die feine Gesellschaft, die in dem, nach amerikanischen System ausgerichteten Hotel logierte, brauchte also nicht extra, zusammen mit den restlichen, „ordinären" Kurgästen, zu den jeweiligen Kuranlagen in der Stadt zu pilgern, sondern konnten direkt im Hotel, im eigenen Zimmer die Vorzüge des Bad Nauheimer Heilwassers genießen.

Laurenz Adlon eröffnete im Oktober 1907 am Pariser Platz in Berlin Mitte das berühmt gewordene Hotel Adlon, wo sein Neffe Lorenz Jeschke als Hotelmanager arbeitete.

Adlon hatte sich beim Bau des Berliner Hotels stark verschuldet. Somit stellt sich die Frage, wer den Millionen teuren Luxusbau in Bad Nauheim eigentlich finanzierte?

In der Weltstadt Bad Nauheim gingen schon seit dem 19. Jahrhundert die Mächtigen, Reichen und Schönen dieser Welt zur Kur. Auch der russische Zar und seine Familie, Kaiserin „Sissi" und wohl auch gewisse Personen von der „Ostküste", aus gewissen Kreisen, fanden den Weg in die kleine, aber bedeutende Kurstadt in Hessen.

Wer könnte sich eventuell noch unter die gut betuchten amerikanischen Hotelgästen in Bad Nauheim gemischt haben und vor dem ersten Weltkrieg in der „Provinz", im amerikanische

Luxus, in Hinterzimmern über Dinge nachgedacht und Ereignisse geplant haben, die möglicherweise für den zukünftigen Verlauf der Geschichte von Bedeutung waren?

Unter den bekannten, internationalen Hotelgästen im Jeschke's waren unter anderem Gustav Oberlaender, amerikanischer Industrieller, Richard Strauss, deutscher Komponist, Gloria Vanderbilt, amerikanische Millionärin, Harold Lloyd, amerikanischer Hollywood Komiker, Irving Thalberg, Hollywood Produzent von Metro Goldwyn Meyer. Des Weiteren so einflussreiche Leute wie der Premierminister aus Kanada, R.B. Bennet, der chinesische Premierminister Hu Han Min, oder sein Finanzminister aus China, Dr. Chung.

Waren diese Leute, die alle vor 1939 nach Bad Nauheim reisten, nur normale Kurgäste und Besucher und Bewunderer der Stadt Bad Nauheim?

Es gab noch andere, luxuriöse Hotels, wie das „Hotel l' Europe" oder das Parkhotel, wo sich unter die prominenten Gäste vielleicht auch „Verschwörer" gemischt hatten, die die Kurstadt, nördlich von Frankfurt am Main für geheime und unauffällige Treffen nutzen.

Im Hotel „Europa" wurde während des Krieges Teile des „Heilig Geist" Hospitals aus Frankfurt nach Bad Nauheim verlagert, denn der Ort war auch Lazarettstadt für die Wehrmacht und die Luftwaffe.

Nach dem Krieg machten es sich die U.S. amerikanischen Besatzer in den Hotels bequem, bevor die Herbergen viele Jahre später wieder ihrer eigentlichen Bestimmung zugeführt werden konnten.

Im Jahre 1936 wurde im „kleinen Adlon" in Bad Nauheim eine Konferenz der Wehrmacht (Heer) mit Militär-Attachés abgehalten. Unter den Teilnehmern befanden sich Offiziere, wie Beck, v. Fritsch, Keitel und Schörner. War auch Truman Smith oder ein anderer, namentlich unbekannter „Dunkelmann" von der U.S.-Botschaft in Berlin darunter?

Ab 1943 bis Kriegsende wurde das Grand Hotel als Lazarett von der Wehrmacht genutzt.

Da in Bad Nauheim und auf dem in der Nähe liegenden Feldflugplatz fliegerärztliche Untersuchungen von entsprechenden Fliegerärzten vorgenommen wurden, erhebt sich die Frage, inwieweit auch im, als Lazarett umgebauten Grand Hotel, oder im Hotel Europa diesbezügliche Behandlungen und Tauglichkeitsuntersuchungen an fliegendem Personal durchgeführt wurde.

# Insert

**Bad Nauheim**, Hessen, Deutschland (50 20 05 N – 08 47 20 E)

General: landing ground (Landeplatz) in Hessen 28 km North of Frankfurt/Main; airfield 5 km SE of Bad Nauheim.

History:
dates from at least 1938 and received some use during the spring 1940 campaign in the West. Glider-towing experiments conducted here in spring 1941.

Dimensions: unknown. Surface and Runways: grass
Surface: No paved runway. Infrastructure: none identified.

Remarks:
5 Sep 44: low-level attack by VIII Fighter Command P-38s – claimed 13 x Fw 190s, 1 x Fi 156 and 1 x unidentified aircraft destroyed, plus 12 Fw 190s, 2 x Do 217s and 1 x unidentified aircraft damaged.

Operational Units: none identified.

Station Units: Lw.-Lazarett 5/XII (Sep 44 – 1945);
Flieger-Untersuchungsstelle 4/XII (1944-45);
Flieger-Untersuchungsstelle 6/XII (1944-45);
Fachärztliche Behandlungsstelle der Luftwaffe, Bad Nauheim.

[Sources: AFHRA A5257A pp.387-88
Courtesy: Luftwaffe Airfields 1939-45, Germany (1937 Borders)
By Henry L. de Zeng IV

Zum Feldflugplatz Reichelsheim gehörender Graslandeplatz und Abstellfläche, Ortsausgang Friedberg-Fauerbach, Dorheimer Straße, rechts, Richtung Reichelsheim. Auch Erprobungsplatz für Segelflug von Polytechnikum, Friedberg/Hessen. Albert Kalkert (Ka 470 Kampfsegler) studierte in Friedberg. Sein späterer Assistent war Josef Blumrich.

**Reichelsheim** (Deutschland/Hessen (50 21 05 Nord – 08 51 56 Ost)

General: field airstrip (Feldflugplatz) in Hessen, 30 km NNO of Frankfurt/Main and 10 km East of Bad Nauheim.
History: no further information or mention of wartime use by the Luftwaffe found.
Surface and Dimensions: grass surface. Infrastructure: none noted.
Remarks: Feb 45: reported to be in use.
Operational Units: none identified.
Station Commands: none identified.
[Sources: Ries/Dierich; Mattiello; chronologies; BA-MA; NARA; PRO/NA; web site ww2.dk]

Schulungsplatz der Luftwaffe mit Focke-Wulf Fw 44 "Stieglitz".
Lange nach dem Krieg landete und crashte dort ein Düsenjäger eines Privatmannes.
Heute Verkehrslandeplatz für General Aviation und Station für Rettungshubschrauber.

Später nach dem Krieg schienen die Amerikaner in Bad Nauheim weiterhin solche Fliegeruntersuchungen vorgenommen zu haben. Denn so berühmte Piloten, wie Hanna Reitsch und der Einflieger und Flugkreiselpilot Heini Dittmar waren in der Kurstadt in Hessen.

Ermöglichten es gewisse Kreise auch, dass das amerikanische, teilweise jüdische Botschaftspersonal, darunter auch U.S. amerikanische Zeitungskorrespondenten aus der Hauptstadt Berlin, in eine sichere und unter gewisser Kontrolle stehende Kleinstadt in Deutschland untergebracht werden konnten?

Denn luxuriöse Hotels, die auch im Krieg unter ständigem Betrieb waren, gab es in Deutschland und in den besetzten Gebieten genug. Warum also Bad Nauheim, wo das Grand Hotel ungenutzt war und deshalb am Anfang auch die Heizung nicht funktionierte

Weil man die Kleinstadt in den USA kannte, auch „Schläfer", die immer noch in der Stadt lebten. Wurde deshalb aufgrund einer subtilen Kontrolle, einer „schützende Hand", aufgrund bestimmte Personengruppen, einem unsichtbaren Netzwerk, eine im Hintergrund wirkende Fraktion in Bad Nauheim, die still, heimlich und leise ihren Dienst versah, auch der amerikanische Sänger Elvis Presley, der in der Nachbar- und Kreisstadt Friedberg seinen Wehrdienst ableistete, eben nach Bad Nauheim zum wohnen geschickt?

Weil man die Stadt und die damals vielleicht 10.000 Einwohner bestens kontrollieren und überwachen konnte? Sodass man jederzeit wusste, was Elvis tat, mit wem er sich traf und so weiter? Wäre dies anderen Ortes schwieriger gewesen, hätte Presley zum Beispiel in Frankfurt/M. gedient und hätte dort auch gewohnt? War Frankfurt als größere Stadt mit einer unvermeidlichen Verbrechensrate schlecht für das Image des U.S. Rockstars und schlecht für die U.S. Army, wenn sie durch Elvis in unnötige Skandale verwickelt worden wäre?

Ab Mai 1945 bis ins Jahr 1955 war das Jeschke´s Stabsquartier und Offizierswohnheim der U.S. Streitkräfte in Deutschland.

Denn man hätte nicht nur Elvis Presley unauffällig kontrollieren können, sondern auch den in Ungnade gefallenen General George Patton, der zeitweise in der Kurstadt wohnte.

Abb.:

Die Villa, in der George Patton während seiner Zeit bei der 15. U.S. Armee in Bad Nauheim wohnte. Von hier aus fuhr er im Dezember 1945 zur Jagd nach Mannheim, von der er nicht wieder zurückkehrte.

Das Dorf Nauheim, wurde 1854 zur Stadt erhoben

In Nauheim wurde bereits im Jahre 1816 nach Sole, nach hochgradig salzhaltigem Wasser gesucht. In der Nacht zum 22. Dezember 1846 soll es in der Gegend um Nauheim ein kleines Erdbeben gegeben haben. Im heutigen Sprudelhof trat daraufhin Sole aus der Tiefe zu Tage.

Daraufhin erhielt das Stadtwappen den Sprudel als Wahrzeichen.

Im Jahre 1869 wurde die Stadt zum Bad ernannt und heißt seitdem Bad Nauheim.

Neue Stadtbauten, wie das Kurhaus, die Trinkkuranlage, oder der Sprudelhof machten den Kurort Bad Nauheim in der ganzen Welt berühmt.

## Pattons Tod

Hier eine fiktive Geschichte des Autors über General Pattons Tod, der auf bekannt gewordene Fakten beruht:

„An dem kalten Morgen im Winter des 9. Dezembers 1945 erhielt der Fahrer von General Patton, Privat First Class Horace Lynn Woodring, vom persönlichen Adjutanten des Generals den Befehl, den Wagen bereit zu machen, damit Patton seinen geplanten Ausflug für heute vornehmen konnte.

Der „Orderly" des Generals und zuständig für das „House Keeping", Sergeant Meets, der wie der Fahrer, ganz oben unter dem Dach des Hauses von Patton sein „Gesindezimmer" hatte, klopfte an die Tür von Woodrings kleinem Schlafgemach.

Der Heizofen war aus und das Dachfenster beschlagen.

Private First Class „Woody" Woodring fluchte, als er auf die Uhr neben seinem Bett sah: es war 0500 Uhr in der Frühe und bitter kalt.

Um 0730 Uhr sollte der Cadillac abfahrbereit vor dem Haus in der Höhenstraße stehen.

„Hey, Woody, in the Ops-Room, there is a map . . . for today's destination . . . , this fucking Saalburg, some Roman ruins and reconstructed buildings. Today's sightseeing tour for the General . . ."

"Come on Meets, let me sleep for a while . . . , it's so cold outside."

"You know what Court Marshal is . . .!" Er deutete mit den Fingern eine Pistole an und meinte: „Hurry up, ready the car . . . !"

Also raus aus den Federn, frisch machen und danach den Wagen warm laufen lassen. Woody musste noch das Eis von den einzelnen Scheiben kratzen, was er gewissenhaft tat. Er hatte den Cadillac direkt vor dem Haus geparkt, auf der anderen Seite der kleinen Straße, die hinauf zum Johannisbergcafe führte.

Da der Motor noch kalt, und der Choke voll herausgezogen wurde, verpesteten die fetten Abgase die ganze Umgebung. Außerdem schallte das Dröhnen des hochtourig laufenden Motors überall durch die kleine, gewundene Bergstraße.

„Der Ami lässt wieder stundenlang die Karre seines Generals warm laufen", dachte sich einer der Anwohner in der Höhenstraße, wo man in manchen der Häuser, die am Hang des Johannisberges standen, U.S Offiziere einquartiert hatte.

Von hier oben hatte man einen guten Überblick über die Stadt Bad Nauheim, die Wetterau und man konnte bis nach Frankfurt am Main hinunter blicken.

Vor Fahrtantritt hatte Woodring sich die Straßenkarte angeschaut, die der Adjutant des Generals schon am Abend zuvor aus dem Kartenraum im „Jeschke´s", dem Hauptquartier der 15. Armee, herausgekramt hatte. Ein Fahrer, der noch die Uniform der USAAF von der USSBS-Einheit trug, die zuvor im Parkhotel, dem Hauptquartier der U.S. Armee im Frühjahr/Sommer 1945 ihre geheime Tätigkeit in der Kurstadt ausübte, brachte die Karte hoch zur Villa.

Woodring machte sich eine kurze Notiz auf seinem Schreibblock und prägte sich den Weg, den er zur Saalburg nehmen musste, gut ein.

Dann ließ Woody sich in der Küche ein kleines Frühstück mit viel Kaffee machen und wartete, bis der General und sein Freund abfahrbereit waren.

Gen. Patton kam erst vor ein paar Tagen aus Stockholm, Schweden wieder zurück in die kleine Kurstadt Bad Nauheim, die oberhalb von Frankfurt am Main gelegen war, und wo sein momentanes Hauptquartier im Grand Hotel lag.

Der General hielt Vorträge über die Kriegsführung und wurde in Frankreich, in Brüssel und in Stockholm mit Auszeichnungen, Ehrenbürgerschaften und viel Aufmerksamkeit, über das, was er zu berichten hatte, überhäuft.

Sein bester Freund, Major General Gay wohnte im requirierten Nebenhaus und war schon zeitig zu Patton rüber gekommen, um gemeinsam ein amerikanisches Frühstück einzunehmen. Sie redeten über den Ablauf des heutigen Tages, und Gay plauderte über die letzten Tage und was so alles passiert war. Außerdem war ein anderer Freund Pattons, General Keyes in der vornehmen Villa am Johannisberg anwesend.

Die beiden überredeten Patton, ob er nicht heute mit ihnen zusammen jagen gehen wolle, sozusagen als Abschied, da der General am 12. Dezember in die USA zurückkehrte.

Patton war einverstanden und freute sich, da er ja ein leidenschaftlicher Jäger war.

Da bekam General Keyes aber noch während des Frühstücks einen Anruf vom H.Q. aus Heidelberg, sich dort sofort zu einer dringenden Besprechung zu melden.

Nachdem Keyes mit einem Jeep der Fahrbereitschaft davon fuhr, setzten Patton und Gay ihr Breakfast fort:

„Hobart, I am eager to see this reconstructed Roman strongpoint near Bad Homburg . . . you know, I am interested in former military tactics . . ."

"Yes, I know. At around 0830 hours there is enough daylight for our sightseeing, so we have just a little time . . ."

Patton meinte: "Afterwards we will go hunting in a field and a wood near Mannheim, where formerly a high ranking Nazi had his hunting district. There are pheasant birds around . . . I will hunt one. I already ordered Sergeant Scruce to start-off with a jeep; our guns and the hunting dog and he will meet us later at a check-point near Mannheim."

Beide Generäle waren passionierte Jäger und wollten sich in der Gegend um Mannheim einen schönen Tag mit einem Jagdausflug machen.

Denn General Patton hatte vor, drei Tage später, am 12 Dezember 1945 in die USA zurück zukehren. Er wollte 1946 das Kommando des „Army War College" übernehmen, oder aber frühzeitig in den Ruhestand gehen.

Nachdem beide in aller Ruhe gefrühstückt und noch eine Zigarre geraucht hatten, rief der General seinen Adjutanten, er solle Woody Bescheid geben, das es nun losginge.

Der ließ erneut den Wagen an und drehte die Heizung hoch, damit seine beiden Fahrgäste es, an diesem kalten Wintertag, schön warm im Auto hatten.

Mit militärischer Winterkleidung und Parka verließen Patton und Gay das Haus und schritten die kleine Treppe runter zur Straße. Am Tor stand der Adjutant, grüßte und wünschte: „Enjoy yourself, General!"

„I am back late in the evening, so take the rest of the day off!"

Woody riss zackig die Beifahrertür des Cadillac, Model 75 Stabsfahrzeuges auf, damit General Patton und sein Chief of Staff, Major General Hobart R. Gay, Pattons loyaler Stabschef, unverzüglich in den Wagen einsteigen konnten.

Das in olivgrün gehaltene Stabsfahrzeug stand vor dem requirierten Wohn- und Arbeitshaus des Generals immer noch mit laufendem Motor, damit es im Innenraum angenehm warm blieb.

Privat First Class Horace Lynn Woodring, genannt "Woody" war ein glühender Verehrer von General Georgs Smith Patton jr. und immer zu Scherzen aufgelegt. Woodring war der persönliche Fahrer des Generals und „Woody" würde mit Patton durch dick und dünn gehen, wenn es sein müsste. Als er die Beifahrertür aufmachte, bemerkte er zum Spaß:

„Pretty cold today, Sir. What about a ride to a warmer region, like Italy or Spain?"

Patton winkte ab und stieg zuerst auf den rechten Rücksitz und dann nahm General Gay vorne auf den Beifahrersitz Platz.

Sie fuhren durch das noch im Morgengrauen liegende Städtchen Bad Nauheim in Richtung Ockstadt, wo auf einem improvisierten Flugfeld einige der üblichen „Grashopper" Light Planes standen, die immer als „Fliegendes Auge" den Panzerspitzen voraus flogen.

„Hey Woody! Stop the car. Over there . . . the Jeep on the side of the road. Isn´t it the car of Keyes? Come on, pull to the right."

Auf der Straße von Bad Nauheim nach Ockstadt und weiter nach Rosbach zur heutigen A5 Autobahn nach Frankfurt/M., war der Jeep des General Keyes wegen einer Panne liegen geblieben.

Keyes hatte wohl das Glück, dass ein anderes U.S. Armee Fahrzeug, das Richtung Frankfurt fuhr, den General mitnehmen konnte. Sein Fahrer hatte sich zu den nahe gelegenen Aufklärungspiloten auf dem Flugfeld in einer der dort schnell errichteten „Nissen Huts" verkrümelt.

Woody, der Fahrer von Patton sollte aussteigen, um nach dem Rechten zu sehen. Aber es war niemand mehr da. Dafür hörte man das Warmlaufen eines der Boxermotoren einer Piper L-4, die sich zu einem morgendlichen Werkstattflug aufmachte.

Der Fahrer von General Keyes saß währenddessen in einer der schnell aufzustellenden Nissenhütten, die als Unterkunft und Aufenthaltsräume der Piloten dienten und schlürfte einen warmen Kaffee. Der von den Amerikanern errichtete kleine Feldflugplatz mit den Nissenhütten aus Wellblech, der zwischen Bad Nauheim, Friedberg und Ockstadt lag, blieb bis lange nach dem Krieg bestehen. Er wurde nach Abzug der Amis von dem neu gegründeten Bad Nauheimer Aero Club bis in die 1970er Jahre für die Sportfliegerei und den Segelflug genutzt.

Also setzte man die Fahrt zur Saalburg fort, fuhr durch das Dörfchen Ockstadt, wo noch einige Monate zuvor die ersten U.S. Panzerspitzen durch die engen Gassen rollten, um nach Bad Nauheim vorzustoßen und über den Sportplatz wieder Richtung Autobahn weiter zu rollen. Militärischen Widerstand von deutschen Truppen gab es keinen.

Hinter Ockstadt, wo später, im Kalten Krieg, in einem angrenzenden Wald, Nuklearraketen der Amerikaner stationiert waren, ging es Richtung Rosbach und zur Autobahnauffahrt der späteren A5. Man fuhr aber unter der Autobahnbrücke durch und bog vor Friedrichsdorf rechts ab, Richtung Lochmühle und zum Zielort, dem Römer Kastell.

Hier im Hintertaunus lag eine dünne Schicht Schnee, der in der Nacht gefallen war. Es waren draußen immer noch Minusgrade in der Morgendämmerung, an diesem Sonntag im Jahre 1945.

Woody musste etwas vorsichtiger fahren, als gewohnt. Er, wie auch Patton liebten es aber, ansonsten schnell mit der Karre durch die Gegend zu rasen.

Hier war alles leicht verschneit und rutschig auf der kleine Straße durch den Wald zum Römer Kastell. Sie passierten die „Lochmühle", wo früher ein Ausflugsrestaurant war. Heute war es zu, wie schon zuvor in den letzten Kriegsjahren. Und es würde auch noch eine Weile dauern, bis ein Pächter wieder Ausflugsgäste empfangen konnte.

Dann erreichten sie die Saalburg.

Schon von weitem konnte man die Limesmauer erkennen. Das Gelände, wo man um das Jahr 1.900, in der Kaiserzeit, die alten römischen Anlagen wieder aufgebaut hatte, war einsam und verlassen. Niemand war da, der hier wohnte oder arbeitete, natürlich auch zur jetzigen Jahreszeit keine Besucher. Die Leute hatten Ende 1945 auch andere Sorgen, als sich mit alten römische Bauten und deren Geschichte zu befassen.

Woodring parkte den Wagen am Eingang zum historischen Gelände und Patton, sowie Gay stiegen aus, um sich die Bauten näher anzusehen. Überall lag eine feine, dünne Schicht frisch gefallenen Schnees auf den Gebäuden und Mauern, auch auf einer Bronzestatue eines römischen Feldherrn.

Die beiden Generäle schritten die Befestigungsmauern des Limes ab und schauten sich die rekonstruierten Gebäude des Kastells an. Außerhalb des Kastells waren die Überreste, Mauern und Fundamente einer zivilen Siedlung im Schnee zu erkennen. Beide stellten sich vor, wie hier Zivilisten, Germanen im Schutze der römischen Truppen lebten und arbeiteten.

„There were around 500 foot soldiers stationed here, a „Cohort", supplemented by cavalry troops", erklärte Patton seinem Freund.

"The reconstruction is not quite correct!", meinte Gay. "Normally, the Romans plastered there buildings and the field stones, which are left here in a natural state."

"It was the taste of the former Wilhelmine period, to build such walls in natural stone", erwiderte Patton.

Dann schauten sich beide noch die Statue eines Römers an. Es war Kaiser Wilhelm der Zweite in einer römischen Rüstung.

„I hope, in such way there will be a statue of mine too in Roman uniform . . . ", scherzte Patton.

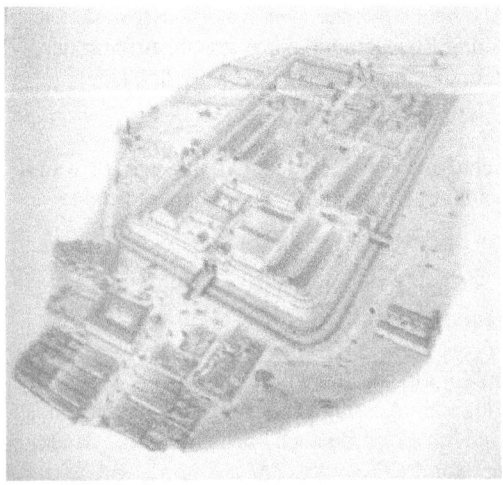

Abb.: Saalburg bei Bad Homburg, ehemals Römische Siedlung in Hessen.

Patton schilderte seinem Freund einige der römischen Kriegstaktiken. Als es beiden Generälen zu kalt wurde, schlenderten sie wieder zum Wagen zurück, wo der gelangweilte Woody die Standheizung auf Vollast gedreht hatte. Dabei musste er immer wieder mal das Auto anlassen, damit die Batterie nicht leer wurde.

Der General setzte sich kurz in den Beifahrersitz und wärmte seine Füße an der Heizung. Danach fuhren sie über Bad Homburg auf die Autobahn Richtung Frankfurt und weiter nach Mannheim.

„Quite good these Autobahns!", freute sich Woodring, der Fahrer und gab Vollgas.

Bei Frankfurt bemerkte Patton, dass er eigentlich hier im I.G. Farbenhaus sitzen und nicht die 15. „Papier-Armee" in Bad Nauheim führen sollte.

Am Viernheimer Dreieck fuhren sie von der Autobahn ab. Nicht weit entfernt war ein Checkpoint der U.S. Militärpolizei. Dort wartete Sgt. Scruce, der schon vorausgefahren war.

Aber ein übereifriger junger Militärpolizist machte erst einmal Ärger und hielt Patton von der Weiterfahrt ab. Unbeeindruckt von den vier Sternen an der Seite der vorderen Stoßstange von Pattons Auto, wollte er unbedingt die Ausweise der zwei hochrangigen Generäle sehen.

General Patton, der selbst immer eine genaue Arbeitsweise an den Tag legte und ordnungsliebend war, beeindruckte die Gründlichkeit des Mannes und er gratulierte der Wache für seine sorgfältige und genaue Kontrolle.

Der Jagdhund im offenen Jeep machte einen verfrorenen Eindruck und Patton ließ den Hund mit in sein Auto steigen. Der General nahm wieder hinter dem Beifahrersitz Platz und gemäß offiziellem Protokoll saß der zwei Sterne General Gay nun links hinten, neben Patton.

Scruce mit seinem offenen Jeep fuhr vorne weg, um die Richtung anzugeben. Woodring mit dem Cadillac sauste hinterher. Man brauste durch die Außenbezirke von Mannheim und musste in der Käfertaler Straße, Richtung Mannheimer Straße, an einem Bahnübergang anhalten, da die Schranken gerade herunter gingen.

Sgt. Scruce schaffte es gerade noch rechtzeitig, den Bahnübergang zu überqueren und Woodring hielt notgedrungen an und musste wartete. Es war Sonntag, kalt, circa 11.00 Uhr und kaum eine Menschenseele war unterwegs.

Nach einigem Warten gingen endlich die Schranken wieder hoch und Woodring beschleunigte den Cadillac.

Schon beim Warten hatte Woody, der umsichtig die Umgebung beobachtete, zwei U.S. „Deuce and a half Trucks" gesehen. Diese standen circa 500 m entfernt an beiden Seiten der Straße am Seitenstreifen mit laufenden Motoren. Man sah besonders gut die warmen Abgasfahnen, die bei der klirrenden Kälte aus den Auspuffrohren qualmten. Die U.S. Trucks fuhren jetzt ebenfalls los. Einer der langsam dahin rollenden Laster fuhr direkt auf den Cadillac von General Patton zu.

Patton schaute währenddessen die ganze Zeit aus dem Seitenfenster und beschwerte sich über das, was er in der Umgebung mit ansehen musste. Überall lagen Schuttberge, Trümmer- und

Abfallreste herum, die in der Nähe eines U.S. Depots des dortigen Quartiermeisters einfach entlang der Straße aufgeschüttet waren, bis man daran dachte, sie irgendwann wegzuräumen.

Einer der zwei zuvor am Straßenrand gestandenen 6x6 GMC Trucks, der ihnen nun auf der Käfertaler Straße entgegen kam, zog auf einmal urplötzlich nach links, weil er offensichtlich in das Depot des „Quartermasters" abbiegen wollte.

"Damned, this idiot . . .", fluchte Woodring der Fahrer und trat hart in die Bremsen.

Trotzdem krachte der Cadillac mit den zwei Generälen an Bord in den U.S. Truck, dessen Fahrer kein Handzeichen gegeben hatte, um nach links abzubiegen.

Der vordere rechte Kotflügel des Cadillacs war zerbeult, als der Wagen mit ungefähr 50 km/h in den U.S. Lkw hinein fuhr.

General Gay konnte, da er aufrecht und kerzengerade auf seinem hinteren linken Sitz auf der Rückbank saß, den Zusammenprall halbwegs gut abfedern.

Patton, der schrägt auf dem rechten Platz auf der Rückbank saß, weil er aus dem Fenster schaute und die Umgebung beobachtete, wurde mit dem Kopf nach vorne auf das Einsengestänge der vordere Halterung des Beifahrersitzes geschleudert.

Gay und Woodring waren durch den Zusammenstoß nur mehr oder minder leicht durchgeschüttelt worden und hatten einen Schock. Gen. Patton dagegen hatte eine schlimme Platzwunde an der Stirn und sackte ohnmächtig, Kopf über in den Schoß von Gay, der links neben ihm saß.

Woodring stieg aus und half Gay beim Aussteigen, da Patton ja noch bewegungslos auf ihm lag.

Ganz zufällig war das erste Auto, das an der Unfallstelle vorbeikam, eine U.S. Ambulanz.

Woody hielt den Fahrer des Armee-Krankenwagens an und fragte den Sergeant, ein gewisser Leroy Ogden, ob er erste Hilfe an seinem verletzten und ohnmächtigen General vornehmen könne.

Dieser begann mit sofortigen Notfall-Maßnahmen an dem immer noch schwer blutend Patton im Wageninneren, auf der Rückbank des Cadillacs. Zwischenzeitlich kamen andere Autos vorbei und man half, den schwer angeschlagenen General in die bereit stehende Ambulanz zu hieven.

Sgt. Odgen fuhr Patton zum 130th Station Hospital der 7. U.S. Armee nach Heidelberg. Gegen 12.45 Uhr wurde der General dort stationär aufgenommen. Eine geschlagene Stunde später, nachdem der Unfall in Mannheim passiert war.

Private First Class „Woody" Woodring sah seinen geliebten General, sein Idol um 11.30 Uhr an jenem Dezember Morgen im Jahre 1945 das letzte Mal in seinem Leben.

Nach der Ambulanz traf auch die Militärpolizei an der Unfallstelle ein und untersuchte den Autounfall. Woodring konnte feststellen, dass der Lkw-Fahrer, ein gewisser Thomson, angetrunken zu sein schien und den ganzen Vorfall auf die leichte Schulter nahm. Woody wurde richtig wütend, als er den grinsenden und dumm daher redenden Thomson sah und hätte ihn am liebsten ohne weiteres erschossen.

Der Lkw-Fahrer Thomson hatte noch zwei andere Insassen in der kleinen Fahrerkabine gehabt, die zusammen mit ihm eine Flasche herumreichten und die ganze Zeit tranken.

Die beiden Militärpolizisten der 818th Military Police Company machten sich keine all zu große Mühe, den Hergang des Unfalles gründlich zu untersuchen. Die Zeugenaussagen von Woodring und Gay waren identisch und deshalb eindeutig. Obwohl man beiden Fahrern eine gewisse Unvorsichtigkeit und Mitschuld vorwarf, wurden keine weiteren Ermittlungen angestellt und der Fall recht schnell abgeschlossen und zu den Akten gelegt. Strafen verhängte man keine.

Im Militärkrankenhaus in Heidelberg stellten die Ärzte zwischenzeitlich, bei einem sofortigen medizinischen Check an dem schwer verletzten General Patton, eine <u>akute Verrenkung der Wirbelsäule</u> fest, sowie eine böse Kopfverletzung. Patton war vom Hals ab gelähmt. Der beste amerikanische Neurochirurg wurde nach Heidelberg beordert, um Patton zu behandeln.

Man erkannte aber recht schnell im Heidelberger Militärkrankenhaus, dass die Situation für den General nahezu hoffnungslos war.

So fragte Patton den extra aus den USA eingeflogenen Arzt und Spezialisten Dr. Spurling:

„What chance have I, to ride a horse again?"

„None!", antwortete Dr. Spurling verzweifelt.

Trotzdem verbesserte sich der gesundheitliche Zustand von Patton etwas. So entschied man sich, ihn am 19. Dezember 1945 in die USA auszufliegen.

Doch so plötzlich, wie es Patton besser ging, so unerwartet verschlechterte sich sein Zustand wieder. Patton bekam Herzrhythmusstörungen und seine Haut färbte sich blau, ein Anzeichnen von fehlendem Sauerstoff im Blut. Zudem gab es Indikatoren einer Lungenembolie, durch ein Blutgerinnsel, das in seine Lunge zu wandern schien.

Auf Röntgenaufnahmen, die am 20. Dezember gemacht wurden, konnte man das Gerinnsel gut erkennen. Gegen diesen Krankheitsverlauf hatte der kriegserprobte General keine Chance zu gewinnen.

So begann seine letzte Schlacht, die er verlor."

-Ends-

Anmerkung des Autors:

Es gibt viele Berichte zum Tod von General Georg Patton.

Wie es so bei der Desinformation üblich ist, verbreitet man unzählige Gerüchte, „Fakten" und Geschichten, die so gut wie alle falsch sind. Gemäß der Devise „viele Köche verderben den Brei" hofft man, so den wahren Sachverhalt verschleiern zu können. Eine übliche Praxis in unserer Welt.

Könnte der Tod von George Patton tatsächlich herbeigeführt worden sein?

Warum sollte man ihn töten wollen, wem war er im Weg, oder für wen war er zu unbequem und ein Sicherheitsrisiko geworden?

So heißt es, dass man George Patton überredet hatte, jagen zu gehen. Wollte er selbst gar nicht auf die Jagd, weil er drei Tage später in die USA zurück reisen wollte und er noch einiges zu erledigen hatte?

Warum fuhr er nach Mannheim zum Jagen und blieb nicht in Hessen, wo es auch schöne Jagdgründe gibt? Noch heute lädt die hessische Landesregierung Gäste zur Jagd in Hessen ein.

Gab es in Mannheim Leute, die Einfluss auf die Militärpolizei hatten und weil man dort einen Unfall leichter inszenieren konnte?

Wer überredete Patton, bei Mannheim auf die Jagd zu gehen? Seine beiden Freunde General Gay und Keyes?

General Keyes bekam angeblich einen Anruf, sich im Hauptquartier zu melden. Welches? In Bad Nauheim, Frankfurt/M., oder in Heidelberg?

War der vorausfahrende Sergeant Scruce in ein mögliches Mordkomplott eingeweiht, und benachrichtigte er am Checkpoint nahe Viernheim jemand im Hintergrund, der dann wusste, dass General Patton Richtung Mannheim auf der Käfertaler Straße fahren würde?

Warteten dort zwei schwere U.S. Trucks auf ihn? Einer stand in Fahrtrichtung und der andere entgegengesetzt am Straßenrand. Sollte einer von beiden den Cadillac von Patton rammen? Kam es dabei zuerst gar nicht darauf an, einen tödlichen Unfall herbeizuführen, sondern nur die Insassen zu verletzten?

Wer waren die zwei anderen Beifahrer in dem U.S. Truck, der von Thomson gesteuert wurde? Es könnte der Eindruck entstehen, diese beiden Unbekannten hätten den Fahrer absichtlich abgelenkt, betrunken gemacht (und ihn unter Drogen gesetzt?), dann gezielt ins Steuer gegriffen, um auf Pattons Cadillac zuzufahren.

Zufällig war das erste Fahrzeug, das an der Unfallszene eintraf, ein Ambulanzwagen. War der Fahrer dieses Wagens eingeweiht, um Patton abzufangen und nach Heidelberg ins Hospital zu bringen?

Von Mannheim bis Heidelberg ist es nicht all zu weit:

Bild:
Dodge WC54, ¾ ton Military Ambulance

Gemäß Routenberechner, aus dem Internet:

„Die Entfernung in Kilometern zwischen Mannheim nach Heidelberg in einer Luftlinie ist 17,91 km und die Fahrroute beträgt **20 km**.

Fahrzeit von Mannheim nach Heidelberg beträgt **20 Minuten**."

Wohlgemerkt nach heutigem Standart, Stand 2018!

Der Dodge Ambulance Krankenwagen könnte mit Höchstgeschwindigkeit von ca. 54 Meilen, ca. 80-90 km/h gefahren sein, wo man es konnte.

Der Krankenwagen soll erst eine Stunde später im U.S. Hospital in Heidelberg angekommen sein.

Wurden erst jetzt, dem im Dogde Krankenwagen liegenden General Patton gegebenenfalls irgendwo zwischen Mannheim und Heidelberg diejenigen Verletzungen beigebracht, die später zu seinem Tode führten? Nämlich die Wirbelsäule verrenkt?

Eine Obduktion fand nach dem Ableben von Patton nicht statt.

Warum sollte er aber ermordet werden?

Weil er eventuell als Sicherheitsrisiko zu viel wusste, oder weil er während der Kampfhandlungen in Nazi-Deutschland zu viel gesehen hatte?

Am 6. Mai 1945 erreichte Patton Pilsen. Dort befanden sich die großen Skoda-Werke und dort soll auch der „Kammlerstab" an hoch geheimen Rüstungsvorhaben geforscht haben.

Zuvor war der Haudegen im März 1945 in Ohrdruf/Thüringen. In den dortigen Untergrundanlagen sollen die Deutschen geheime Atombombenforschungen unternommen haben. Dort könnte sich ein HWR amerikanischer Produktion befunden haben.

Aber diese, bis heute geheim gehaltenen Entwicklungen waren auch anderen bekannt. Ob direkt daran Beteiligte, Mitwisser, einmarschierende U.S. Soldaten und viele, viele mehr. Sie wurden nicht alle liquidiert und lebten noch lange nach dem Krieg weiter. Diese Zeitzeugen wurden zwar von niemand offiziell zu Geschichtsforschungen befragt (ggfs. inoffiziell und bis heute für die Öffentlichkeit unzugänglich) und von selbst hatte auch niemand darüber gesprochen oder geschrieben.

Auch General Patton, als hochrangiger Offizier unterlag bestimmten Geheimhaltungspflichten, der er mit Sicherheit eingehalten hatte. Er hatte bestimmt nicht seiner Frau in seinen vielen Briefen, die er an sie schrieb, über hochgeheime Dinge, die er in Deutschland sichtete, detailliert berichtet.

War es also doch nur ein unglücklicher Unfall, der ausgerechnet Patton so schwer verletzte? Die beiden anderen, Woodring der Fahrer und sein Freund General Gay, blieben nahezu unverletzt.

Hätte Patton sterben sollen, weil er für ein Szenario stand, die Sowjetunion anzugreifen?

Wenn es solche Planungen in Washington und im U.S. Generalstab gab, muss es noch andere Mitwisser gegeben haben, darunter hochrangige Personen in der U.S. Administration der damaligen Zeit.

Patton war letztendlich auch nur ein Befehlsempfänger. Das „Go" für einen Dritten Weltkrieg mussten andere erteilt haben. Wer waren diese Leute und was ist aus ihnen geworden, nachdem „Operation Unthinkable" abgesagt wurde?

Sie könnten sich im „Kalten Krieg" engagiert und versucht haben, die Welt nach amerikanischem Sinne umzugestalten, zu manipulieren und die amerikanische Hegemonie weiter auszubauen und zu festigen.

Wie George C. Marschall mit seinem „Marshallplan" für Deutschland, oder Truman Smith, der half, die Bundeswehr zu organisieren, oder Franz Josef Strauß, der weiterhin als Marionette amerikanische Interessen in Deutschland vertrat.

## Das Damoklesschwert Atombombe

Hier noch einmal einige ausgewählte Auszüge aus dem Schweizer „Weltwoche" - Artikel 32/2011:

### Scherrers Geheimnis

Schweizer forschen bei der Entdeckung der Kernspaltung an der Weltspitze mit. Beim Wettlauf um die Atombombe arbeitete der Zürcher Physiker Paul Scherrer eng mit den Amerikanern zusammen. Damit öffnete er der Schweiz den frühen Zugang zur zivilen Nutzung der Kernenergie. Teil 1.
Von Alex Baur

Um die revolutionäre Dimension von Scherrers Artikel zu begreifen, brauchte es allerdings einiges an Fachwissen. Der Zürcher Professor hatte nicht nur einige der **bestgehüteten Geheimnisse der amerikanischen Kriegsindustrie gelüftet**. Aus heutiger Sicht ebenso erstaunlich ist, dass Scherrer vor bald siebzig Jahren die wesentlichen Aspekte der Spaltung und vor allem auch der Fusion von Atomen kannte. Seine Ausführungen über die Chancen und Risiken der Technologie, über Uran-Isotope, Plutonium, Grafit-Moderatoren, Brutreaktoren, schweres und leichtes Wasser, aber auch etwa über die Problematik strahlender Abfälle haben nach wie vor Gültigkeit. Damals, wenige Wochen nach dem Bombenabwurf über Hiroshima und Nagasaki, war der Artikel eine wissenschaftliche Offenbarung.

...
Eher beiläufig skizzierte er auch, nach welchen Prinzipien eine Atombombe funktionierte und **was man von einer Wasserstoffbombe** zu erwarten hatte, die damals gar noch nicht entwickelt war.
...
Paul Scherrer war international gut vernetzt. Offenbar verfügte er aber auch - und das war weniger bekannt - **über einen direkten Draht zu General Leslie Groves, der für den Bau der amerikanischen Atombomben verantwortlich war.** Scherrer hatte den General sogar unmittelbar nach Kriegsende in den USA getroffen. Bei dieser Gelegenheit, so erklärte sein langjähriger Assistent Werner Zünti Jahre später, habe der Amerikaner Scherrer sogar die hochgeheimen **Plutoniumreaktoren von Hanford** gezeigt. Wie war das nur möglich?
...

Warum den Deutschen der Bau der Atombombe nicht gelang, ist eine heiß umstrittene Frage. Eine Rolle spielte sicher, dass es ihnen, anders als den Amerikanern, an Ressourcen fehlte. Thomas Powers belegt indes überzeugend, dass Heisenberg das theoretische Wissen zum Bau der Bombe sehr wohl hatte. Und er vermutet, dass Skrupel ihn davon abhielten, die schreckliche Waffe Hitler in die Hände zu geben. Zwar trieb Heisenberg die Entwicklung eines Reaktors zur zivilen Nutzung der Atomenergie mit Elan voran. Doch gelang es ihm offenbar, die Wehrmacht davon zu überzeugen, dass der Bau der Bombe ihre Fähigkeiten auf absehbare Zeit bei weitem überstieg.

Scherrer als amerikanischer Spion
...
... arbeitete Scherrer unter dem Tarnnahmen «Flute» eng mit den Alliierten zusammen. «Flute» rapportierte **seine Kenntnisse über die Atomforschung regelmässig an den späteren CIA-Chef Allen Dulles, der in Bern stationiert war.** Der OSS-Offizier Frederick Read Loofbourow ging in Scherrers Privathaus an der Rislingstrasse 8 in Zürich Fluntern ein und aus. Zum Erstaunen der Amerikaner wollte der Professor kein Geld. Er kooperierte aus Überzeugung mit den Alliierten.
Obwohl Scherrer aus seiner Abscheu gegen den Nationalsozialismus nie ein Hehl gemacht hatte, verfügte er über beste Kontakte zu seinen deutschen Kollegen. **Mindestens zwei Mal lud er während des Krieges Werner Heisenberg persönlich zu Vorträgen nach Zürich ein**, mit Wissen des OSS. Das wahre Motiv der Einladungen ist in den **Archiven des Geheimdienstes** (wie glaubwürdig sind Informationen, die ein Geheimdienst in die Öffentlichkeit lanciert?, Anm.d.A.) zu finden:

Man wollte von ihm persönlich in Erfahrung bringen, wie weit die deutsche Bombe gediehen war - und Heisenberg notfalls entführen oder gar umbringen. Wie ernst die Lage war, zeigt Heisenbergs zweite Zürich-Reise im Dezember 1944. Die Amerikaner schleusten für diesen Anlass den Agenten Morris «Moe» Berg in die Schweiz ein. Berg hatte freie Hand, Heisenberg zu erschiessen, falls er zum Schluss kommen sollte, dass sich die deutsche Bombe anders nicht verhindern liess. Dass Professor Scherrer in diesen Mordplan eingeweiht war, ist unwahrscheinlich. Aus geheimdienstlicher Sicht wäre dies ein unnötiges Risiko gewesen. Scherrer dürfte aber gewusst haben, dass Berg ein Agent war, als er ein persönliches Treffen zwischen dem Amerikaner und dem deutschen Physiker im Restaurant «Kronenhalle» arrangierte.
Womöglich rettete Scherrer, ohne es zu wissen, seinem deutschen Kollegen damals das Leben. Er hatte zuvor den Verdacht geäussert, dass sich Heisenberg zum Nazi gewandelt haben könnte. Nach Gesprächen unter vier Augen anlässlich des Treffens in Zürich kam Scherrer aber zum Schluss, dass er sich geirrt hatte. Jedenfalls überzeugte er «Moe» Berg davon, dass von Heisenberg keine Gefahr ausgehe und dass dieser keine Bombe bauen wolle. Im Nachlass von Berg fanden sich überdies Skizzen, die Scherrers Handschrift tragen und mit denen der Zürcher Professor dem Spion den Stand der Reaktorforschung erklärt hatte.

Die Option einer Schweizer Atombombe

```
Paul Scherrer, geboren 1890 in St.Gallen, hatte in Zürich und Göttingen
studiert, wo er bereits mit 28 Jahren zum Privatdozenten ernannt wurde.
1927 wurde er Leiter des Physikalischen Institutes der ETH Zürich, das er
zu einem Zentrum für Nuklearforschung ausbaute. Obwohl sich Scherrer auch
mit der Bombe befasste, galt sein Interesse der zivilen Nutzung der
Kernenergie. Die beiden Technologien haben Gemeinsamkeiten, es gibt aber
auch grosse Unterschiede.
. . .
-Ends-
```

Zu dem Wissenschaftler Paul Scherrer heißt es außerdem in oben aufgeführtem Artikel:

```
„Paul Scherrer selber hat sich dazu nie geäußert. Obwohl er bereits zu
Lebzeiten eine legendäre Persönlichkeit war, verfasste er nie eine
Autobiografie. Seine Unterlagen aus der Kriegszeit soll er vernichtet
haben, als er 1960 in den Ruhestand ging. Scherrer war wohl ein sehr
umgänglicher und offener Mensch. Doch sein größtes Geheimnis nahm er
1969 mit ins Grab."
```

Welches Geheimnis nahm der Schweizer Physiker mit ins Grab, das so bedeutend war, dass er nicht einmal Aufzeichnungen über seine Forschungen hinterlassen hatte und alles vernichtete?

Wurden die Dokumente tatsächlich vernichtet, wie Scherrers wissenschaftliche Unterlagen über die Atomforschung, oder hielten andere die Hand über die Papiere, die vielleicht gar nicht alle aus der Feder des Schweizer Forschers entsprungen waren?

Weil die Unterlagen, die Grundlagen und die Funktionsweise eines Atommeilers aus Hanford, Washington, USA stammten?

Und weil man diese Unterlagen deutschen Atomforschern, wie Heisenberg zur Ansicht gab. Damit deutsche Forscher den Uranmeiler, die zur Herstellung waffenfähigen Spaltmaterials befähigten, kopierte und solche Meiler in Nazi-Deutschland in den bekannten Gebieten, wie im Eulengebirge, Schlesien, oder im Mühlviertel in Nieder-Österreich nachbauen konnten?

Nicht, damit Nazi-Deutschland den Endsieg gewinnen konnte, sondern damit die amerikanischen Verschwörer autarke, unterirdische und schwer verbunkerte Produktionsstätten zum Bau von Atombomben und deren Trägersysteme für den Dritten Weltkrieg erhielten?

Zu Hanford, Wash., USA heißt es bei Wikipedia, hier einige wichtige Auszüge daraus:

```
„Die Hanford Site ist ein US-amerikanischer Nuklearkomplex am Columbia
River im Südosten des US-Bundesstaats Washingtonin der Nähe der Stadt
Richland. Das Gelände hat eine Größe von 1.517 km², umfasst also die
doppelte Fläche von Hamburg. Es liegt größtenteils im Benton County.

1943 begann der Bau der Anlage im Rahmen des Manhattan-Projects unter
strengster Geheimhaltung als „Hanford Engineer Works" beziehungsweise
„Site W".

Dafür kaufte die U.S Regierung die Städte White Bluffs und Hanford sowie
das umgebende Farmland auf. Alle Einwohner wurden umgesiedelt.
```

**Hauptaufgabe** der Hanford Site während des Zweiten Weltkriegs und des Kalten Kriegs war **die Produktion von Plutonium für Kernwaffen.** Das in Hanford erzeugte Plutonium wurde benutzt, um die erste Atombombe zu bauen. Diese wurde im Testgebiet Trinity nahe Alamogordo in New Mexico gezündet. Ferner wurde es für die Bombe Fat Man, die auf Nagasaki, Japan abgeworfen wurde, verwendet. Hanford gilt als der radioaktiv am schwersten kontaminierte Ort in der westlichen Hemisphäre.
…
**Im Juli 1942** startete das Uranium Committee des staatlichen Office of Scientific Research and Development (OSRD) ein intensives Forschungsprogramm über Plutonium am University of Chicago Metallurgical Laboratory (MetLab)

(siehe dazu die Atomwissenschaftler, die größtenteils aus Ungarn in die USA ausgewandert waren, Anm.d.A.) .

Zu dieser Zeit war Plutonium noch ein seltenes Element, das erst neun Monate zuvor in einem Labor der University of California erstmals isoliert worden war.

Im Juni 1942 gründete das Army Corps of Engineers den Manhattan Engineer District (MED), besser bekannt als das Manhattan-Project, um Plutonium und Uran im industriellen Maßstab für die MetLabs herzustellen. Im November 1942 unterzeichnete **DuPont** einen Vertrag zum Bau einer solchen Anlage. DuPont empfahl, die Plutoniumproduktion weitab von der Uranproduktion in Oak Ridge National Laboratory, Tennessee anzusiedeln.

Nach intensiver Suche und Vorauswahl hatte **General Leslie Groves**, der Leiter des Manhattan Projekts, fünf Standorte zur Auswahl. Er entschied sich im Dezember 1942 für Hanford als „ideal in allen Belangen" …

Die Arbeiten an den Hanford Engineer Works (HEW) begannen **im März 1943.**

Noch vor dem Ende des Krieges im August 1945 hatte das HEW 554 Gebäude errichtet:

- **drei Reaktoren** (100-B, 100-D, und 100-F)
- drei 250 Meter lange Plutoniumverarbeitungsanlagen (200-T, 200-B, und 200-U)
- 64 unterirdische Tanks für hochradioaktive Abfälle
- Urananreicherungsanlagen
621 km Straße
- 254 km Eisenbahntrasse
- 4 elektrische Verteilerstationen
- dazu noch hunderte Kilometer Zäune

**Im Oktober 1943** begann DuPont mit dem Bau des ersten Reaktors in Hanford mit dem Codenamen B-Pile (Gebäude 100-B). (Kernspaltungsreaktoren wurden damals allgemein als Pile, „Stapel", bezeichnet.)

Der Bau war binnen eines Jahres fertig. **Die ersten Tests begannen am 12. Juli 1944.**

**Am 13. September 1944** wurde der Reaktor erstmals mit Slugs beschickt. Dies waren Zylinder von etwa 2,5 cm Durchmesser und 7 cm Länge aus metallischem Natur-Uran mit einer Aluminiumhülle. Sie wurden hintereinander in Aluminiumröhren platziert, die den Reaktorkern waagerecht durchzogen und von Kühlwasser durchströmt wurden.

Als Moderator diente Graphit.

Die Produktion von Plutonium wurde am **26. September 1944** begonnen, und nach einigen Schwierigkeiten wurde am 6. **November 1944** das erste Plutonium produziert.

Das Plutonium wurde in der Einheit 221-T raffiniert und am **5. Februar 1945** nach Los Alamos gebracht. Dort wurden daraus die Bombe für den Trinity-Test sowie Fat Man, die Bombe, die auf Nagasaki abgeworfen wurde, hergestellt. Nach dem Beginn des Baus am ersten Reaktor baute DuPont zwei weitere baugleiche Reaktoren:

100-D begann mit der Plutoniumproduktion im **Dezember 1944**
100-F im **Februar 1945**.

Jeder der drei Reaktoren hatte eine thermische Leistung von 200 Megawatt, die nicht genutzt wurde. Die zivile Stromproduktion durch Kernspaltung wurde weltweit erst in den 1950er Jahren begonnen."

„Die Firma **DuPont** wurde 1802 gegründet. Die Familie wanderte in die USA aus, um der Französischen Revolution zu entfliehen. Zunächst begann man in der USA mit der Produktion von Sprengstoffen, da die Industrie dafür in Nordamerika noch nicht so weit wie die europäische entwickelt war und ein entsprechend großer Markt erwartet wurde. Die Firma wuchs schnell und war um die Mitte des 19. Jahrhunderts der größte Sprengstofflieferant für das US-Militär, der mehr als die Hälfte der Lieferungen für die Unionsarmee im Amerikanischen Bürgerkrieg bestritt.

Während dieser ganzen Zeit blieb DuPont ein Produzent von Kriegsgütern für die beiden Weltkriege und spielte ab 1943 im Manhatten-Project eine wichtige Rolle, wo es Konstruktion, Bau und Betrieb der Plutonium-Produktionsanlage in Hanford und des Oak Ridge National Laboratory in Tennessee übernahm."

Im Zweiten Weltkrieg, 1942, geriet „**E. I. du Pont de Nemours & Company**" in gezieltes Feuer der Politiker. Senator Harry S. Truman bezichtigte den Trust des Landesverrats. Grund: **Die Du-Pont-Gesellschaft hatte mit dem deutschen Konzern IG-Farben ihre Verkaufsstrategie auf dem Weltmarkt abgestimmt und noch bis 1941 Verbindung gehalten.**

Doch Washington schonte die du Ponts. Die Regierung benötigte den Chemie-Konzern für das aufwendigste Kriegsunternehmen der USA, den Bau der ersten Atombombe.

Im Oktober 1942 beauftragte General Leslie R. Groves, Leiter des „Manhattan Engineer District" (Tarnname für das Bombenprojekt), du Pont mit der Konstruktion einer Isotopen-Trennanlage in Clinton, Tennessee. **Nur Du-Pont-Ingenieure waren in der Lage, Verfahrenstechniken der Großchemie in der Atomtrennung anzuwenden.**

DuPont akzeptierte unter der Bedingung, bei diesem Handel kein Geschäft zu machen. So unterzeichneten die Regierung und der Chemie-Konzern einen Vertrag mit dem niedrigsten Profit der Geschichte DuPonts: einen US-Dollar."

Anmerkung des Autors:

Wurden im Eulengebirge und im Mühlviertel ebenfalls baugleiche (militärisch vereinfachte) Atommeiler nach U.S. Vorbild errichtet, dessen Blaupausen über die Schweiz, über Scherrer und andere korrupte Schweizer Wissenschafter, sowie ggfs. über Heisenberg, über bestimmte Personen innerhalb des OSS und u.a. geheime Stellen, unter anderem über das deutsche Abwehr-Netz in der Schweiz, z. B. nach Pilsen lanciert wurden?

Welche Maßeinheiten sollten die Atommeiler in Deutschland erhalten? Rechnete man Zoll und Fuß in das Metrische System um, oder würde man bei Ausgrabungen, wie zum Beispiel in Österreich, wo ja ein Bauteil, das baugleich mit U.S. Anlagen ist, gefunden wurde, in „Feet" finden.

Welche Rolle könnte zudem der mächtige und große I.G Farben Konzern bei der Konstruktion deutscher Atommeiler gespielt haben? Bestanden noch Kontakte mit deutschen Abteilungen aus dem Hause I.G. Farben mit dem amerikanischen Großkonzern DuPont?

Der I.G. Farben Konzern war mit der Beschaffung von Schwerem Wasser aus Norwegen beschäftig. Deutet dies darauf hin, dass die I.G. Farben ggfs. in dem Bau eines Schwerwasserreaktors im Jonastal verwickelt war?

Abb.:

Bauteile einer Versuchsanordnung, die von dem Physikalischen Institut der Universität Arizona, USA stammen, und die Ähnlichkeit mit einem gefundenen Bauteil besitzen, das bei Ausgrabungen in Österreich gefunden wurde.

Bekamen geheime deutsche Stellen, Atomforschungsinstitute, die SS, Unterlagen und Blaupausen aus den USA? Damit die Amerikaner für ihren geplanten Dritten Weltkrieg die gewohnte Atomtechnik aus den USA auch auf dem europäischen Kriegsschauplatz für ihren nächsten Krieg zur Verfügung hatten?

Könnte man eventuell bei den, noch zu Kriegszeiten in Deutschland errichteten funktionstüchtigen Atommeiler nach U.S. Vorbild gar amerikanische Maße und Maßeinheiten bei den Bedieneinrichtungen finden, damit U.S. Ingenieure die Anlagen bedienen konnten?

Wäre es deshalb peinlich, wenn man bei heutigen Nachforschungen Hinweise auf U.S. Produktion finden würde und vertuscht man deshalb die Existenz von Atommeilern, die im Zweiten Weltkrieg von deutschen Baufirmen und Atomtechnikern in Nazi-Deutschland errichtet wurden?

Des Weiteren heißt es zu dem Atomstandort „Hanford, Wash. in dem Buch: *„UFOs und Atomwaffen", Unheimliche Begegnungen in der Nähe von Nuklearwaffendepots"*, von Robert L. Hastings, Kopp Verlag, 1. Auflage, Februar 2015:
...
„... Ufos wurden häufiger in Gebieten gesichtet, die für die Verteidigung der Vereinigten Staaten lebenswichtig waren. Das Gebiet von Los Alamos-

Albuquerque und Oak Ridge, sowie das Testgelände White Sands spielten dabei eine große Rolle."

Anmerkung des Autors:

Das Erprobungsgelände White Sands, die Army und später US Air Force Basen in New Mexico, wie Albuquerque oder Roswell, waren auch ein Testgebiet für unkonventionelle Flugkörper, ob erbeutete deutsche Hochtechnologie, wie Düsen-Flugscheiben, oder elektrostatische und EM-Flugkörper.

„Jede dieser Einrichtungen hatte direkt oder indirekt mit dem amerikanischen Atomwaffenprogramm zu tun:

Das Los Alamos Laboratory führte theoretische Forschungen durch und entwickelte die Bomben. In Albuquerque konstruierte das Sandia Laboratory diese Waffen, die dann häufig zur nahe gelegenen Manzano Basis transportiert wurden, einer unterirdische Lagerstätte.

Auf der Air Force Basis in Kirkland, unmittelbar westlich der Basis Manzano gelegen, wurden die Atomwaffen in strategische Bomber und Frachtflugzeuge verladen und zu den Testgebieten in Nevada und dien Marshallinseln im Pazifik geflogen, aber auch zu Militärbasen in den gesamten USA, sowie Alaska, das damals noch kein amerikanischer Bundesstaat war.
...
Am Abend des 10, Dezember 1952 ... entdeckte der Pilot und der Beobachter am Radar einer patrouillierenden F-94 unweit einer anderen atomaren Einrichtung, nämlich der Anlage Hanford in Washington, auf einer Flughöhe von circa 8.500m ein Licht. ... Sie flogen näher an das Objekt heran und sahen eines großes, rundes weißes Ding, aus **dessen beiden Fenstern ein schwaches, rötliches Licht schien**.
...

Zur Zeit dieses Vorfalles war die Atomanlage Hanford der **größte Hersteller von waffenfähigem Plutonium**. Ihre Reaktoren hatten während des Zweiten Weltkrieges das Spaltmaterial geliefert, das in den beiden ersten in New Mexico getesteten Atombomben, sowie in der Bombe, die Nagasaki zerstörte, eingesetzt wurde."

Anmerkung des Autors:

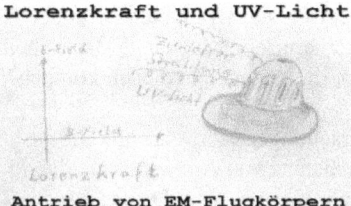

Der aufmerksame Leser der Bücher des Autors weiß mittlerweile, das die „Fenster" aus **denen ein rötliches Licht** erschien, **Abstrahlflächen** für eine **spiralförmige**, einer hoch energetischen, ionisierten **UV-Zyklotronstrahlung** waren.

Links, große Abstrahlflächen hinter Spezialglas mit „Flash-Light-Tubes", rechts, runde Öffnungen, hinter denen sich eine verspiegelte Ausbuchtung mit UV-Lampen befinden, die eine Zyklotronstrahlung in das, der Flugscheibe umgebende E- und B-Feld schießen, um Richtungsänderungen vorzunehmen und den Vortrieb zu erzeugen.

## Lorenzkraft

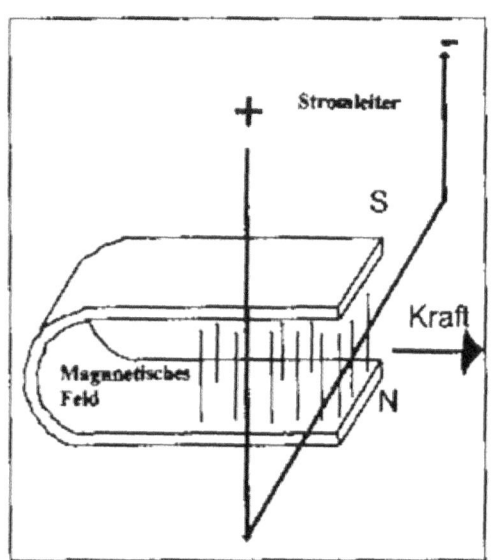

Abb.:

Magnetfelder, die sich relativ zu einem Feld bewegen, üben auf einen Ladungsträger eine bestimmte Kraft aus. Dabei ist es egal, ob sich die magnetischen Felder frei in der Umgebung bewegen, oder als elektrischer Strom durch einen Stromleiter fließen.

Die entstehende Kraftwirkung ist immer **rechtwinklig** zur Bewegung und zum Magnetfeld.

**Diese Kraft wird Lorenzkraft genannt!**

# New Jersey UFO Fotos

„Am 1. August 1952, einer Zeit mit bis zu 700 UFO-Beobachtungen pro Monat, veröffentlichte die Heimatzeitung „The Morning Call" in Paterson, New Jersey/USA, auf der ersten Seite zwei sensationelle UFO-Fotografien. Die Aufnahmen wurden von einem gewissen Mister George Stock aus Passaic am Dienstag, den 29. Juli 1952 gemacht.
...
Stock bemerkte als erster das graufarbene Flugobjekt, das in geringer Höhe aus südlicher Richtung heranrauschte. … Das etwa **12m große Objekt** schwebte einige Zeit in **weniger als 200m Höhe** über seinem Garten. Mach rund einer Minute begann es **leicht zu schwanken, beschleunigte plötzlich** und verschwand in östliche Richtung. …"

Aus: *„Das Geheimnis der unbekannten Flugobjekte"*, Schneider/Malthaner, 1977

In dem Zeitungsartikel **„The Morning Call, Vol. CXLI, No. 28, Patterson, New Jersey, for Friday, 3 August 1952"**, heißt es unter anderem:

"John H. Riely, 28, of 571 Main Street, is a photographer who believes a picture is worth a thousand words, as the saying goes. So into the Call office he came last night as the phone rang with reports of flying saucers in this area, to produce photographic evidence, according to him, that there are —xxx —of a mysterious thing he said he and friend George Stock spotted yesterday evening over Stock ' s house at 381 Brooks Ave., Passaic. According to Riely, the saucer was traveling southeast at a **leisurely speed** when it was spotted by — xxx — hovered overhead about 200 feet from the ground for several moments. It was so near, Riely said, it could have been hit with a rifle. He described the disc as being about **25 feet in diameter**, and **grayish in color**, with a **large dome** jutting from the upper side of xxx."

Courtesy: New Jersey UFO photos taken during 1952 UFO wave, Posted by: Wendell Stevens, December 13, 2010

Was hätte Mister Stock gesagt, hätte man ihm verraten, dass das unbekannte Flugobjekt sowjetischer Herkunft wäre und gerade dabei war, sein Land auszuspionieren?

Wie groß wäre der Aufschrei in der amerikanischen Bevölkerung gewesen – und wäre es heute immer noch – hätten die Leute gewusst, dass solche und andere unkonventionelle russischen Fluggeräte die nationale Sicherheit der Vereinigten Staaten von Amerika bedrohten?

Bestimmte Kreise im U.S. Militär und in den Geheimdiensten wussten und wissen das, können aber nichts dagegen unternehmen, außer dasselbe mit ähnlichen Geräten im gegnerischen Gebiet gleich zutun.

Abb. links:

Flogen solche - russischen - <u>Drohen von circa 8-10 m im Durchmesser</u> und in mehreren Schleppverbänden von 18 und mehr Maschinen während des Kalten Krieges in die USA ein, um ungeniert militärische Anlagen unterschiedlichter Art in den gesamten USA aus der Luft auszuspionieren?

Abb. Rechts:

Beachte konvexe, <u>aerodynamisch ausgebildete Scheibentragfläche</u> (ähnlich der „DeSautel Flugscheibe") und die dunkle, <u>platte Unterseite im Zentrum,</u> wo elektromagnetische Vorrichtungen ein, den <u>Flugkörper umgebendes Magnetfeld</u> erzeugen. Außerdem diente die platte Unterseite zur aerodynamischen Auflage und Stabilisation in der Atmosphäre. Siehe hier auch die „hutförmigen Flugkörper", die in Teil III besprochen wurden.
Zudem könnte dort ein kleines Landegestell untergebracht gewesen sein, sowie eine Verdichterscheibe, die Luft für eine kleine Turbine einsaugt, die die bordeigenen Systeme und einen Stromgenerator mit dem benötigten Strom und hohe Voltzahlen versorgt.

Handelt es sich bei der Drehung der Flugscheibe um die eigene Achse, die der Augenzeuge beobachtete, um ein Steuermanöver? Sind ggfs. bei den frühen EM-Maschinen der Russen noch westliche, deutsche Konstruktionsmerkmale mit eingeflossen oder haben gar deutsche Techniker und Ingenieure, die nach Ende des Zweiten Weltkrieges in den Osten gehen mussten, an solchen Flugkörpern mitgearbeitet?

Abb.:

Beachte dunklen Ring ungefähr in der Mitte der Kuppel. Wird dort die Zyklotronstrahlung mit „UV-Flash-Bulbs" emittiert, um das EM-Fluggerät zu steuern und anzutreiben?

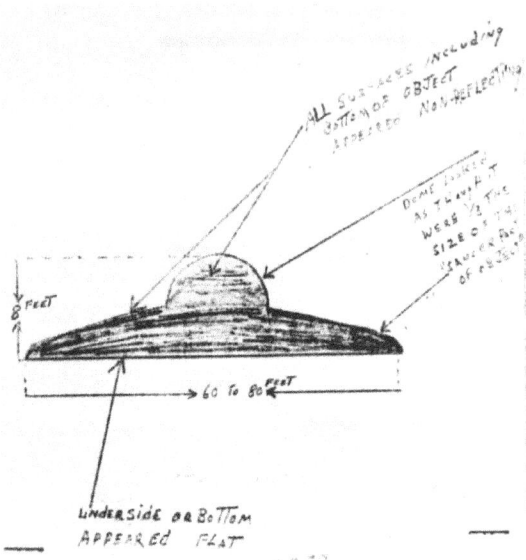

Abb.:

Augenzeugenbeschreibung von Mr. George Stock einer eventuell unbemannten und autonom fliegenden sowjetischen EM-Drohne aus dem ehemaligen Ostblock, die Spionageflüge über dem U.S. Bundesstaat New Jersey im Jahre 1952 durchführte.

- Durchmesser um die 8-10 m
- Circa 3 m hoch
- Kuppel schien ein drittel der Gesamtgröße zu haben
- Unterseite erschien flach (glockenförmig nach innen gewölbt mit flachem Zentrum, Anm.)

- Alle Oberflächen, inkl. Unterseite erschienen aus einem nicht reflektierendem Metall zu bestehen

Alle elektromagnetischen Flugkörper sind in Naturmetall in einem grauen, eher etwas rauen, unpolierten Metall belassen und unbemalt. Denn ein Farbauftrag würde den elektromagnetische Antrieb stören oder gänzlich verhindern, da die Farbe als Isolator wirkt.

Mit Sicherheit war die Drohne unbemannt und wurde autonom, ggfs. mit einer Lochstreifen-Programmierung versehen, um in einen gegnerischen Luftraum und in gesperrte, militärische Bereiche einfliegen zu können. Eventuell wurde sie von einem größeren „Mutterschiff", oder auch von einem herkömmlichen Flugzeug überwacht und im Notfall manuell ferngesteuert, falls sich die Drohne nicht bei unerwarteten Situationen, wie Absturz, Havarie, usw., selbst zerstörte.

Hier könnte es sich wohlmöglich um eine Drohne aus sowjetischer Produktion, oder aus einem geheimen Flugzeugwerk innerhalb der Ostblockstaaten gehandelt haben, die in den

1950er Jahren massenweise in den gesamten Luftraum der USA eindrangen und alle nur erdenklichen militärischen Einrichtungen und andere interessante Einrichtungen im ganzen Land, einschließlich der hoch sensiblen U.S. Atomanlagen, auszuspionieren und ggfs. mit einer Störstrahlung zu sabotieren.

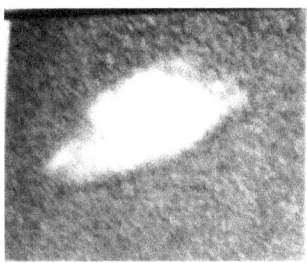 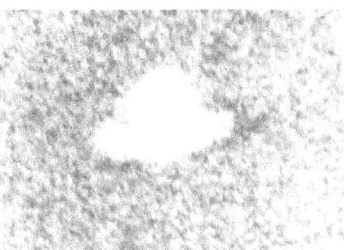 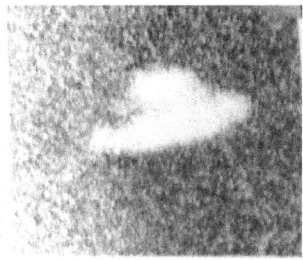

Abb.:

Der junge Fotograf Robert Schwier aus Cincinatti, USA machte gegen 15.00 Uhr drei Aufnahmen einer Fliegenden Untertasse, dessen Form und Aufbau eines Typs von „UFO" ähnelt, das schon Jahre und Jahrzehnte zuvor über den USA immer wieder gesichtet und auch fotografiert wurde. Vielleicht eine mittlerweile weiterentwickelte Version einer russischen Spionagedrohne mit neuerer Elektronik und besserer Elektrik, sowie kompakter nuklearer Antriebstechnik zur Erzeugung von Dampf für eine Gasturbine?

Dazu heißt es in dem Buch von Schneider und Mathaner:

„... Plötzlich hört er ein **schwaches, ungewöhnliches Summgeräusch**, worauf er nach oben schaute. Über den Bäumen schwebte ein kuppelförmiges Objekt, das Silber im hellen Tageslicht glänzte.

... Auf einmal schien es einen rechtwinkligen Haken zu schlagen und blieb erneut in der Luft stehen.

... Die ganze Beobachtung dürfte nicht länger als 45 Sekunden gedauert haben.

Der Zeuge schätzt den Durchmesser auf 5 bis 8 Meter. Irgendwelche Fenster, Triebwerke oder andere Besonderheiten waren nicht zu erkennen.

Abb.:

Immer wieder trat der gleiche Typ „UFO" im Luftraum der Vereinigten Staaten auf, um höchstwahrscheinlich mit Spionageflügen militärischen und sonstigen, interessanten U.S. Militäranlagen aus der Luft aufzuklären.

Der Vorteil, den „außerirdische" Spionageflüge haben, ist unter anderem, dass solche Fluggeräte erheblich tiefer heruntergehen konnten, um in Bodennähe durch Kasernen, Atomanlagen, Testgebiete usw. zu streifen.

Vergleiche hier die U-2 Spionageflüge der CIA über der UdSSR, die in sehr großen Höhen durchgeführt werden mussten, wozu man hoch auflösendes Bildmaterial benötigte, um überhaupt Einzelheiten auszumachen.

„UFOs" hatten und haben die Möglichkeit, wesentlich näher an ein Geschehen heranzukommen.

Da die weltweite Propaganda diese unkonventionellen Flugkörper „als nicht von dieser Welt" verkauft, hatte dass unerlaubte Eindringen in einen fremden Luftraum so gut wie keine Konsequenzen. Auch die Augenzeugen am Boden, die entweder ein russisches Spionage-UFO in den USA sahen, oder Beobachter in Russland, die ein amerikanisches UFO sahen, dachten zuerst an die „Außerirdischen", und nicht in erster Linie daran, dass der Feind im Kalten Krieg sie gerade ungeniert und in aller Öffentlichkeit auskundschaftete.

Außerdem wäre es möglich, was einige Beispiele, die weiter unten genannt werden, zeigen, dass man „nachgeholfen" hatte, und unliebsame Augenzeugen strahlungsmäßig „beruhigte".

Dies könnte möglicherweise ein „Abfallprodukt", ein „Off-spin" aus der Wahren Raumfahrt sein, da man das menschliche Verhalten in größeren Gruppen unter schwierigen Umständen, wie langer Raumflug, beengte Verhältnisse, Entbehrungen usw., durchaus kannte und kennt und dementsprechende Gegenmaßnahmen zur Verhinderung von Aufständen, Unzufriedenheit und dergleichen einleiten musste.

Außerdem muss man sich in oberen Kreisen darauf geeinigt haben, gegenseitig nicht gegen die „UFOs" vorzugehen (bis auf wenige Ausnahmen), da ja beide Nationen, Russland und die USA, auch gemeinsam in einem hoch geheimen Raumfahrtunternehmen beteiligt sind.

Hier ein weiterer Augenzeugenbericht, der eines der russischen Spionagedrohnen auf EM-Basis (<u>Lorenzkraft</u>, im Gegensatz zum Ionen-Wind) über den USA gesichtet hatte:

16. März 16, 1950, Ausgabe der Charleroi, Pennsylvania Newspaper:

### First Close-Up View Of Flying Saucer Described

"ST. MARYS, Pa., March 10. -- (UP) -- The first "close-up" look at a flying saucer was reported today by Dr. Craig Hunter, 47, Berkley [sic] Springs, W. Va., technical director for a Washington Medical instrument supply firm. Dr. Hunter graphically described the mysterious object which he said was **flying slowly from east to west over route 153 between Penfield and Clearfield, Pa., at a very low altitude.** He said he was "at first sceptical when I saw the saucer at an altitude of **about 250 to 500 feet.**"

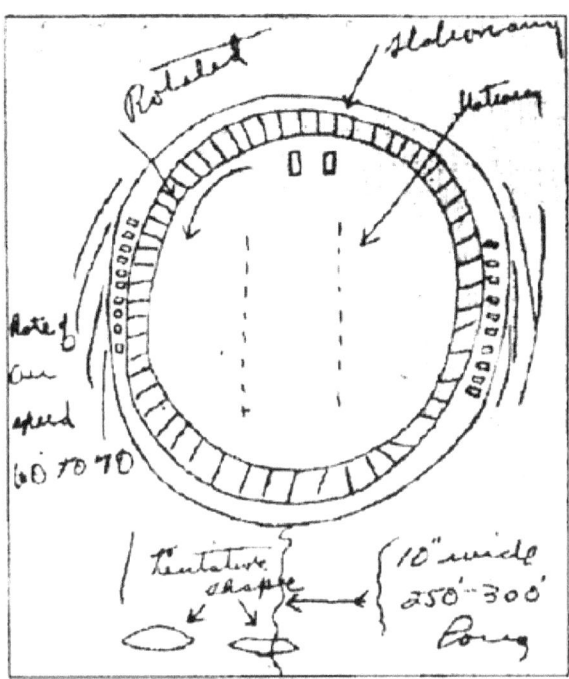

Abb. oben:

Augenzeugenbeschreibung einer Fliegenden Untertasse. Innerer Bereich was stationär, ein Ring darum rotierte.

War dies ein Teil einer Turbine, bzw. Luftein- und Auslässe für ein Hilfstriebwerk – „Auxilliary Power Unit", APU – das den benötigten Strom für einen Generator lieferte, der die hohen Voltzahlen zum Aufbau von elektromagnetischen Feldern um die Maschine herum lieferte? Wie wurde die Turbine angetrieben? Durch ein kleine, nukleare Antriebsquelle, die Dampf erzeugte? Oder war der Antrieb noch „konventioneller" Art (wie eine mit Kerosin betriebene Strahlturbine), da das EM-Fluggerät wohl nur innerhalb der Erdatmosphäre operierte?

"But I realized my eyes were not playing tricks on me as I watched it," Dr. Hunter added.

"The object appeared to be about **50 to 150 feet in diameter** and was about **25 to 30 feet thick** at the center," he said. "It was <u>trailing a streamer about 200 feet long and 10 inches in width</u>."

"Visibility was excellent and I noticed during the two to two and one-half minute period I observed the disc that it seemed to be **constructed in three concentric circular portions.**

"**The outer edge which was about 10 feet wide,** appeared to be **stationary** and had **slits covering about one third of the area visible to me**," Dr. Hunter said.

"**Immediately in from the leading edge, there were two apertures**," he said, **about four and a half feet square, and these appeared lighter in density than the** <u>corona which surrounded the saucer</u>, as it moved through the air at "**about 60-70 miles an hour**," Dr. Hunter said.

"The **second circle** seemed to be the **only part** of the thing **moving**," he declared, "and it **was rotating with a great hissing whistle**. The inner and largest part of the disc was also stationary.

"I do a little private flying," he said, "and I have never seen anything like the thing I saw last night. It definitely was not an airplane. **The saucer was dirty metallic in color.** It frightened me when I first saw it, but I wasn't so alarmed as a truck driver who stopped alongside me.
…

**Insert**

> Areches, Savois, Frankreich, 1. August 1947:
>
> "… two women reported three dark, **domed discs** in a triangular formation, that appeared from behind a mountain. They flew in a straight line form WSW to ENE. Each object had a **lower part rotating** and upper part montionless. They appeared to be metallic."
>
> Beachte hier wieder, dass ein bestimmter Bereich oder bestimmter Teil des Antriebes auf der Unterseite rotierte. Dieselben, oder ähnliche, frühere Versionen oben beschriebener EM-Drohnen?

Anmerkung:

Handelt es sich bei obiger Augenzeugenbeschreibung um eine unbemannte Aufklärungsdrohne, wie sie schon des Öfteren über verschiedenen Orten (und Militäreinrichtungen, wie U.S. Atomanlagen und atomaren Testgebieten in der Wüste Nevadas) in den USA gesichtet wurde?

Der Heulende Ton, hatte dieser etwas mit der Hilfsturbine zu tun, die nach unten die Abgase (trailing a streamer about 200 feet long and 10 inches in width) als Abgasfahne ausstieß, oder mit Spulen, die ein Magnetfeld (corona which surrounded the saucer) um das Fluggerät aufbaut?

Denn ganz ohne bewegliche Teile kommt auch eine damalige EM-Drohne nicht aus. Sie benötigt eine Energiequelle, die den Stromgenerator zur Erzeugung der hohen Voltzahlen antreibt. Außerdem muss auch ein Bordnetz mit Strom versorgt werden, für die autonome Steuerung, Kameras, Fernsteuerung usw.

## UFO Sighting at Yaak Air Force Station in Kootenai National Forest, USA

"… an article regarding Yaak Air Base. According to the article, **Yaak Air Base** was in operation from April, 1952 to July, 1960, as part of a number of stations throughout the country that served as an **early warning system during the cold war** in case of a potential **Russian attack**. The base was near Yaak, Montana, in the Kootenai National Forest.

The Article reads:

„The Yaak Radar Station also had its share of mystery, on Sept. 1, 1952, Yaak, Montana. 4:45 a.m, 16.45 Uhr:

Two USAF enlisted men, and three men using **AN/FPS-3 radar set**. Report visually sighting **two small, varicolored lights** becoming black silhouettes at dawn, and **flying erratically for one hou**r. The crew at the radar station saw a, "**dark, cigar shaped object**," right where the radar had the UFO pinpointed. What these people saw is a mystery to this day."

Courtesy, Entnommen aus: "Open Minds, UFO News and Investigations"

Anmerkung des Autors:

Siehe hier die Beschreibung eines zylindrischen Flugkörpers, evtl. mit elektrostatischem Antrieb, der kleine Flugkörper ausstieß, in dem Buch "Attention, Foo Fighters Attacking" von Klaus-Peter Rothkugel, 2017:

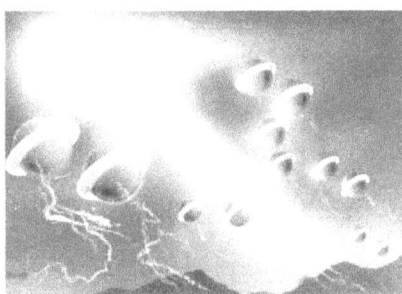

„Vor dem **Zylinder** flogen dreißig kleine Objekte, die durch ein Fernglas beobachtet, wie rote Sphären aussahen, die mit einem gelben Ring versehen waren.

„Diese „Untertassen" bewegten sich in Paaren", sagte der Schuldirektor Prigent, „die **erratische Bewegungen** in einem Zick-Zack Kurs vornahmen. Wenn zwei dieser Untertassen-Paare auseinander flogen, entstand ein **weißlicher Streifen, wie ein elektrischer Überschlagsblitz**."

Beschrieb der Augenzeuge eine militärische Mission, die in Oloron, Frankreich im Oktober 1952 zur Störung einer Radaranlage vorgenommen wurde, und die ähnlich auch über der Yaak Air Force Station im April 1952 ablief?

Erzeugten kleine „Untertassen", wohlmöglich elektrostatisch aufgeladene Sphären, eine Störstrahlung, um eine gegnerische Radaranlage außer Betrieb zu setzen?

Kam das zylindrische „Mutterschiff" samt der ausgestoßenen (Verbrauchs-) Sphären gar aus der UdSSR, aus dem Einflussgebiet der Sowjetunion, um Spionage- und Störflüge über den Vereinigten Staaten von Amerika und westlichen NATO-Ländern während der heißen Phase des Kalten Krieges vorzunehmen?

Lief ungekehrt genau dasselbe: U.S. amerikanische und andere unkonventionelle Flugkörper aus dem Westen und den NATO-Staaten flogen in den „Ostblock" ein, drangen ungehindert hinter den „Eisernen Vorhang" vor, in das kommunistische und von den Sowjets beherrschte Einflussgebiet, um Luftaufklärung, Störmanöver und ggfs. Sabotageakte zu unternehmen? Siehe hier das hutförmige „UFO" über Klausenburg, Rumänien in Teil III! Eine U.S.-Drohne?

Verkauf die weltweite Propaganda und Desinformation und deren Helfer und Helfershelfer diese militärischen, hoch geheimen Operationen mit unkonventionellen Fluggeräten bis heute als „außerirdische UFOs von anderen Welten"? Weil man die volle Wahrheit über diese Fluggeräte leider nicht preisgeben kann?

Wissen die Propaganda und die Personen, die das „Script" dazu verfassen, um die weltweite Bevölkerung zu desinformieren und zu manipulieren, sehr genau, um was es sich bei den

„UFOs" wirklich handelte (und noch immer handelt, Stand 2018)? Nämlich um den hoch geheimen Einsatz hinter den jeweiligen Feindeslinien in Ost, West und Fern-Ost, ob vormals im Kalten Krieg und jetzt in Zeiten von internationalem Terror, von geheimen und unkonventionellen, exotischen Spionagedrohen, die vielfältige Einsätze als Störkörper, geheime Psy-Ops Missionen unterschiedlichster Art, geheim ausgeführte Sabotageakte auf Militärbasen, usw., ausführten.

Auch geheime Atomanlagen, die die Nationale Sicherheit betreffen, wurden und werden gestört und deren Elektronik außer Kraft gesetzt.

Außerdem hatten und haben die ehemaligen Machtblöcke und deren Nachfolger bis heute - Stand 2018 - das Dilemma, dass weder die USA, noch Russland ihre unkonventionellen Fluggeräte, ihre „UFOs", als ihre eigenen Waffen ausgeben können, da man sich ja auf die „außerirdischen These" geeinigt hatte. Wohl, weil es ein supranationales Weltraumunternehmen zur Besiedelung, zur Kolonisierung des Weltalls gibt, das seit mehreren Jahrzehnten läuft und das mit unkonventionellen, licht- und überlichtschnellen Raumschiffen durchgeführt wird.

Keiner kann gegen „außerirdische Raumschiffe" offiziell etwas unternehmen. So brauchen scheibenförmige Aufklärungsdrohnen nicht an der Grenze eines feindlichen Staates Halt zu machen. Sie können bis runter zur Bodennähe innerhalb eines gegnerischen Militärkomplexes einfliegen, ja sogar dort landen und alles ganz genau auspionieren. Ob der Westen im Osten, der Osten im Westen, und der Westen und Osten im Fernen Osten, oder sonst wo auf der Welt.

Ein Patt! Ausmanöveriert!

Siehe auch weitere Beispiele und Erklärungen im folgenden Absatz:

## Geheime Erprobungen – und Spionage – über amerikanischen Atomanlagen

Hier noch einige Fallbeispiele aus dem oben erwähnten Buch des Autors Robert L. Hastings, von denen der geneigte Leser, der die Bücher des Autors kennt, mittlerweile versteht, um was für „unbekannte" Flugobjekte es sich tatsächlich handelt:

„Ein weiteres mysteriöses Phänomen über der Killen Basis (auf dem Gebiet von Camp Hood befand sich die neue Basis Killeen, in der die Air Force ihr wachsendes Atomwaffenarsenal lagerte und zusammensetzte. Die Kileen-Base, auch Baker Site genannt, unterstand von der „Atomic Energy Commission" und galt als einer der sensibelsten Atomwaffenanlagen der USA.) wurde am 27. April 1949 gesichtet, als ein kleines, grünes Objekt von der Größe eines Tischtennisballs von zwei Gruppen von Sicherheitswachen und anderen Angestellten beobachtet wurde.

Der winzige Eindringling flog lautlos in knapp zwei Metern Entfernung zu den Beobachtern dahin, bevor die Kugel sich zwischen den Ästen eines Baumes hindurchschlängelte (oder hindurch fraß, hier wäre interessant, ob die Äste und Zweige des Baumes angesengt waren, Anm.d.A.) und das Gelände verließ.

Fünf Minuten später beobachteten vier andere Sicherheitswachen, dass sich ihnen ein Licht von der Größe eines Baseballs mit einer geschätzten Geschwindigkeit von 100 bis 140 km/h lautlos näherte.

Es schien einen **kleinen metallenen Kegel** an seinem **hinteren Abschnitt** befestigt zu haben . . .
…
Bei einer Sichtung handelte es sich um eine Gruppe von vier Lichtern; eine weitere Formation bestand aus acht bis zehn Lichtern."

Anmerkung des Autors:

Da wiederholt unbekannte Flugobjekte über einer sensiblen Air Force Basis auftauchten und die „Nationale Sicherheit" berührt war, hielten Sicherheitskreise auf Killeen eine Sicherheitskonferenz ab.

„Bei der Prüfung der freigegebenen Akten stieß der Forscher Clark auf Meinungsverschiedenheiten zwischen den Konferenzteilnehmern … doch die Repräsentanten des „Special Weapons Projects" hatten den Eindruck, bei diesen Sichtungen handelte es sich um noch ungeklärte Naturphänomene. . ."

Wusste diese Gruppe, um was für Flugobjekte es sich in Wirklichkeit handelte, da diese Fluggeräte, zumindest für Eingeweihte aus der Luft- und Raumfahrt, gar nicht so unbekannt zu sein schienen?
…
Eine neue Atomwaffenanlage wurde auf das ungenutzte, städtische Oxnard-Flugfeld nach Albuquerque, direkt östlich von Kirkland Field der Air Force verlegt. Angesichts der Nähe zu den Sandia-Bergen wurde diese neue Anlage Sandia Base genannt.

Zivilangestellte und Militärangehörige meldeten im Laufe des Jahres 1948 von der Sandia Base/Laboratories Sichtungen von Fliegenden Untertassen und mysteriösen grünen Feuerkugeln.
…
"6. Dezember 1948, 22.55 Uhr: Der Offizier Joseph Toulouse vom Atomic Energy Security Service fuhr in Richtung Westen, als er beinahe direkt über sich über dem Montagestandort Sandia Base, eine grüne Feuerkugel erblickte. … Ihre Größe wurde mit einem Drittel des Vollmondes angegeben, und sie hatte einen flammenden Schweif.

17. Februar 1949, 17.30 Uhr: Am selben Tag wurden ein Feuerball und ein UFO gesichtet. Der OSI Sonderagent Major Melvin E. Neef von der Kirtland AFB berichtete, dass ein orangeroter Feuerball mit einem **blauen Schweif**, wie eine „**Gasflamme**", um 17.52 Uhr fünf bis sieben Sekunden lang über der Sandia Base zu sehen war."

Anmerkung des Autors:

## Farbe der Flammenfärbung

Eine kleine Auswahl, wahrscheinlich gibt es noch mehrere –auch exotische – Schwermetalle, die sich aus verschiedenen Verbindungen und Legierungen für Verbrauchsgeräte - für eine lange Brenndauer und damit für eine große, ja interkontinentale Reichweite, ggfs. in Verbindung mit einem „Soft Fission Ram-Jet", siehe Kegel am Heck eines der Flugobjekte – zusammensetzen:

Antimon: hellblau
Arsen: fahlblau
**Blei**: fahlblau
**Barium**: fahlgrün
**Bor**: kräftig grün
**Caesium**: hellblau-violett
Calcium: ziegelrot
**Kalium**: violett
**Kupfer**: grün, auch blau
**Kupfersulfat**: stark grün
**Lithium**: karminrot
Natrium: gelb
**Radium**: karminrot
Rubidium: rotviolett
**Selen**: blau
**Strontium**: rot
Thallium: grün
**Thorium**: weiße hell leuchtende Flamme

„13. März 1949, 21.53 Uhr: Zwei Militärpolizisten , die den technischen Bereich der Sandia Base überwachten, berichteten, ein bläulich-weißes oder grünlich-weißes, **kugelförmiges Objekt** mit einem **blauen Flammenschweif** gesehen zu haben, der doppelt so lange war, wie das Objekt selbst . . ."
...
Und am 27. November wurde ein weiterer Feuerball über Kirtland AFB gesichtet.
...
Das Objekt war leuchtend blauweiß, wie eine „Magnesiumfackel". Dasselbe Objekt wurde vom stellvertretenden Kommandanten der Kirtland AFB . . . beobachtet, während er unweit von Soccoro, New Mexico, unterwegs war. Er beschrieb den **Feuerball** als **blassgrün** bis **blassblau** und sagte, es hätte den Anschein gehabt, als sei der Feuerball in der Nähe von Albuquerque abgestürzt."

Anmerkung des Autors:

Magnesium verbrennt mit einer sehr hellen, weißen Flamme (wurde auch für Blitzlicht bei Fotografie genutzt) und hinterlässt weißen Rauch und ein weißes Pulver als Rückstand.

...
„Am 21. März 1950 beobachten zahlreiche Zeugen beim Waffenlabor und der Kirtland AFB zwischen 13.00 Uhr und 13.30 Uhr mehrere UFOs. ... , das mehrere Zeugen die UFOs als **rund, silberfarben und lautlos** beschrieben haben. Angeblich flogen sie schneller als ein Düsenjet, vollführten **Zickzackmanöver, 90 Grad-Wenden** und **urplötzliche 180 Grad Kehrtwenden**."
...

## Scheibenstaffel über Atomtestgelände

„Mr. M. meinte, die Sichtung könnte <u>1951</u> stattgefunden haben. Er befand sich mit einer Gruppe von Soldaten am Yucca Flat (Nevada Test Side , etwa 110 Kilometer nordwestlich von Las Vegas, an einem ausgetrockneten See namens Yucca Flat - Atombomben-Tests der Atomic Energy Commission) und unmittelbar vor einem angekündigten Atomtest erblickten alle eine **Formation aus <u>18 silberfarbenen</u>, rotierenden, scheibenförmigen Objekten**,

jedes mit **einer Kuppel versehen,** die über dem Testgelände in den Sinkflug
gingen – 30 Sekunden bis eine Minute lang – darüber schwebten und dann
seitlich davonflogen und innerhalb von Sekunden verschwanden . . .
...
Auf einmal nahm Mr. M., als er in den klaren Himmel vor sich schaute, drei
silberfarbene, elliptische Objekte wahr, die in die Richtung der Zielzone
in einer Höhe von geschätzt 600 Meter schwebten. Jedes dieser Objekte war
**unten flach und hatte oben eine Kuppel.** Ansonsten waren keine besonderen
Merkmale zu erkennen.

Die UFOS flogen in der **Formation eines waagrechten Dreiecks,** wobei ein
Objekt vorn in Richtung des Beobachters positioniert war, die beiden
anderen jeweils hinten an der Seite. ... Die UFOs glänzten und reflektierten
das Licht der frühen Morgensonne. Aus dieser Entfernung war kein Geräusch
wahrzunehmen.
... bemerkte Mr. M., dass sich eine ganze Armada weitere Scheiben zu dem
ursprünglichen Trio gesellt hatte. Sie waren etwa in sechs Gruppen in drei
waagrechten Reihen arrangiert."

Anmerkung des Autors:

Insgesamt 18 Flugscheiben flogen in geringer Höhe über das Atombombentestgelände in Nevada. Flogen die Maschinen Luftaufklärung, um den Test und die Begleitmaßnahmen innerhalb des Testgeländes fotografisch festzuhalten? Führten die Objekte radioaktive Messungen durch, um auf den Bombentyp und die Art der atomaren Explosion zu schließen?

Für wen flogen
diese Scheiben den Einsatz?
Ein „Live-Test", der von einer geheimen amerikanischen Stelle, z.B. in New Mexico durchgeführt wurde, um zu testen, wie man in Feindesland eindringen kann, um bestimmte Feindaktivitäten auszukundschaften?

Oder war es eine feindliche Macht, die ebenfalls Flugscheiben bauen konnte (z.B. auf Basis erbeuteter deutscher Technologie), die einen U.S. amerikanischen Atombombentest beobachtete?

Um was für Flugscheiben handelte es sich? Sie waren silberfarbig, also unbemalt. Dies deutet auf einen EM-Antrieb hin, da eine Bemalung den elektromagnetischen Prozess stören würde. Sie waren kreiselstabilisiert, denn ein bestimmter Bereich des (Hilfs-) Antrieben im unteren Bereich des Fluggerätes rotierte.

Außerdem war die Unterseite platt, als stabilisierende Auflage in der Atmosphäre. Wie oben beschrieben, könnte in der Kuppel neben einem Geräteabteil für eine Fernsteuerung, einer autonomen Programmierung und neben einer Kamera und Messgeräte, Abstrahlflächen für eine Flash-Light oder Flash-Tube UV- Strahlung eingebaut gewesen sein.

Konnte die „Armada von 18 Scheiben" sich gegebenenfalls zu einem magnetischen Schleppverband zusammenkoppeln, um als eine aerodynamische Einheit weite Strecken zu überwinden (s. hier Hinweis von Hermann Oberth in Teil III)?

Abb.:

Das Foto wurde am 18 Juli 1952 in Lac Chauvet, Frankreich gemacht. Die Aufnahme wurde von dem franz. Forscher Claude Poher, Direktor der GAPAN UFO Organisation untersucht und für echt befunden.

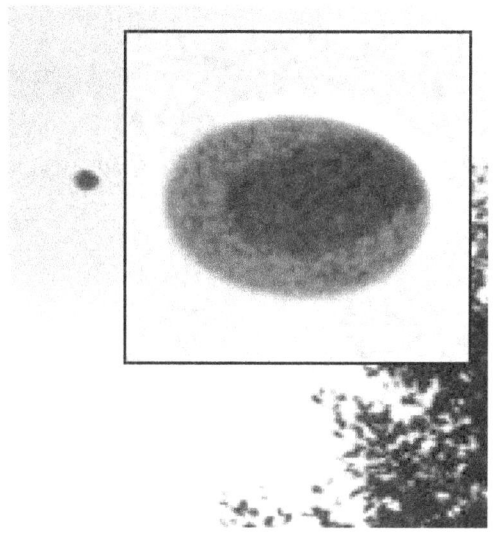

Abbildung von UFO Fotos, die im Sommer 1952 im Süden Frankreichs und an der Ostküste der USA gemacht wurden:

Links, Unterseite des UFOs aufgenommen am **18. Juli 1952** über Lac Chauvet, ein See, der in 1.162m Höhe im „Massif Central", Region Auvergne-Rhone-Alpes, Departement Puy-de Dome, Frankreich liegt.

Rotierte in dem dunklen Bereich eine Art Verdichterscheibe für eine Hilfsturbine, die das Bordnetz und einen Stromgenerator betrieb?

Rechts, scheibenförmige Drohne über New Jersey, USA, aufgenommen am **29. Juli 1952**.

Der französische Geologe, L' ingénieur Géologue André Frégnale machte insgesamt vier Aufnahmen gegen 18 Uhr. Dazu heißt es:

„A series of four photographs of a disk-shaped object apparently flying in the sky was physically analyzed. Certain details led us to develop a mathematical model of the supposed trajectory. The model was validated by measurements on the photographs, which demonstrated that the disk was distant from the camera, flying along a straight and horizontal trajectory, and was not a fabrication."

War die Flugscheibe ein ähnliches oder dasselbe Muster, wie es von George Stock 11 Tage später in den USA fotografiert wurde? Beachte dunklen Abschnitt in der Mitte, den silbernen Scheibenflügel und die untere runde Nasenkante, der nach innen gewölbten Tragfläche.

July 18, 1952 - Lac Chauvet, France - credit: STUDIOVNI

Abb.:

Am 18. Juli 1952 um 18.16 Uhr machte der Ingenieur Andre Fregnale vier Fotos eines Flugobjektes, das von West nach Ost über einen See bei Chauvet in Frankreich flog.

George Stock machte seine Aufnahmen am 29. Juli 1952 über New Jersey, USA gerade einmal 11 Tage später. Waren die Objekte baugleich?

Wenn ja, wie viele davon flogen um die Welt, schwärmten über geheime Militäranlagen aus und spionierten über welchen Orten in der ganzen Welt?

Von welche geheimen Militärbasen aus dem Ostblock kamen sie, wo wurden sie hergestellt, wie viele hunderte oder tausende Personen waren darin verwickelt und wie wurden diese Leute alle kontrolliert, um bis heute Stillschweigen zu bewahren?

Umgekehrt mussten in den Vereinigten Staaten es genauso abgelaufen sein, wie beim Widersacher UdSSR. Geheime Basen in einsamen Gegenden in den USA - New Mexico, Nevada – geheime Flugzeugwerke, Lockheed, Northrop, und eingeschworenes Personal, das alles organisierte, baute und einsetzte.

In unserer Welt läuft einiges parallel, nebeneinander her und für die Öffentlichkeit wird ein riesiges Lügengespinst gesponnen.

# EM-Aufklärungsdrohne über den USA?

Russische Flugscheibe über Red Bud, Illinois, 23. April 1950?

Abb.:
Foto entnommen aus dem Buch: „*Das Geheimnis der unbekannten Flugobjekte*", Schneider/Malthaner, 1977:

„Dean Margan ... war am 23. April 1950 auf einem sonntäglichen Ausflug in der bewaldeten Umgebung seiner Heimatstadt. ... „In einer Höhe von nicht mehr als 7 Metern schwebte direkt über mir die mächtige, metallische Unterfront einer runden, diskusförmigen Maschine, die auf unerklärlicher Weise völlig ruhig in der Luft hing. Die Größe war schwer abzuschätzen. Ganz langsam begann sich das Objekt in südlicher Richtung wegzubewegen. Die Ober- und Unterseite hatte eine konvexe Wölbung. Oben war eine nahezu **halbkugelförmige rote Kuppel** zu erkennen . . ."

Anmerkung des Autors:

In Illinois gibt es drei Militärbasen der U.S. Army. So die „Rock Island Army Base" in Arsenal Island oder das "Charles M. Price Support Center" in Granite City, Illinois Dies war ein U.S. Depot und als „Granite City Engineer Depot" waren dort bis zu 5.200 Personen beschäftigt und weitere 1.500 absolvierten eine Ausbildung als Warte und Techniker in der U.S. Armee. Flog eine EM-Aufklärungsdrohne diese militärischen Einrichtungen an, um sie aus der Luft aufzuklären? Der Augenzeuge beschrieb eine „rote Kuppel". Emittierte diese Kuppel aus besonderen Abstrahlflächen ein rotes UV-Licht?

**Abb.:**
Foto entnommen aus dem Buch: „*Das Geheimnis der unbekannten Flugobjekte*", Schneider/Malthaner, 1977

„Am 1. August 1952, einer zeit bis zu 700 UFO-Beobachtungen pro Monat, veröffentlichte die Heimatzeitung „The Morning Call" in Paterson, New Jersey, USA auf der ersten Seite zwei sensationelle UFO-Fotos.
...
Das etwa 12 Meter große Objekt schwebte einige Zeit in weniger als 200m Höhe über dem Garten. Das schwebende Objekt drehte sich langsam wie ein Kreisel um seinen Schwerpunkt, wobei abwechselnd die Kuppel und seine Unterseite sichtbar wurde."

Anmerkung des Autors:

Der so genannte „Garden State", New Jersey, hat neun militärische Einrichtungen innerhalb dieses Bundesgebietes.

Am bekanntesten ist „Fort Monmouth Army Base" in Monmouth, N.J.

Dort sind „Communication Units" stationiert. Diese Einheiten spielten eine massive, eine bedeutende Rolle während des Zweiten Weltkriegs und danach im „Cold War".

Interessant ist auch, dass Julius Rosenberg als Radar Inspekteur in Fort Monmouth in den Jahren 1942 und 1943 tätig war. Er übermittelte Pläne von „Proximity Fuses", Annäherungszünder für z.B. Granaten an die Sowjetunion. Rosenberg war ein Ost-Spion für die UdSSR und unterhielt in Fort Monmouth ein Spionagering während des Krieges, der wohl auch nach Kriegsende noch weiter für die Russen arbeitete.

In Paterson, N.J. befindet sich die „Paterson Armory", ein Zeughaus der U.S. National Guard.

Flog die oben abgebildete Flugscheibe einen Rundkurs über bestimmte „U.S. Army Installations" zwecks Luftaufklärung für die Russen?

Weiter aus dem o.g. Buch über U.S. Atomanlagen von Robert L. Hastings:

„Als ich die E-Mail … an einen Forscher namens Daniel Wilson schickte, der umfassende Nachforschungen über **UFO-Sichtungen in Verbindung mit Atomtests in Nevada** durchgeführt hat, hatte er mir wichtige Informationen mitzuteilen.
…
Der offensichtliche Zusammenhang zwischen den driftenden radioaktiven Wolken und den mysteriösen Feuerbällen ist, wie wir sehen werden, alarmierend, nicht nur während der Buster-Jangle Zündungen, sondern auch in der Folge mehrerer anderer Atombombentests in den 1950er Jahren.
…
Messungen der Strahlung, auch innerhalb der Windströmungen selbst, wurden durch Forschungsflugzeuge, die vom „Special Weapons Command" der Air Force eingesetzt, sowie durch eigene Staffeln durchgeführt, die trügerisch „Wettererkundungsstaffeln" genannt wurden und in Wahrheit die Aufgabe hatten, rund um den Globus **Proben aus radioaktiven Wolken** – sowohl amerikanische als auch sowjetischer Herkunft – zu nehmen.
…
Ich muss zugeben, dass ich über die Zahl der offenkundigen Übereinstimmungen in jedem dieser Fälle überrascht war - fast ausnahmslos - **Feuerballsichtungen an Orten stattgefunden hatten**, über die nur wenige Stunden oder Tage zuvor der **Fallout gedriftet war**."

Anmerkung des Autor:

Haben unkonventionelle Drohnen der jeweiligen Gegenseite (USA, UdSSR) mit unkonventionellen EM-Antrieben, Proben des Fallouts aufgesammelt und analysiert?

Außerdem erwähnt Autor Hastings, dass bei den Sichtungen von „UFOs" über Interkontinentalraketenanlagen in den 1960er Jahren die Vorfälle an die „Foreign Technology Division" auf der Air Force Base in Wright Patterson, Ohio gemeldet werden mussten.

Von wem wurde WP-AFB kontrolliert, wo schon ab den 1930/40er Jahren die „Foreign Technology", die ausländische Luftfahrttechnik überwacht und gesteuert wurde („Foo Fighters", „Sonderbüro 13") und wo man sehr genau Bescheid gewusst haben musste, um was für einzelne Flugobjekte es sich bei den verschiedenen Sichtungen überall auf der Welt handelte?

# Feuerbälle

AN UNRETOUCHED PICTURE TAKEN OFF NEW JERSEY COAST

„This photograph was submitted to us as a picture of a flying saucer. Mrs. Ethel Evans, who took the picture, said it was made at approximately 8 p.m., Jan. 9 of this year, 1950 in the small New Jersey coastal town of Wildwood. Although it may appear to have been taken from above. Mrs. Evans says she was standing on the ground and the saucer was tilting toward her, in the direction in which it was flying. A miniature snap shot camera with an f:45 lens and a shutter speed of one-hundredth of a second was used. It is a fixed focus camera using panchromatic film. Mrs. Evans judged she took the picture at about a 45 degree angle as this thing came in from the sea.

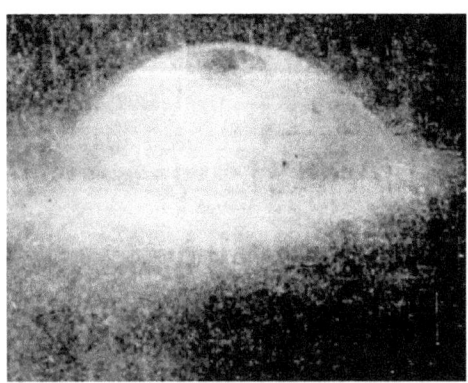

RETOUCHED VIEW OF "SAUCER". Artist Has Brought Out Image More Clearly

March 29, 1950, Edition of the Miami, Florida, *Daily News*

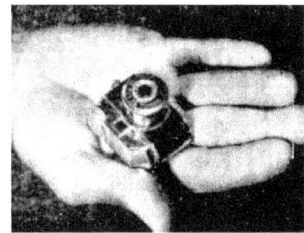

MINIATURE CAMERA WAS USED
This Small Equipment Caught The Picture

Pilot G.W. Anderson, an airline flier with 6,000 flying hours to his credit, said:

"Purely as a guess, this (photograph) could very well be (the thing I saw). This, or something very similar to it."

„Anderson and his captain, Jack Adams, saw a strange, fast-flying object this month. They were flying to Little Rock when this blaze of lights crossed in front of their airliner. It was dark and they couldn't make out the exact shape of the object..."

## Stichwort: „Total Combustion Missiles"

Siehe hierzu auch den Bericht über den „Midland Feuerball" in Teil I von K-P Rothkugel:

„Der Feuerball brannte lichterloh für ca. 15 Sekunden und verlosch dann. <u>Übrig blieben nur einige geschmolzene Fragmente aus hell- und dunkelfarbigen Metallteilen</u>, ausgebreitet auf dem sandigen Untergrund. Der Augenzeuge sammelte die Bruchstücke auf und gab diese später einem Mitarbeiter des Dow Chemical Forschungslabors.
...
Dabei stellte man fest, dass das Pulver ein Stoff mit dem Namen "Thorit" war, das außerdem noch schwach radioaktiv strahlte. Die Bruchstücke enthielten zudem noch Spuren von <u>Eisen, Aluminium, Magnesium</u> und anderen Metallen.
...
Zusätzlich fand man größere Rückstände von <u>Magnesium-Hydroxid</u>, von dem einige Analysten glaubten, dass diese Rückstände auf die **Verbrennung einer größeren Menge von <u>Magnesium</u> zurückzuführen sei**.
...
Nachdem Grebe den Untersuchungsbericht analysiert hatte, schrieb er am 11. Oktober 1948 an einen seiner Army-Vorgesetzten, dass nach seiner Meinung der "Midland-Feuerball" eine **selbst zerstörende Rakete** sei, die in der Lage war<u>, eine beachtliche Menge an **Feuer und Rauch** zu erzeugen</u>. Nach der Zerstörung hinterließ sie nur ein Minimum an verbrannten Rückständen. ..."

Wer flog alles über den diversen Atomanlagen in den USA, und auch über ähnlichen Anlagen in anderen Ländern der Welt, auch Militäreinrichtungen mit Bezug zu Atomaren Streitkräften, wie z.B. Rendlesham Forest, Suffolk in der Nähe des Bendwaters-Woodbridge RAF Stützpunktes in England?

Spionagedrohnen feindlich gesinnter Länder, wie aus der ehemaligen UdSSR, heute Russland, China, aber auch „befreundete Länder" wie England usw.? Waren darunter auch „Total Combustion Rockets", also z.B. „Feuerbälle", die „Spy Missions" flogen. Losgeschickt, z.B. aus einem ehemaligen Ostblock-Land, um in das NATO-Gebiet oder die USA einzufliegen, dort Daten zu sammeln und zu einer Relais-Station zu übertragen, bevor sie beinahe rückstandslos verbrannten, um keine brauchbaren Spuren mehr zu hinterlassen?

Waren die „Tennis- oder „Baseball" großen Objekte schon fast verbrauchte sphärenförmige Flugobjekte, deren Lebensdauer sich nur noch auf wenige Minuten beschränkten, bevor auch das restliche Material mit dem Kern für Telemetrie - Apparaturen ausbrannte?

In New Mexico wurden auch unkonventionelle Flugkörper und Raumschiffe mit elektrostatischen und elektromagnetischen Antrieben erprobt.

Waren auch „eigene" Flugobjekte aus den USA unter den Sichtungen der amerikanischen Atomanlagen? Um Test- und Messflüge durchzuführen, um Erfahrungen zu sammeln, damit man diese später über Feindgebiet hinter dem Eisernen Vorhang wiederholen konnte?

## Luftraumüberwachung

Natürlich möchte eine so große und mächtige Nation, wie die Vereinigten Staaten von Amerika, ganz genau wissen, welche Eindringlinge – Intruders – in den amerikanischen Luftraum eindringen, wo sie entlang fliegen und wo was ausspioniert wurde.

Genauso wird es auch die ehemalige UdSSR und deren Satelliten gehandhabt haben, oder heute zum auch Beispiel China.

Zu dieser Thematik schreibt der Autor Hastings in dem Buch „UFOs und Atomwaffen":

„Das Erscheinen von UFOs während der Testreihe „Teapot" (Atomwaffentests mit neuen, kleineren Bomben großer Sprengkraft) wurde von meinem Informanten bestätig . . .:

„Im Jahr 1955 war ich auf der Air Force Base Indian Springs stationiert. Ich war Airman 2nd Class, das heißt Air Policeman bei der 4935th Special Weapons Group.

Es gab ein kleines Gebäude unweit der Flugzeugpiste ... Darin gab es ein **Telefon und ein auf ein Stativ montiertes Fernrohr** – wie ein **Entfernungsmessgerät.** ... Ich musste die **ganze Nacht Wache schieben.** Sobald es dunkel wurde, ging man dorthin und **suchte den Himmel ab.** Andere waren **tagsüber dort.** Das war in der Zeit, als die Waffentests stattfanden.

Wenn man etwas sah, dass sich am Himmel etwas bewegte, **erfasste man es mit diesem Messgerät und schätzte die Entfernung und die Flugroute ein.** Dann griff man **zum Telefon** und **meldete jener männlichen Stimme am anderen Ende der Leitung, was man sah, die Uhrzeit des Auftauchens usw.**

....

Fast alle Lichter, die ich sah, wirkten wie **runde Objekte** . . . Einige waren rot; andere waren – ich konnte es wirklich nicht genau ausmachen – weiß oder gelb. Manche hatten **außen (kleine) Lichter,** zum Beispiel **rot** und weiß oder rot und orange.

....

Ich kann Ihnen die genaue Zahl nicht nennen, aber glauben Sie mir, es gab **zahllose Fälle.** Wir haben sie natürlich nicht jede Nacht gesehen, aber ich würde vermuten, dass es **Dutzende Male** waren. Aber während der gesamten Zeit, die ich in Indian Springs war, vom September 1954 bis Februar 1957, habe ich diese Dinger immer nur nach den Teapot-Tests gesehen. ... **immer nach den Detonationen.**

... die wir zu Papier gebracht und mit handschriftlichen Notizen versehen haben. Es war wie ein kleiner **Notizblock.** Wissen Sie, die Uhrzeit, die Entfernung, die geschätzte Höhe, die Richtung, in die es flog, usw. Aber diese Berichte sind nie weitergeleitet worden. Sie wurden **zerstört**, bevor wir die Baracke verließen. Wir warfen sei in einen kleinen **Müllbehälter und verbrannten die Notizen.** Wir nutzten sie nur, um dem **Typen am Telefon** zu melden, **was wir gesehen hatten.** Er hat nie irgendwelche Fragen gestellt. Er hat die **Informationen lediglich entgegengenommen** und sie möglicherweise weitergegeben. Wir haben nie erfahren, wer diese Typen am Telefon waren. Ich weiß nicht einmal, ob sie sich auf der Basis aufgehalten haben. Und es **gab kein, im Telefon vernehmbares Läuten,** bevor wir sie abnahmen. Das fand ich seltsam.

... Als wir diesen Einsatz beendeten, mussten wir diese Papiere unterschreiben – nicht nur über die Luftüberwachung, sondern auch über alles andere, was sich auf dieser Basis abspielte – in denen es hieß, dass **wir 20 Jahre Stillschweigen bewahren würden.**"

Hier noch ein weiters interessantes Beispiel aus o.g. Buch, das aufzeigt, dass man bei bestimmten Stellen durchaus wusste, dass die „UFOs" nicht aus dem All kommen, sondern vom Kriegsgegner hinter dem Eisernen Vorhang:

„**Operation Ivy,** die Ende 1952 auf dem Testgelände im Pazifik durchgeführt wurde, war ebenso historisch, wie unheilvoll. Der denkwürdigste Moment in der Reihe von Zündungen war am **1. November 1952 die Detonation der ersten Wasserstoffbombe im Megatonnenbereich**, der man den Codenamen „Mike" gegeben hatte . . .

Mit der **erfolgreichen Zündung von** „**Mike**" begann für die Welt das Zeitalter der **Wasserstoffbombe.** Ab diesem Zeitpunkt bemühten sich sowohl die USA, als auch die Sowjetunion, für ihr strategisches Atomwaffenarsenal **Wasserstoffbomben mit hohem Detonationswert herzustellen** – am Ende <u>Zehntausende solcher Bomben</u>.

Wäre der **Kalte Krieg zum Dritten Weltkrieg eskaliert,** dann wäre, wenn diese fürchterlichen Waffen eingesetzt worden wären, **die menschliche Zivilisation – und vielleicht das Überleben unserer Spezies – bedroht gewesen.**"

Anmerkung des Autors:

War das genau die Absicht von „Operation Unthinkable", beginnend im Juli 1945? Zuerst die Russen aus West-Europa, dem Osten von Deutschlands und Österreichs, sowie Polens zurückdrängen, weit hinter die Weißrussische Grenze, um dann neue Atomwaffen zu entwickeln, damit oben genanntes Szenario eintritt?

„U.S.-Strategen schätzten, dass ein totaler Atomkrieg gegen die Sowjetunion auf beiden Seiten etwa **200 Millionen Todesopfer gefordert** hätte. Diejenigen, die nicht sofort getötet worden wären, wären gezwungen gewesen, den unweigerlich folgenden **nuklearen Winter** zu überstehen . . .

Angesichts dieser enormen Risiken müsste man annehmen, dass jeder, der sich über die alarmierende Geschwindigkeit des atomaren Wettrüstens Sorgen machte – unabhängig von Identität und Herkunft – <u>sehr großes Interesse haben müsste, die Detonationen einer neuartigen Wasserstoffbombe zu beobachten</u>, die während der „Operation Ivy" getestet werden sollte.

Bemerkenswerterweise spekulierte laut Aussage des Leiters von „Project Blue Book", Hauptmann Edward J. Ruppelt, im Pentagon gewisse ungenannte Gruppen über diese Möglichkeit . . .

Im November oder Dezember 1952 wollten die USA während „Ivy" die erste Wasserstoffbombe zünden. Das war damals zwar „Top Secret", aber es war in etwa das am schlechtesten gehütete Geheimnis der Geschichte – jeder schien darüber Bescheid zu wissen. Einige Leute im Pentagon kamen auf den Gedanken, **das es Wesen geben könnte, ob** <u>irdisch</u> **oder nicht, die Interesse an unseren**

**Aktivitäten im Pazifik haben könnten,** wie dies auch bei der „Operation Mainbrace" den Anschein hatte . . ."

Anmerkung des Autors:

Wer könnte im Kalten Krieg, als das Wettrüsten begann, „großes Interesse" an neuartigen Wasserstoffbomben gehabt haben, welche Sprengkraft und was für eine verheerende Wirkung diese hatten?

Die Außerirdischen, die genau zu dem Zeitpunkt auf die Erde kamen, um dies zu beobachten?

Oder der Kriegsgegner der USA, für den man ja das Aufrüsten mit Atomwaffen enormer Sprengkraft durchführte?

Natürlich wollten die Russen wissen, wie weit in den USA der Stand der Entwicklung dieser neuen Waffe war und mit welcher Spreng- und damit Zerstörungskraft man zu rechnen hatte!

Umgekehrt werden die Amerikaner dasselbe auch in Russland ausgekundschaftet haben, nicht nur mit Feldagenten am Boden, mit Überflügen in großer Höhe oder entlang der Grenze der UdSSR mit herkömmlichen Spionageflügen, nein auch mit unkonventionellen Flugkörpern, die in der Lage waren, bis ganz dicht an die Testzentren in wenigen Metern Höhe heran zufliegen.

Mit bis heute geheim gehaltenen Flugkörpern, die zumeist auf Basis elektromagnetischer Antriebe in der Lage waren, lautlos, vom Radar unbemerkt, sehr schnell in einen gegnerischen Luftraum einzudringen. Dann über den Köpfen von Wachmannschaften, Bedienpersonal, Wissenschaftlern usw. kreisend, die Tests in aller Ruhe aufzuzeichnen und abzulichten, um dann wieder mit enormer Geschwindigkeit das Feindgebiet zu verlassen!

Welcher unbedarfte Wachmann wusste, was die Luft- und Raumfahrttechnik, ob in Ost oder West, wirklich zu leisten in der Lage war? Hier ein weiterer Abschnitt aus oben erwähntem Buch:

„Als ich das Objekt zuerst erblickte, bewegte es sich so gut wie gar nicht . . ., dann vollführte es einen Zickzackkurs, zuerst eine kurze Strecke in die eine, dann in die andere Richtung, und schoss schließlich wie ein geölter Blitz davon . . ."

Es ist eine Binsenweisheit, das kein konventionelles Fluggerät -weder im Jahre 1952, noch heute - einen Zickzackkurs, wie von dem Augenzeugen beschrieben, vollführen kann. Die bei solch heftigen Manövern auftretenden g-Kräfte würden das Flugzeug höchstwahrscheinlich zerstören und für jeden Menschen an Bord den Tod bedeuten."

Der Leser der Bücher des Autors wird es mittlerweile besser wissen.

Es gibt unkonventionelle Fluggeräte, die sind unbemannt, mit unkonventionellen Antrieben, die z.B. den Luftwiderstand auf null reduzieren können, entweder aufgrund eines Ionen/Elektrischen Windes, oder durch elektromagnetische Felder um das Fluggerät, was zu nie gekannten Flugmanövern und Geschwindigkeiten führt.

Die erratischen Flugmanöver, die wurden z.B. in dem Patent über elektrostatische Flugkörper wie folgt erklärt:

"... für **militärische Zwecke** besonders geeignete Flugkörper verschiedener Größe zu schaffen, die selbst- oder ferngesteuert während des Fluges Richtung, Höhe und Geschwindigkeit verändern können, daß ein **Beobachter außerstande ist, Schlüsse über ihre Flugbahnen zu ziehen**."

Auch bei den Drohnen über den USA flogen die Geräte bestimmte Flugmanöver, die wohl den eigentlichen Rundkurs und die Rückkehr zum Ausgangspunkt/Startplatz verschleiern sollten, damit ein Beobachter am Boden, ob ein zufälliger anwesender Zivilist oder ein Soldat, nicht Rückschlüsse über die Herkunft des Fluggerätes ziehen konnte.

Wohlmöglich hatten diese Spionagedrohnen noch zusätzlich bestimmte Sensoren, Bewegungsmelder, usw. (siehe weitere Beschreibung in Teil III), die es ermöglichte, dass das Fluggerät in Notsituationen und bei Entdeckung die Flucht ergreifen konnte. Außerdem machten viele Augenzeugen, die solchen autonom fliegenden Drohnen, z.B. in den USA begegneten, den Fehler, sich zu bewegen, zu flüchten und davon zufahren oder zu rennen. Solche automatische Drohnen hatten wohl Bewegungsmelder an Bord, die auf alles reagierten, was sich am Boden oder in der Luft bewegte. Sie folgten den Bewegungen eine bestimmte Zeit und drehten dann ab, bzw. schossen hoch in die Luft, um zu verschwinden.

Die Augezeugen sahen die EM-Drohnen meist sehr tief fliegen. Kamen sie von einem bestimmten Rundkurs, der sie über irgendwelche militärischen (und andere interessante) Ziele brachte, die sie gemäß autonomer Flugsteuerung mit Hilfe einer Lochstreifenprogrammierung zu überfliegen hatten? Dann könnte eine Zeitschaltuhr, ein Impuls nach Ende der Mission dafür gesorgt haben, dass das scheibenförmige Fluggerät plötzlich in die Höhe schoss, um außer Sichtweite zu geraten und ggfs. zu einem bestimmten Sammelpunkt – evtl. außerhalb der USA, auf das offenen Meer zu fliegen.

Bei mehreren Drohen, die zur gleichen Zeit etliche Ziele in den einzelnen Bundesstaaten aufgeklärt hatten, könnte dann das erwähnte magnetische Kopplungsmanöver, das Prof. Hermann Oberth in einem Bericht beschrieb (s. Teil III) stattgefunden haben und der Drohnenverband flog zu einem geheimen Start- und Ausgangspunkt zurück, der nicht unbedingt in der SU, sondern ggfs. auch auf dem Lateinamerikanischen Kontinent gelegen haben könnte.

Dort wurde das gewonnene Bildmaterial ausgewertet und die Drohnen für einen neuen Einsatz vorbereitet. Denn auch eine Hilfsturbine, die einen Generator zur Stromerzeugung antrieb, brauchte Treibstoff, wie Kerosin oder Wasser- und Sauerstoff.

Ob heute zum Beispiel elektromagnetische Drohnen, die über bestimmte Gebiete kreisen (wie die Länder, die die USA nach „911" militärisch kontrolliert) ihren Strom, ihre Energie von speziellen geostationären Satelliten bekommen? Es wäre durchaus denkbar, dass man heimlich ein Netz aus Strom emittierenden Satelliten installiert hat, das geheime Drohnen mit fernübertragener Energie versorgt.

Jedenfalls mussten Augenzeugen und Beobachter auf Militärbasen und militärischen Testgeländen damals, in den 1950er Jahren für mindestens 20 Jahre Stillschweigen bewahren. Mittlerweile sind mehr als 60 Jahre vergangen und das „UFO-Problem" ist immer noch nicht gelöst!

Wohlmöglich hatte die Basis auf dem nuklearen Testgelände, wo der Wachmann seinen Dienst versah, eine permanente Standleitung zu einer übergeordneten Abteilung, eine geheime Auswertungsgruppe der Air Force, die die Spionageflüge des Feindes über dem Testgelände zeitnah verfolgte und analysierte. Vielleicht wusste „der Typ am Telefon", was wirklich vor sich ging, nämlich russische Spionagedrohnen überflogen hochsensible Bereiche amerikanischer Atomanlagen, und behielt dieses Wissen natürlich für sich.

Sicherlich war der Zeitzeuge nicht der einzige Luftraumbeobachter. Man wollte gewiss feststellen, von wo die Spionagedrohnen in den amerikanischen Luftraum eingedrungen sind, welche Flugrouten diese bis zum Zielort nahmen, wie hoch und schnell die Drohnen flogen, ob sie von einem bestimmten Stelle am Boden oder in der Luft überwacht und verfolgt wurden (Stichwort „Schläfer", eingesickerte Agenten oder gekaufte Personen in den USA) und ob es Havarien gab, damit man solche Drohnen des Feindes schnell bergen konnte, bevor die Bevölkerung davon Wind bekam.

Denn, wenn ein „UFO" von nicht eingeweihten Personen geborgen oder untersucht worden wäre, hätte vielleicht der eine oder andere erkennen können, dass diese Fluggeräte gar nicht aus dem Weltall kommen, sondern von den „Kommunisten", den „Kalten Kriegern" aus dem „Ostblock"!

## Elektrostatische Flugkörper in den USA

ARTIST'S DRAWING OF 'SAUCER'—Latest to witness a flying saucer gyrating through the heavens was Jack LaBaus, Washington artist who spotted the disk while riding a bus in Washington. The artist drew on the back of an envelope the object; LaBaus says he has never been troubled with spots before his eyes. (COPYRIGHT 1947 BY WASHINGTON DAILY NEWS FROM ACME PHOTO.)

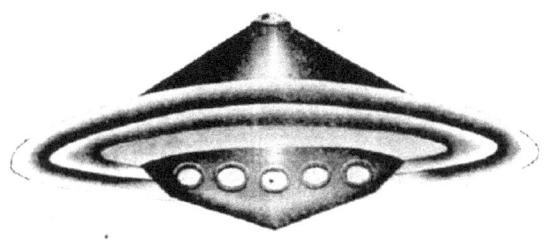

MODEL DRAWN FROM DESCRIPTIONS OF A SAUCER REPORTED BY TWO AIRLINE PILOTS
In Recent NBC Telecast And Interview With Mrs. Roosevelt, Fliers Were Certain Object Was Not A Plane

Abb.:

Sichtungen von kegelförmigen, elektrostatischen Flugkörpern, wie sie auch in „Die Geheime Raumfahrt", Teil III von Klaus-Peter Rothkugel besprochen werden.

Obige Abb.: Hier ist der Kegel kleiner und gedrungener. Beachte in Zeichnung ganz oben die angedeutete Rotation und bei dem unten abgebildeten Konus die Rauch-/Gasgeneratoren an der spitz zulaufenden Unterseite.

Wohlmöglich hatte dieser elektrostatische Flugkörper tatsächlich eine einfache Hilfstragfläche zur zusätzlichen aerodynamischen Stabilisierung. Siehe hier die einzelnen Beschreibungen elektrostatischer Flugkörper mit Hilfstragflächen und Anbauten in Teil III.

Denkbar, dass das Fluggerät eine Leuchtquelle, ein „Strobe" an der oberen Basis aufwies, um auch bei schlechter Sicht noch von bestimmten Beobachtungs- und Begleitmannschaften am Boden oder in der Luft ausgemacht werden zu können.

Betreffend obiger Sichtung eines Kegels, hier ein Auszug aus der Zeitschrift: „Miami, Florida, Daily News", vom 30. März 1950:

„Captain Jack Adams, of Chicago and Southern Airlines, a veteran of 7,000 flying hours, said:

"On the bottom (of the saucer) was a **circular pattern of light** ... could have been something like old florescent [sic] lights."

Adams' co-pilot, G.W. Anderson, said: These lights had a soft color, something like a fluorescent lamp. A sort of velvety soft color."

Anmerkung des Autors:

Das Glühen der Auspuffrohre oder der Widerschein eines Raketentriebwerkes, das die Rachgase zur elektrostatischen Aufladung erzeugte?

„The two airmen were flying toward Little Rock at about **2,000 feet altitude** when they saw the saucer. Here is Anderson's story:

"Jack saw it first. He called my attention to it. I looked up and out of his window ... There, approaching us we saw this brilliant, flashing white light.

"About this time, we flashed our landing lights as a signal, and this thing didn't reply at all. It passed in front of us, above us, and we got a good view of the light pattern on the bottom of the craft. On the bottom were **numerous lights, eight to 12, arranged in a circular pattern**." (Rauch/Gas-Generatoren, Anm.d.A.)

Anderson continued: "After it passed off to our right, the bottom went out of view, but the **brilliant light blinking on top** came back in view, giving the object a certain depth, but we couldn't tell how much."

Adams figured the craft was travelling about **500 to 800 miles per hour**. Anderson said he thought it was going at least 800.

From the circular light pattern, Adams and Anderson concluded, **it must be round**. They also compared the lights they saw to the photograph shown here. Anderson said: "Purely as a guess, it could very well be this, or perhaps very similar to it. The black speck on top could be it, and the rest a glow from the light itself."

Adams reported: "In comparing it (the photograph) I could see how the photograph could represent the same kind of thing we saw from the position which we saw it."

Adams added that he didn't see the outline of the object, and so wasn't sure about the shape of the disc. Then too, he noted, he could not tell the top from the bottom of the object in the accompanying photograph."

Die Augenzeugen sahen nicht eine klassische Flugscheibe, sondern einen kegelförmigen Flugkörper, dessen Rauchgas-Generatoren an der Spitze, unten angebracht waren.

Wohlmöglich rotierte der kleine, mehr gedrungene Kegel und besaß eine Art „Anti-Kollisions-Positionslicht" oben an der Spitze.

Abb.:

Beachte Rauch-/Gasgeneratoren an der Spitze des Kegels.

An der spitz zulaufenden Basis könnte entweder ein Stroboskop/Blinklicht zur Warnung angebracht gewesen sein, oder das „Flash-Light" emittierte eine Zyklotron- oder Störstrahlung.

Da „Operation Unthinklable" kurz nach Ende des Zweiten Weltkrieges nicht stattfand, nutzte man das Potenzial von „Wunderwaffen" eben heimlich, und nicht nur die Fliegenden Untertassen, sondern z.B. auch die „USOs", sowie Strahlenwaffen (Stichwort: „Kornkreise"), Mind-Control Operationen (früher „Teddybear-Anlagen", heute Handys) oder „Weather Modifications" (Stichwort: „Chemtrails"), „Information-Wars" usw.

Ein verdeckter, kalter Krieg mit den Waffen und Maßnahmen, mit denen man 1945 aufwärts hätte den „letzten Krieg auf Erden" führen wollen.

Dieser Krieg ist so verdeckt und geheim, dass sich alle Beteiligten darauf geeinigt haben, alles zu vertuschen, die weltweite Bevölkerung zu täuschen und zu desinformieren und solange keine „Endlösung" in Sicht ist, alles wie gehabt weiterlaufen zu lassen.

Eine Täuschung gigantischsten Ausmaßes!

Man schien sich wohlmöglich auch darauf geeinigt zu haben, mit dieser geheim gehaltenen Technik einen Atomkrieg einstweilen zu verhindern, solange er nicht erwünscht war.

Denn, wie bei der - absichtlich geschürten - Terrorgefahr, wo sich islamistische Terroristen genötigt fühlen, gegen die „Ungläubigen" vorzugehen, wobei diese Leute nicht von einem geheimen Führungsoffizier überwacht sind, so hätte - und gab es - während des Kalten Kriegs Personen, die unautorisiert auf einen roten Knopf hätten drücken können, um unbeabsichtigt einen verheerenden Nuklearschlag auszulösen.

Dies galt und gilt es zu verhindern. Am besten überwacht man gegenseitig solche ICBM Abschussanlagen und deren Bedienpersonal aus der Luft mit Fluggeräten, „die nicht von der Erde sind". Und man bestrahlt solche Leute, damit sie lammfroh werden und nicht in Panik plötzlich eine Fehlentscheidung treffen, die zu einer Katastrophe führt.

## Das „Patt" mit den UFOs

Die beiden Großmächte im Kalten Krieg verfügten und verfügen bis heute und darüber hinaus, beide in ihren Geheim-Arsenalen über - militärisch anwendbare - unkonventionelle Fluggeräte mit den dazugehörigen fortschrittlichen EM- und anderen exotischen Antrieben für große Reichweiten unterschiedlichster Art und Weise (Atomantriebe, Ram- und Scram-Jet Antriebe). Auch für Militäreinsätze in der Oberen Atmosphäre und im Weltall.

Entweder erhielt das Militär diese Technologie durch eigene R&D, eigene Forschung und Entwicklung (sowie als Ableger aus der „Wahren Raumfahrt"), wie in den USA, die auch vor und während des Zweiten Weltkrieges solche Flugobjekte in Europa und Deutschland bauen lassen wollten, damit diese für einen geplanten Dritten Weltkrieg auf dem europäischen Schlachtfeld zur Verfügung standen und auch dort hätten produziert werden können.

Oder aber durch erbeutete Hochtechnologie, z.B. aus Nazi-Deutschland, gelangte man in speziellen Militärkreisen an eine Flugscheibenentwicklung, die einen bedeutenden strategischen Vorteil gegenüber konventionellen Flugzeugen brachte, wie dies, zumindest am Anfang, kurz nach Ende des Zweiten Weltkriegs in der UdSSR geschehen sein könnte. Siehe hier auch das Beispiel des Uranmeilers in Obninsk, der mit deutscher Hilfe errichtet wurde.

Diese deutsche Atomtechnologie ist in Teilen auf U.S. amerikanische Entwicklung zurückzuführen, eben weil die U.S. Planer des Dritten Weltkrieges in Europa und insbesondere in Deutschland schwer befestigte, verbunkerte und autarke Anlagen mit militärischen Atommeilern benötigten, die waffenfähiges Spaltmaterial für Atombomben herstellen konnten, damit Trägerraketen diese von West-Europa in die Weiten der UdSSR verschießen konnten („Operation Unthinkable"). Solche Anlagen der „Verschwörer" gab es wohl auch an anderen Orten in der Welt. Wie z.B. am Nord- und Südpol, wo man eventuell Trägerraketen zur Verfügung hatte, die durch eine elektrostatische Zusatzaufladung eine Reichweitensteigerung von weit über 10.000 Kilometer aufweisen konnten.

Beide Großmächte, die auch noch gemeinsam mit anderen Ländern in eine geheime Raumfahrt und Besiedelung des Weltalls verwickelt sein könnten, nutzten und nutzen noch heute diese unkonventionellen Fluggeräte, um den jeweiligen Gegner, z.B. aus der Luft auszuspionieren. In bestimmten Kreisen im Hintergrund kennt man diese Technologie und vertuscht sie gemeinsam - Ost und West - vor der Öffentlichkeit, die mit einer Außerirdischen-Story seit Jahrzehnten für dumm verkauft wird.

Da diese Fluggeräte durch die weltweit agierende Propaganda und Desinformation als „technisch unmöglich", „kann auf der Erde nicht hergestellt werden", oder ist „außerirdischer Herkunft", abgestempelt werden, sind sie, und die dahinter steckende Luft- und Raumfahrttechnologie, den meisten Menschen so gut wie unbekannt.

Auch für viele Personen, ob Wachen, oder anderes militärisches oder ziviles Personal auf diversen Militärbasen in Ost und West. Wozu mit Sicherheit u.a. auch China gehört, das entweder die „UFO-Technologie" von Russland erhielt oder von Leuten, die nach dem zweiten Weltkrieg den Weg ins Reich der Mitte gefunden hatten. Außerdem wird auch China einen Beitrag für die „Wahre Raumfahrt" leisten.

Das „Patt" besteht nun darin, dass keine Seite offiziell und in aller Öffentlichkeit zugeben kann, welche ungewöhnlichen Fluggeräte - „UFOs" - über den jeweiligen, geheimen, gesperrten, der Öffentlichkeit unbekannten Militäranlagen des Gegners kreisen oder sonst wo in den - gesperrten - Luftraum eindringen, um Spionage zu betreiben, Proben sammelten und ähnliche Spionageaktivitäten durchführen!

Denn dann müsste man ja eingestehen, dass man sehr genau weiß, was dort über den sensiblen Militäranlagen für „UFOs" schweben und wie sie funktionieren. Das Lügemärchen mit den Außerirdischen wäre aufgeflogen!

Man kann noch nicht einmal den jeweiligen Gegner in aller Öffentlichkeit beschuldigen, unerlaubt in den eigenen Luftraum eingedrungen zu sein, um Spionageflüge zu unternehmen!

Stattdessen lässt man diese Flüge gewähren, da der jeweils andere dies ja genauso tut. Dagegen sammelt man fleißig die jeweiligen Augenzeugenberichte über „UFO"-Sichtungen, von Luftraumspähern, oder heute von automatischen und intelligenten Überwachungsmaschinen und Computern und weiß somit immer, wer wann wo spioniert hatte.

Die Propaganda nutzt sogar diese Sichtungsberichte als freigegebene Akten, um der Weltöffentlichkeit weiterhin die „Außerirdischen These" zu verkaufen, um damit die eigenen Machenschaften zu vertuschen und als unschuldig dazustehen! Wie dies u.a. der hier öfters in diesem Buch zitierte Autor, Robert L. Hastings tut.

Denn gegnerische Spionageflüge über dem eigenen Territorium, über, die Nationale Sicherheit betreffende Anlagen, die man nicht bekämpft oder verhindert, das wäre und ist beim Militär <u>Hochverrat</u>!

Da es aber die Außerirdischen sind, kann man sich immer herausreden, dass man diese überlegene Technologie nicht kennt. Und wer will und kann die Außeririschen zur Rechenschaft ziehen? Eine Strategie, die bis heute unwidersprochen funktioniert und bei der alle, alle mitspielen. Und es sind eine Menge Leute, die Bescheid wissen und ihre Mitmenschen hinters Licht führen.

Das ganze Geschwätz, das zum Beispiel die Kommunisten im Kalten Krieg den Westen überrennen, das mag für untere Chargen und Ränge gegolten haben und für viele Leute die sich haben gnadenlos verführen lassen, ohne zu wissen, in welch bösem Spiel sie mitgespielt hatten oder immer noch mitspielen.

So heißt es im Klappentext des o.g. amerikanischen Autors:

```
„Robert L. Hastings ist der führende Forscher zum Thema „UFO-Aktivitäten
über Atomwaffenanlagen".
…
Seit 1981 hat er seine Forschungsergebnisse an über 500 Colleges und
Universitäten in den Vereinigten Staaten mit seinen Vortragsprogramm „UFOs:
The Hidden History"… vorgestellt. … Außerdem hat er an der Universität
Oxford Vorträge gehalten."
```

Nicht etwa, um seinen Zuhörern, junge angehende Studenten (siehe hier auch in Deutschland die Initiative „UFO-Student") die Wahrheit über die UFO-Technologie näher zu bringen, sondern sie im Unklaren zu lassen, was die UFOs in Wahrheit sind und dabei das übliche Außerirdischen-Märchen zu propagieren. Und diese jungen Leute ggfs. dazu zu motivieren, einerseits Berichte über gesichtete UFOs zu sammeln und weiterzuleiten (u.a. an „MUFON" oder andere „UFO-Organisationen", die die Bevölkerung somit aushorchen können), oder in der Öffentlichkeit den Mitmenschen von Außerirdischen aus dem All zu erzählen.

Somit werden solche Leute unwissentlich zu Helfern der weltweiten Propaganda gemacht und instrumentalisiert!

Wurden die „UFO-Sichtungen" diverser Augenzeugen und Beobachter, die als unfreiwillige „Luftraumspäher" halbwegs gute Beobachtungen machen konnten - auch wenn sie diese ganz normale, irdische Luft- und Raumfahrttechnik nicht verstanden - deshalb alle schriftlich und detailliert aufgenommen, weil man so feststellen konnte, ob eine fremde Macht (wie Russland), wo und wann welche Atomwaffenanlagen mit „Special Air Vehicles" ausspionierte, sodass man einen genauen Überblick über die jeweiligen Spionageflüge Aktivitäten erhielt?

Hier dienten die Beobachter, die Augenzeugen als unfreiwillige „Helfer", als Luftspäher, sodass eine geheime Auswertungsstelle, ob bei der Air Force, oder den Geheimdiensten, feststellen konnte, wann mit welchen Flugobjekten - Drohnen - eine Luftaufklärung, ein Spionageflug über, z.B. sensible Atomanlagen der USA durchgeführt wurden.

Auch und gerade die Jugend war schon immer ein dankbares Publikum, um verführt, desinformiert und verdummt zu werden. Bildung ist eben alles, wie die Bundesregierung schon seit Jahrzehnten immer wieder im deutschen Bundestag gebetsmühlenartig wiederholt, obwohl man mittlerweile festgestellt hat, dass die Menschen anscheinend immer ungebildeter werden.

Das Alarmierende an der „UFO" - Problematik ist nicht etwa, dass man nicht wissen könnte, wie solche Fluggeräte funktionieren, sondern dass man in höheren Stellen überhaupt kein Interesse daran hat, die Weltbevölkerung über bestimmte Ereignisse (Dritter Weltkrieg, Kolonisierung des Weltalls) aufzuklären.

Welchen Schluss kann der geneigte Leser nun daraus ziehen, was die Zukunft der Menschheit hier auf Erden angeht?

## Nicht nur Überwachung, sondern Ausschaltung und Beeinflussung

So gibt der amerikanische Autor Robert L. Hastings, von dem man annehmen könnte, dass er sehr genau weiß, über was er schreibt, in seinem Buch „"UFOs und Atomwaffen" ein schönes Beispiel:

```
„In seinem Brief an CUFOS lieferte Smith einen absolut verblüffenden,
geradezu unglaublichen Bericht eines dramatischen UFO-Übergriffs an einem
Tag im Jahr 1961 . . . dass die UFO-Sichtung im Herbst 1962 stattgefunden
hatte.
```

Smith hatte in seinem Brief erwähnt, dass sich eine aus zwei Flugzeugen bestehende „Tandem-Mission" mit dem Codenamen „Chrome-Dome" gerade im Anflug befand, als das UFO direkt über dem Park- und Servicebereich des Flugplatzes auftauchte.

...
Als die zwei Bomber ihre dritte Runde zur Hälfte beendet hatten, war es da. Ich sah, wie der Hauptmann und einige andere Männer direkt nach oben zeigten. **Da war ein riesiges Flugobjekt.** Es war von einem **matten metallischen Grau und zigarrenförmig**; es sank auf geringere Höhe herab, dann bleib es stehen und **schwebte in der Luft**; es erstreckte sich über die halbe Länge des Flugvorfeldes, das heißt, es war meiner Schätzung nach etwa **900 Meter lang**.

...
Aus den Augenwinkeln sah ich den ersten B-52 Bomber landen, der Bremsschirm öffnete sich, und wenige Minuten später setzte auch der zweite Bomber auf. Zu diesem Zeitpunkt begann das UFO sich zu bewegen, wenige Sekunden langsam, dann sehr schnell. Lautlos sauste es nach oben, Richtung Osten, und **innerhalb von Sekunden verschwand es einfach**.

...
Es wurden **keine Anstrengungen unternommen**, ein Aufklärungsflugzeug zu starten . . .

...
Kurz gesagt, Smith berichtete, dass sowohl er, als auch die anderen Zeugen nach dem kurzen Erscheinen des riesigen, unbekannten Flugobjektes über dem Flugfeld... alle ihrer Arbeit nachgingen, **als wäre nichts Außergewöhnliches geschehen.**

...
Dich zahlreiche Berichte glaubwürdiger Zeugen von UFO-Sichtungen enthalten ebenfalls Hinweise auf <u>unerklärliches Verhalten</u> der Beteiligten durch **irgendein unbekannten Mechanismus unterdrückt wurde und sie währenddessen <u>ruhig und gelassen waren</u>.**"

Wie sagten die „Engel" in der Bibel schon: "Fürchtet Euch nicht!"

Wurde diese oder eine ähnliche Botschaft per „Mind Control", subliminal, unterschwellig an das gesamte, sich am Boden befindliche Personal der Air Force Base gesandt, abgestrahlt?

Seit wann werden solche unterschwelligen Beeinflussungstechniken angewandt und seit wann kann man damit den Geschichtsverlauf in unserer Welt verändern?

Ob es sich bei der 900m langen „Fliegenden Zigarre" um ein Raumschiff handelte, das eine solche Mind Control Anlage an Bord hatte?

Wohl nicht in erster Linie, um Personen auf der Erde zu bestrahlen, sondern um die Raumschiff-Mannschaft zu beruhigen. Denn dort macht diese Technologie der massenweise Beeinflussung am meisten Sinn.

Denn gerade bei langen Raum-Missionen besteht immer die Gefahr, dass es zu Unruhen, Unzufriedenheit kommt, wegen Nichtigkeiten gestritten wird, oder Angst und Panik sich breit macht, wenn eine Besatzung über einen längeren Zeitraum in beengten Verhältnissen eingesperrt miteinander leben und auskommen muss. Dies haben auch Experimente auf der Erde gezeigt, wo sich freiwillige Probanden in enge Röhren einschließen ließen, um z.B. einen monatelangen Raumflug zum Mars zu simulieren. Der Aggressionslevel stieg unweigerlich an.

Damit es auf einem riesigen (Generationen-) Raumschiff zu keinen Kämpfen und damit zu unvermeidlichen Beschädigungen des Schiffes kommen kann, was im luftleeren Weltall fatal sein könnte, wird wohl die Crew mit subliminalen Botschaften ruhig gestellt, damit der Bordbetrieb ungestört weiterlaufen kann.

Somit wäre es gut vorstellbar, dass die 900 m lange „Zigarre", die sicherlich keine Aufklärungsdrohne war, sondern ein Raumschiff, eine solche „Mind Control" Anlage an Bord hatte, die hier experimentell auf einer Militärbasis am Boden zur Anwendung kam.

Warum haben wir hier in unserer Welt einen Stillstand, ein Patt zwischen den großen Mächten der Erde und warum wird soviel Aufwand betrieben, die Weltöffentlichkeit seit Jahrzehnten zu täuschen und zu desinformieren?

Hatte man schon vor und während des Zweiten Weltkrieges vor, „Tabula Rasa" zu machen?

Warum wurde ein, an den Zweiten Weltkrieg sich nahtlos anschließenden Dritten Weltkrieg verhindert?

Weil die großen, alles vernichteten Wasserstoffbomben mit enormer Sprengkraft 1945 noch nicht zur Verfügung standen? Zumindest Paul Scherrer aus der Schweiz wusste, dass es sie 1945 schon gab oder in der Planung waren:

```
„Eher beiläufig skizzierte er auch, nach welchen Prinzipien eine Atombombe
funktionierte und was man von einer Wasserstoffbombe zu erwarten hatte, die
damals gar noch nicht entwickelt war . . ."
```

Wie weit waren diese Bomben und andere nukleare Sprengköpfe (Tritium-, Neutronenbomben, Kaltfusionsbomben – siehe hier das viele Salz, das bei solchen nuklearen Explosionen entsteht, z.B. im Nahen Osten, dem Toten Meer oder „Sodom und Ghomorra") mit gigantischer Sprengkraft in den 1940er Jahren tatsächlich entwickelt und schon einsatzbereit?

Wurde der tatsächliche Stand in der Waffentechnik bis heute ebenso zensiert, wie der gesamte Zweite Weltkrieg und was danach kam?

Gab es schon in den 1940er Langstreckenraketen (s. Hinweise in Teil II) die jeden Punkt der Erde treffen konnten, ganz zu schweigen, dass sie bereits zum Mond hätten fliegen können?

Gab es schon Wasserstoffbomben, die man hätte 1945 bei „Operation Unthinkable" alles vernichtend einsetzen können?

Schraubte man am Beginn des Kalten Krieges die gesamte militärische (und auch zivile) technische Entwicklung zurück, wollte man langsam machen, weil man Zeit gewinnen wollte, um bis heute oder darüber hinaus noch gewisse Vorbereitungen, welcher Art auch immer, hier auf Erden zu treffen?

Weil man für die Wahre Raumfahrt noch einige Jahrzehnte Entwicklungszeit einplante und hier auf der Erde, auf dem Mutterplanet, noch einiges an R&D, an Forschung und Entwicklung von Nöten war?

Wir werden es so schnell nicht wissen, wenn überhaupt jemals.

## OOS Agent # 110

Was lief in der Schweiz, in den 1940 Jahren während des Krieges in Bern wirklich ab?

Kann man der offiziellen historischen Darstellung über die Aktivitäten des amerikanischen Geheimdienstes, dem „Office of Strategic Services", OSS in Europa in allen Punkten wirklich trauen?

Soweit man einem Geheimdienst und seinen Mitarbeitern überhaupt in irgendeiner Form Vertrauen entgegen bringen kann!

Oder haben wir in den öffentlichen Quellen betreffend des „OSS" wieder dieselbe Geschichtsklitterung, wie dies z.B. bei der ganz offensichtlichen - und weltweiten seit Jahrzehnten andauernden - Falschdarstellung betreffend geheim gehaltener Luft- und Raumfahrttechnik, sprich den „UFOs", der Fall ist? Oder dem bis heute unbekannten und tatsächlichen Verlauf des Zweiten Weltkrieges, der von den Medien und Amerika hörigen Historikern seit Jahrzehnten nur in stark zensierter Form der Öffentlichkeit präsentiert wird.

Was machte also Allen Dulles und die Amerikaner wirklich in Bern während des Zweiten Weltkrieges?

Wenn man annehmen würde, dass der Dritte Weltkrieg, also der Angriff auf die Sowjetunion durch die Amerikaner, zusammen mit willigen Kräften anderer Nationen, sowie auch Freiwilligen aus der ehemaligen deutschen Wehrmacht, bereits vor Ausbruch des Krieges in der Planung war, dann müsste der gesamte Verlauf des zweiten Weltkrieges, betreffend der Kampfhandlungen, den militärischen und politischen Entscheidungen usw., manipuliert worden sein, um gewisse Kriegsziele herbeizuführen, die als Ausgangspunkt für den darauf folgenden Angriff auf Russland von Vorteil wären.

Wer, wenn nicht, das große und reiche Land der Vereinigten Staaten von Amerika und deren Vertreter/Verschwörer sowie deren Helfer und Helfershelfer, wären in der Lage gewesen, eine solche Manipulation enormer Tragweite, nach einer Art des heutigen „Regime Change/Color Revolution" und nach dem bewährten Prinzip „Order through Chaos" und „Divide and Rule" durchzuführen und ganze Nationen ins Unglück zu stürzen, oder unter ihrer Kontrolle zu bringen?

Genügend Beispiele, dass die USA eine solche Vorgehensweise durchführt, können bis zum heutigen Tag (Stand 2018) weltweit beobachtet werden.

Deshalb suchen ja solche zweifelhaften Nationen, wie Nord Korea ihr Heil in der atomaren Bewaffnung, damit dieses Land nicht so leicht von innen heraus zum Vorteil bestimmter Mächte und Konzerne umgekrempelt werden kann.

Außer den Manipulationen des amerikanischen Geheimdienstes muss es noch viele Helfer gegeben haben, die ihre Zukunft an der Seite der Mächten, der „Herren der Welt", den Gewinner sahen und sich hörig und willig den USA verkauft haben. Siehe hier als ein Beispiel von unzähligen, der Hinweis auf die geheimen Aktivitäten des Leutnants Franz Josef Strauß im Krieg, der ohne tatkräftige Hilfe aus den USA wohl kaum eine größere und wichtige politische Nachkriegs-Karriere in der Bundesrepublik Deutschland hätte machen können.

So heißt es bei Wikipedia und anderen Quellen:

„Das **„Office of Strategic Services"** (OSS) bildete zwischen 1942 und 1945 den ersten zentral geführten Auslandsnachrichtendienst der USA und ist die Vorläuferorganisation der „Central Intelligence Agency", CIA (eine alles beherrschende Organisation, die weiterhin, wie schon zuvor der OSS, zusammen mit anderen Geheimdiensten, die Geschicke auf dieser Welt für bestimmte Interessengruppen manipuliert, Anm.A.).

Das Office of Strategic Services (OSS) war ein neuartiger Geheimdienst, der 1941 nicht vom Militär, sondern von Wallstreet-Eliten gegründet wurde. Kernzelle des OSS war eine Clique patriotischer US-Industrieller um den rechtsgerichteten Kriegshelden General "Wild Bill" Donovan, die einmal monatlich ihre Erkenntnisse austauschte.

Der Verlauf des Krieges in Europa und schließlich der Kriegseintritt der USA im Dezember 1941 ließen die Notwendigkeit eines zentralisierten und straff geführten, effektiven Nachrichtendienstes deutlich werden. Bereits 1941 hatte US-Präsident Roosevelt den Rechtsanwalt und Veteranen des Ersten Weltkrieges, **William Donovan**, mit der Koordination der verschiedenen Nachrichtendienste betraut und beauftragte ihn nun mit dem Aufbau des „Office of Strategic Services". **Als Vorbild diente der britische Nachrichtendienst MI6, mit dem der OSS vielfach eng zusammenarbeitete.**

Unter der Leitung Donovas nahm das OSS im Sommer 1942 seine Arbeit auf, wobei er nun **direkt dem US-Generalstab** und nicht wie zunächst geplant dem Präsidenten unterstellt war.

William Joseph Donovan (*1. Januar 1883 in Buffalo, New York; † 8. Februar 1959 in Wahington, D.C.) war ein U.S.-amerikanischer Jurist und Geheimdienst-Mitarbeiter. Ab 1941 war er Geheimdienst-Koordinator im Stab von Präsident Franklin D. Roosevelt, danach von 1942 bis 1945 Leiter des OSS.

Zu seinen weit gefassten Aufgabenfeldern zählten neben der Analyse des militärischen und wirtschaftlichen Potentials der Gegner auch eine Einschätzung der politischen Lage im Dritten Reich und in den besetzten Gebieten, die Entschlüsselung von abgefangenen Nachrichten, das Anwerben und die Ausbildung von Agenten und Doppelagenten sowie die Förderung von Partisanenbewegungen in verschiedenen Gebieten Europas. Der OSS spielte eine <u>zentrale Rolle sowohl im Rahmen der Vorbereitungen für die Landung der Alliierten in Nordafrika im November 1942 als auch in der Normandie im Juni 1944.</u>

**Ab 1943 richtete der OSS in der US-Botschaft <u>im Schweizerischen Bern</u> eine geheime Vertretung ein,** deren Leitung dem späteren **CIA-Direktor Allen Dulles oblag.** Von Bern aus etablierte Dulles Kontakte zu verschiedenen Akteuren des deutschen Widerstandes, in der Schweiz ansässigen deutschen Emigranten sowie Diplomaten des Dritten Reiches, die ihn mit zahlreichen Informationen versorgten. Im Frühjahr 1945 nahm Dulles im Rahmen der „**Operation Sunrise**" Verhandlungen mit Karl Wolff, **General der Waffen-SS über eine vorzeitige Kapitulation der deutschen Truppen in Italien** auf.

Während des Zweiten Weltkrieges wuchs **der Mitarbeiterstab des OSS auf bis zu 13.000 Mitarbeiter an**, darunter auch prominente Persönlichkeiten wie die deutschstämmige Schauspielerin Marlene Dietrich, die im Rahmen der „Moral Operations" des OSS Propaganda-Lieder zur Demoralisierung der gegnerischen Seite aufnahm . . ."

**Soweit die offizielle Geschichtsdarstellung des OSS.**

**Was aber wurde wirklich in der Schweiz gemacht?**

Was unternahmen solche Leute, wie der Wissenschaftler Paul Scherrer, der Aerodynamiker Jakob Akeret, solche Firmen, wie Escher Wyss oder Personen, die heimlich in die Schweiz einreisten, wie z.B. Werner Heisenberg, wirklich in der Schweiz für wen oder für was?

Arbeiteten sie auch für die Amerikaner und den OSS? Für Profit und Anerkennung nach dem Krieg?

Welche inoffizielle Zusammenarbeit gab es mit anderen „neutralen" Ländern, wie Schweden oder Spanien? Welche Verbindungen zwischen Großkonzernen, wie der deutschen IG-Farben oder der U.S. Firma DuPont gab es während des Krieges?

Für wen arbeitete der OSS Agent-Nr 110, Allen Welsh Dulles? Welchen Herren, außer der „Wall Street" diente er noch?

So heißt es über den „Wall-Street" Mann:

**OSS -Agent 110** war der vormalige US-Diplomat Allen Welsh Dulles, der mit seinem Bruder John Foster Dulles die Wirtschaftskanzlei Sullivan & Cromwell leitete. Über diese Kanzlei wickelte die Wallstreet das Auslandsgeschäft ab. Sullivan & Cromwell war nach dem Ersten Weltkrieg an Wiederaufbaukrediten für Deutschland beteiligt ("Heidelberg Bonds") und **repräsentierte deutsche Firmen wie das Chemiekartell IG Farben.** Bis zum Angriff auf Pearl Harbour hatte sich Allen Dulles gegen einen Kriegseintritt gegen Deutschland ausgesprochen. Aufgrund seiner Kontakte zu deutschen Geschäftsleuten reiste er als OSS 110 im Juni 1942 in die Schweiz, die gerade eingeschlossen wurde. In Bern eröffnete Dulles ein mäßig getarntes Büro als Anlaufstelle für Selbstanbieter und hörte sich in den Salons um.

Dulles gewann auch den Agent der Abwehr Hans Bernd Gisevius als Informant. Dulles schätzte den Widerstandswillen der Deutschen unrealistisch hoch ein, was zu einer strategisch unsinnigen Ausweitung der Luftangriffe auf zivile Ziele führte. <u>Anlagen des Dulles-Freundes Henry Ford hingegen wurden verschont.</u>

Der mit Abstand wichtigste Agent war jedoch der Mitarbeiter des deutschen Außenministeriums Fritz Kolbe, der beschlossen hatte, den Krieg so schnell wie möglich zu beenden. Hierzu schmuggelte Kolbe unter Lebensgefahr massenhaft Material in die Schweiz. Dulles hatte auch mit deutschen Militärs und Industriellen über eine Kapitulation verhandelt, die im März 1943 an Präsident Roosevelt scheiterte. OSS 110 stand in Kontakt zum deutschen Widerstand, der Hitler mit Attentaten beseitigen wollte.

In den letzten Kriegstagen verhandelte Dulles mit **hoch belasteten SS-Leuten über ein Bündnis gegen die Sowjetunion**, damals Waffenbruder der USA. Wie viele Militärs war auch Kommunisten-Hasser Dulles der Meinung, den Krieg gegen den falschen Gegner geführt zu haben. Etliche westliche Generäle waren gestimmt, **den Krieg gegen den Hitler geschwächte Rote Armee gemeinsam mit den Deutschen fortzusetzen.** So hatte man Stalin die Entschlüsselung der Enigma und entsprechende Erkenntnisse vorenthalten, die der Roten Armee Verluste hätten ersparen können."

So erfuhr Agent-Nr. 110 über den einstigen **Wehrwirtschaftsführer Eduard Schulte frühzeitig von deutschen Geheimwaffen wie der V-2 Rakete**, aber auch vom Holocaust, was die US-Regierung allerdings nicht zu irgend einer Reaktion veranlasste (denn Sklavenarbeiter wurden noch zuhauf zur Errichtung geheimer Bunkeranlagen benötigt und verheizt, die nicht unbedingt dem „Endsieg" Hitler-Deutschlands dienten, Anm.d.A.).

Ein fanatischer Kommunisten-Hasser war der CSU Politiker Franz Josef Strauß. Was hatte Strauß mit Allen Dulles und dem OSS zu schaffen?

## War Strauß Agent des OSS?

Neuerliche Erkenntnisse aus ehemaligen Stasi-Archiven sagen unter anderem folgendes aus:

„Zum Hundertsten Geburtstag des kontroversen Politikers Franz Josef Strauß hat die Bundeszentrale für politische Bildung freigegebene Dokumente veröffentlicht, die den Verdacht nahe legen, dass Strauß während des Zweiten Weltkriegs taktische Informationen an den US-Kriegsgeheimdienst OSS weitergegeben hat. Die Kenntnis des DDR-Geheimdienstes hierüber wirft neues Licht auf das Verhältnis zum Kommunistenfresser Strauß, der durch den Milliardenkredit letztlich zum Überleben der DDR beitrug."

Anmerkung. d. Autors:

Warum wollten U.S. amerikanische Kreise die ehemalige DDR noch bis Ende 1989 am Leben erhalten? Warum sollte der Fall des „Eisernen Vorhangs" und „Glasnost" erst in den 1990er Jahren zum Tragen kommen? Welche Langfriststrategie verfolgte und verfolgt man immer noch im Hintergrund, betreffend bestimmter geschichtlicher Abläufe in dieser Welt? Welchen Anteil am Fall der Mauer hatte Ex-Bundeskanzler Helmut Kohl wirklich?

...

„Nun hat der Berliner Prof. Enrico Brissa, Jurist und Lehrbeauftragter der Universität Jena, u.a. Akten des Ministeriums für Staatssicherheit und des BND ausgewertet, die den Schluss nahe legen, dass **zu den Zuträgern von Allen Dulles**, OSS, auch **Franz Josef Strauß** gehört haben soll.

So soll Strauß **im Oktober 1944 mit einer Gruppe von Offizieren der Luftverteidigung** heimlich in den Schweizer Grenzort St. Margarethen gereist sein, um geheime Materialien zur Luftverteidigung, unter anderem "einen Luftverteidigungsplan von Würzburg" und "Skizzen der Standorte der Flakbatterien" an Agenten des OSS zu übergeben.

Ein halbes Jahr später, am **16. März 1945**, erfolgte der schwerste Angriff auf Würzburg, der etwa 5.000 Tote forderte und 90 Prozent der Altstadt zerstörte. Bei Kriegsende soll Strauß **auftragsgemäß** die Sprengungen von Gruben bei Schongau verhindert und einen Teil der Einheiten an der Flakschule aufgelöst und schließlich gemeinsam mit anderen Offizieren eine Panzerabwehreinheit der Hitlerjugend entwaffnet haben.
...

**Die DDR hielt Strauß für** "den gefährlichsten und korruptesten Politiker der Bundesrepublik", (eben eine „Ami-Marionette" des „gefährlichsten Landes der Welt", den USA, Anmerkung des Autors), der ein "Faschist reinsten Wassers" sei.

Seit 1946 etwa nahm **Strauß das Geld des reichsten Deutschen Friedrich Flick**, der vorher schon die NSdAP geschmiert hatte und bis zur Flickaffäre 1983 auch die westdeutschen Parteien geschmeidig machte."

Wer zählt heute zu den korruptesten Politikern, ob in Deutschland, in Europa, der EU oder in den USA?

So heißt es weiter:

„Sollte der Sachverhalt, über den auch Strauß gesprochen haben soll, zutreffen, so hätte Strauß im **Prinzip das Gleiche wie Kolbe** getan. Anders als Kolbe, dem man nach dem Krieg als „Verräter" eine Wiederanstellung versagte und erstmals 2004 posthum offiziell von der Bundesrepublik ehrte, **scheint Strauß von seinem US-Kontakt profitiert zu haben."**

Wer in Nazi-Deutschland wollte noch von U.S.-Kontakten profitieren und Seite an Seite mit den Amerikanern, den Angelsachsen, wie Groß Britannien, Kanada, Australien usw., in den Dritten Weltkrieg ziehen?

Welche Versprechen hatte man diesen Leuten gemacht, dass sie ihr eigenes Volk verraten hatten (und immer noch verraten?) und Deutschland ins Unglück stürzen wollten?

Weiter heißt es über die geheimen Aktivitäten von Strauß:

„Auch der BND war im Bilde. So berichtete der Strauß-Freund Ernst F. Hauser, der zwischen 1966 und 1970 für den BND arbeitete, vom KGB zu einem Bericht befragt worden zu sein.

So soll dem Bericht nach **Leutnant Strauß viermal** Agenten aufgesucht und "dem Amerikaner" Pläne von deutschen Flak-Radar-Geräten übergeben haben. Strauß habe selbst einmal gegenüber Hauser hierüber gesprochen.

Weiter heißt es zu dem Informanten und OSS-Agenten Hauser in Stasi-Protokollen über Franz Josef Strauß:

„... seine Wehrmachtszeit - hier interessieren besonders Einheiten und deren Einsätze, seine Tätigkeit als sog. **Nationalsozialistischer Führungsoffizier der Flakschule Schongau/Bay.**, Hinweise auf begangenen Kriegsverbrechen, **seine Verbindung zum amerikanischen Geheimdienst** und alle damit im Zusammenhang stehenden Probleme - zum Gegenstand der Untersuchung zu machen.
...

Wie aus operativem Material hervorgeht, soll Strauß **Ende 1944** in dem Schweizer **Grenzort St. Margarethen** (100 Km Luftlinie v. Schongau/Bay.) Kontakt mit dem, von **Hero v. Gaevernitz** geleiteten US - Geheimdienst (Office of Strategic Service - OSS) Verbindung aufgenommen und militärische Unterlagen übergeben bzw. Aufträge, wie die Verhinderung der Sprengung der Gruben bei Schongau, übernommen haben.
…

**Hausers Bericht v. 21. März 1969:**
Seite: 1

Er (Nikolsky, UdSSR) bat mich, diese durchzulesen. Die Seiten bestanden aus einem <u>anscheinend deutschen Bericht ohne Datum, der sich auf Ereignisse von 1944 bezog</u>. Es war mir natürlich nicht möglich, Notizen zu machen, und leider ist mein Gedächtnis nicht immer das, was es sein sollte.

Der Bericht bezog sich auf Herrn Strauß und die Tatsache, daß er von **August 1944** an **einige Fahrten von Altenstadt/Oberbayern an die Schweizerische Grenze gemacht hat**. Der Bericht besagte ferner, daß Herr Strauß auf diesen Fahrten **einen Amerikaner namens** (ich kann mich an die genaue Schreibung nicht gut entsinnen) Katzstein, Kattstein oder Kitstein getroffen hat. Neben dem Namen stand noch **Hauptmann CIC, US-Botschaft Bern**.

Der Grund, daß ich den Namen nicht so klar behalten habe, ist der, daß er ausgebessert war, und ganz genau betrachtet hatte man ihn vielleicht abschreiben lassen.

Der Bericht enthielt ungefähr **4 Begegnungen** und erwähnte auch den Namen **eines Schweizer Grenzbeamten**. Als Grenzort wurde angegeben **gegenüber von Lindau**. Der Name des Grenzbeamten war **Seibert**.

Laut diesem Bericht hatte Leutnant Strauß dem Amerikaner **Pläne von deutschen <u>Flak-Radar-Geräten</u> übergeben**. …"

Ernest F. Hauser, * 23.April 1920 in Wien; † 19.September 1993 in Paradise Valley, Arizona, USA, war im Zweiten Weltkrieg **Soldat des CIC**, Counter Intelligence Corps und anschließend „Assistant Customer Relations Manager" von Lockheed in Europa.
…

## Zu Hauser:

„Hauser war als **"Undercover Field Agent"** für den Einsatz in Deutschland vorgesehen, wechselte aber im Juni 1944 - während der Ausbildung - zum Militärgeheimdienst; gemäß Personalakte von Ernest F. Hauser, National Archives, Records of the Office of Strategic Services.
…
Hauser vermittelte dem nach Kriegsende dem kurzzeitig inhaftierten Strauß ein, für seine weitere Karriere wichtiges Empfehlungsschreiben . . ."
…

## Zu dem OSS-Mitarbeiter Gaevernitzt heißt es unter anderem:

„**Gero von Schulze-Gaevernitz**, *27. September 1901 in Freiburg im Breisgau; † 6. April 1970 in San Agustin, Gran Canaria war ein deutsch-amerikanischer Ökonom und <u>Agent</u> im Zweiten Weltkrieg.
…
1925 wanderte er in die USA aus und arbeitete ab 1928 in New York als <u>Investmentbanker</u>. Während des Zweien Weltkriegs war er ab 1941 als „**Special Assistant**" die rechte Hand von Allan Welsh Dulles in Bern. 1945 erhielt er die „U.S. Medal of Freedom" in Anerkennung seiner geschickten Verhandlungen in Ascona, Schweiz, die mit zur Kapitulation einer Million deutscher Truppen in Italien führten - Operation Crossword.

…
Zur weitergehenden Würdigung wurde aus dem Bereich der Nachlässe der im Bundesarchiv verwahrte Nachlass von Gero von Schulze-Gaevernitz eingesehen. Dieser enthält zwar interessante Aspekte zu den OSS-Operationen, aber nichts zum vorliegenden Sachverhalt (Strauß und den OSS, Anm.d.A.)

Allerdings lassen sich anhand der Reisepässe **zahlreiche Deutschlandreisen** von Schulze-Gaevernitz, auch <u>über die Grenzstation St. Margarethen</u>, nachvollziehen. Die letzte Ausreise aus Deutschland erfolgte am **10. Dezember 1941, 12 Uhr**, also am Tag **vor** den **wechselseitigen Kriegserklärungen des Deutschen Reichs und der USA.**"

Anmerkung des Autors:

Hatte Gero von Schulze-Gaevernitz auch Kontakt zu Truman Smith, dem Air Attaché in der U.S. Botschaft zu Berlin, und flog er ggfs. sogar einmal in der Messerschmitt Bf 108 der U.S. Botschaft mit?

Wäre die bis heute unbekannte „Taifun" also auch an der Schweizer Grenze zu finden gewesen, oder reiste Attaché Smith sogar mit der Bf 108 vor Kriegseintritt der USA in die Schweiz ein, um ggfs. in der U.S. Gesandtschaft in Bern (wo Allen Dulles (Mr. Bull) sich bereits 1917 und 1918 als Sekretär aufhielt, Vorbereitungen für die spätere Spionagetätigkeit des OSS zu treffen? Ein triftiger Grund, warum ein Zensor auch diese harmlose Maschine aus der Geschichtsschreibung herausnimmt? Weil mit der Taifun der U.S.-Botschaft zweifelhafte Geheimdienstoperationen ausgeführt wurden, die nicht in die geschönte Darstellung der „normalen" Tätigkeiten von Air Attachés im Ausland und speziell in Nazi-Deutschland passten?

Welche Rolle spielte die Grenzstation Sankt Margarethen in der Schweiz, gegenüber von Lindau am Bodensee, bei geheimen Grenzübertritten von Agenten und „Verschwörern"?

Wer war der Grenzbeamte „Seibert", ein Schweizer Agent, der in die Machenschaften der unterschiedlichen Geheimdienste, OSS, Abwehr, SD usw. eingeweiht war?

Strauß als „nationalsozialistischer Führungsoffizier", wie die Stasi ihn bezeichnete, begeht also mir nichts dir nichts Geheimnisverrat, wo er eben noch als Ausbilder bei der Flak-Abteilung u.a. auch die NS-Gesinnung vermitteln sollte?

Oder waren die mehrmaligen Fahrten zur Schweizer Grenze von „ganz oben", von Schellenberg, Kammler, Hitler sanktioniert? Sprach Strauß deshalb so ungern über seine Tätigkeit im Westen und berichtete lieber über seine Kriegserlebnisse im Osten, wie Stalingrad? Fuhr Strauß in Zivil an die Schweizer Grenze, wo doch Lindau bestimmt von deutschen Geheimdiensten als „Agentenstadt" bekannt gewesen sein musste. Wurde die Ankunft von F.J. Strauß in Lindau von höheren deutschen Stellen angemeldet, sodass er unbehelligt blieb, wenn er sich mit dem amerikanischen Geheimdienst trifft und Hochverrat begeht?

Brauchten die U.S.-Verschwörer, die damit rechnen mussten, vom eigenen Nachschub abgeschnitten zu werden, weil verantwortliche Personen wie Truman oder Eisenhower keinen weiteren Krieg duldeten, eben deutsche Kriegstechnologie, wie Kommandogeräte zur Steuerung von Flugabwehr Geschützen, wie der „Wasserfall", des Flugkreisels, der „Natter"?
…

„Hauser ist insoweit eine spannende Figur, als dass Hauser den Rüstungskonzern Lockheed-Martin vertreten hatte** und im Lockheed-Skandal aussagte, Lockheed habe Strauß und seine Partei 1961 mit 10 Millionen Dollar geschmiert, um die Bundeswehr für den Starfighter zu begeistern. Das für Schönwetter konstruierte Flugzeug kostete 108 Bundeswehrpiloten das Leben.

Anmerkung des Autors:

War Ernest Hauser der „Führungsoffizier" von Leutnant Franz Josef Strauß, auch noch lange nach dem Krieg?

Interessant, dass der Geheimdienstmann Hauser ein Vertreter der großen Rüstungsfirma Lockheed war. So fungierte z.B. der ehemalig Oberst der U.S. Air Force, Jack Bradly, bei den Besuchen von Strauß in den USA als Begleitoffizier. Jetzt ist er Vizepräsident von des U.S. Flugzeugbauers Northrop.

Die „Herren der Welt" kämpfen mit allem und jedem, ob Privatleute, Politiker, Großkonzerne, usw., um die Vorherrschaft in der Welt. Auch die zumeist amerikanischen „Sozialen Medien" sind ein Teil des Machtkampfes und der verlängerte Arm der U.S. Geheimdienste, auch wenn deren Entstehungsgeschichten, wie die Verfilmung der Story des „Facebook"-Gründers als harmlos und unverfänglich dargestellt wird.

…

„Für Strauß hatte sich die Freundschaft mit den USA ausgezahlt, auch wenn ihm diese nicht in den vom Verteidigungsminister erstrebten Besitz des atomaren Feuers verschaffte. OSS-Agent Allen Dulles wurde zur grauen Eminenz des neuen US-Geheimdienstes CIA, den er zwischen 1954 und 1963 leitete, gleichzeitig jedoch die Interessen der Mandanten von Sullivan & Cromwell vertrat. Dulles Bruder John Foster Dulles, der die Republikanische Partei prägte, **wurde Außenminister und maßgeblicher Architekt des Kalten Kriegs**. Die Schwester der Dulles-Brüder Eleonore ging als "Mother of Berlin" in die Geschichte ein.
Über die Nachkriegsgeschichtsschreibung wachte nicht zuletzt das vom **BND undercover** gegründete Münchner Institut für Zeitgeschichte.

## Anmerkung des Autors:

Zu dem oben erwähnten „Münchner Institut für Zeitgeschichte" folgender Hinweis, hier als Beispiel ein Artikel in „Die Zeit Online" v. 28. Februar 2016:

„2.000 Seiten, 3.700 Fußnoten: Die aufwändig von Historikern überarbeitete Ausgabe des Buches „Mein Kampf" hat sich seit der **Neuauflage** im Januar dieses Jahres rund 24.000-mal verkauft. Damit wird das Buch Adolf Hitlers in Deutschland erstmals seit der Zeit des Nationalsozialismus wieder zum Bestseller.

Derzeit wird bereits die dritte Auflage in den Handel gebracht. Und es hat es in die Spiegel-Bestsellerliste geschafft - derzeit, 2016 auf Platz 11. "Die Nachfrage ist durchaus da", sagte eine Sprecherin des **Instituts für Zeitgeschichte** (IfZ), das die kommentierte Ausgabe herausgibt.

Unter der Leitung des Zeithistorikers Christian Hartmann hat seit 2012 ein vierköpfiges Historikerteam am **Institut für Zeitgeschichte in München** (IfZ) Mein Kampf detailreich kommentiert – mit Angaben zu den Quellen, aus denen Hitler sich bedient hat, ...

> Vorsicht, wenn ein Geheimdienst die Darstellung historischer Ereignisse, wie den Zweiten Weltkrieg und die Rolle Hitlers und der NSDAP übernimmt!

Denn die volle Wahrheit wird man bei solchen Auftraggebern nicht erwarten dürfen.

„Lass uns 10 bis 20 Prozent zugeben, dann können wir 80 bis 90 Prozent weiterhin verstecken!", so heißt eine Devise der Verschleierung und Manipulation!

Dies gilt auch und insbesondere für das Thema „UFOs", wo alle „UFO-Gruppen", die in den letzten Jahrzehnten aufgetaucht sind, sowie die allermeisten „Schreiberlinge", die sich als „UFOlogen" ausgeben, entweder vom Militär oder insbesondere von den Geheimdiensten kamen und immer noch für diese Einrichtungen arbeiten, sowie von dort kontrolliert wurden oder werden.

Diese Personen verbreiten mit voller Absicht die Unwahrheit!

Dafür bekommen diese Leute auch noch viel Geld und unbegrenzte Ressourcen.

Man sollte sich auch immer Fragen, wenn irgendwo in den Medien eine Person auftaucht, die irgendwelche geschichtlichen und sonstige politische oder andere, auch aktuelle Zusammenhänge aufzeigt, wem diese Person gehört, welchem Herren sie dient (CFR, Atlantikbrücke, Bilderberger, Initiative neuer Markt, Think Tanks, Militär, Geheimdienst, usw.) und welche wahren Absichten diese Person tatsächlich verfolgt.

In den Medien wird man deshalb die Wahrheit
nur sehr eingeschränkt finden können!

Also Vorsicht!

Franz Josef Strauß wurde im August 1939 zur Wehrmacht eingezogen, zur schweren Artillerie nach Landsberg.

Strauß diente als Soldat in Frankreich, später Polen und nahm am Russlandfeldzug teil. Von September 1941 bis Februar 1942 absolvierte er einen Offiziersanwärterlehrgang in Altendamm bei Stettin.

Am 15. Februar des gleichen Jahres erfolgte die Beförderung zum Wachtmeister und Leutnant. Im Rahmen der weiteren militärischen Laufbahn gehörte Franz Josef Strauß der Heeresflakartillerieabteilung 279 in Gotha an, aus der im März 1942 die Heeresflakabteilung 289 neu aufgestellt wurde. Diese Abteilung wurde dann am 28. April von Gotha nach Russland verlegt und in der Ukraine, auf der Krim sowie vor Stalingrad eingesetzt, wo sich Franz Josef Strauß beide Füße erfror. Nachdem er zwischen Januar und Mai 1943 an der Feldflak-Artillerieschule XII in Stolpmünde einen weiteren Lehrgang absolviert hatte, wurde er als **Ausbildungsoffizier und Abteilungsadjutant an die Flakschule IV in Altenstadt bei Schongau, Bayern** abkommandiert.

Während seiner Zeit in Altenstadt kam es kurzzeitig zu weiteren Abstellungen nach Dänemark, dem Ruhrgebiet und Frankreich. Das Kriegsende erlebte Franz Josef Strauß, seit dem 1. Juni 1944 im Rang eines Oberleutnants, in Schwabniederhofen. Dort nahm ihn eine Patrouille der in Richtung Lechtal vorrückenden amerikanischen Truppen Ende April 1945 gefangen und brachte ihn nach Schongau. Er wurde im so genannten Ballenhaus interniert und verfasste während dieser rund fünf Wochen dauernden Gefangenschaft einen Bericht über seinen Einsatz in Russland.

Seine Englischkenntnisse verschafften ihm dann kurzzeitig eine Anstellung bei der alliierten Militärregierung in Schongau, bevor mit der Einsetzung als stellvertretender Landrat durch die amerikanische Militärregierung die Grundlagen für seine spätere politische Karriere gelegt wurde (die man wohlmöglich ganz gezielt aus dem Hintergrund heraus förderte, Anm.d.A.).

In Schongau gab es während des Krieges einen Flugplatz, der 1939 errichtet wurde, und der sich über einen Quadratkilometer im Oval ausdehnte und intensiv von der Luftwaffe genutzt wurde.

Gegen Ende des Krieges sollen auch Wiesen in der Umgebung von Schongau als Ausweichplatz für Kurierflugzeuge genutzt worden sein, die dort noch im April 1945 gestartet und gelandet sind. Auch ein ausgelagertes Luftlagezentrum soll sich in der Nähe des Flugplatzes befunden haben. Nach Kriegsende soll der Oberbefehlshaber der US-Truppen in Deutschland, Gen. Dwight D. Eisenhower in Schongau gelandet sein, um eine Jagdhütte im Landkreis Schongau zu besuchen.

In der Kaserne in Altenstadt lag bis 1945 die „**Fla-Artillerieschule IV Altenstadt**". Dort gab es einen E-Messdienst und Kommandogeräte für Flak-Geschütze.

Warum wollte der OSS bestimmte Informationen über diese Kommandogeräte, wie zum Beispiel das Kommandogerät 40 haben?

## Insert

„**Kommando- bzw. Rechengeräte** waren im 2. Weltkrieg bei der deutschen Flakartillerie zur Perfektion entwickelt. Von der Konstruktion her handelt es sich um so genannte "Kurvengetriebe", in denen Kurvenkörper die Kurven der dem Zweck zugrunde liegenden mathematischen Funktionen abbilden, wobei Horizontalwinkel, Vertikalwinkel und Entfernung (XYZ-Koordinaten) laufend erfasst und mechanisch umgerechnet werden.

Das **Kommandogerät 40** ist ein solcher **Koordinatenrechner für XYZ-Koordinaten,** der es in Verbindung mit dem angeschlossenen Entfernungsmessgerät „Em4mR40" (Stereotelemeter mit 4 m Basislänge) sogar ermöglichte, Koordinaten der Ziele auf gekrümmten Flugbahnen vorherzuberechnen und so die Vorhaltewerte zu bestimmen . . ."

Die Amerikaner hatten auch gute Zielgeräte zur Luftabwehr:

„Auch auf Seiten der Alliierten spielten **Analogrechengeräte** für die Kriegstechnologie eine zentrale Rolle. Besonders in den USA wurden analoge **Vorrichtungen zur Flugabwehr** konzipiert, welche die Antizipation künftiger

Positionen von Flugkörpern ermöglichten. Einige dieser Entwicklungen wiesen bereits einen recht hohen **Grad an Automation auf** und arbeiteten mit Feedbackschleifen.

Die Beschäftigung mit Flugabwehranlagen beinhaltete das Verfolgen von Zielen, <u>die Vorhersage ihrer zukünftigen Position</u> und die <u>Berechnung der entsprechenden Ausrichtung der Abwehrwaffen</u>. Dabei wurden Kommunikations- und Steuerungstechniken zunehmend mit Servo Mechanismen, integrierten Systemen, Mensch-Maschine-Interfaces sowie analoger und digitaler Rechentechnik zu innovativen Technologien verbunden.

Nachdem ein Fluggerät geortet wurde, blieben nur etwa 30 Sekunden Zeit, um die erforderlichen Berechnungen durchzuführen und die Waffen abzufeuern.

Wie bei der Steuerung der A4-Rakete waren somit auch zur Flugabwehr Echtzeitsysteme nötig.

. . .

Das T-10 arbeitete zunächst ähnlich genau wie die Richtgeräte von Sperry, war ihnen aber durch die bessere Produzierbarkeit überlegen und wurde unter der Bezeichnung M-9 von den Streitkräften verwendet. Da es elektrische Eingaben verarbeiten konnte, ließ es sich mit Radargeräten verbinden. Zusammen mit dem Radar SCR-584 bildete das M-9 eine erfolgreiche Verteidigung gegen die Fieseler Fi 103.

„This tense confrontation pitted computers against autopilots, servos against servos."

Während das T-6 und seine Nachfolger aus einer Firma stammte, die bereits Vorerfahrungen mit Kriegstechnologie hatte, wurde das T-10 in den **Bell Laboratories** von Ingenieuren entwickelt, die sich mit Kommunikationstechnik beschäftigten und ihr innovatives Wissen aus der Telefontechnik auf das Flugabwehrproblem anwendeten."

Welche Geräte waren besser? Die deutschen Kommandogeräte von Askania, Zeiss, AEG oder Siemens, oder ähnliche U.S. Geräte von Sperry oder Bell?

Wurde F.J. Strauß, oder die Flak-Artillerieschule gezielt von U.S. Agenten angesprochen, um an Informationen von deutschen Messgeräten heran zukommen, oder kam der Befehl, Informationen weiterzuleiten von einer anderen, übergeordneten deutschen Stelle, die freiwillige Helfer für Geheimdienstaktivitäten benötigte?

Warum verriet man in Altenstadt/Schongau den Amerikanern diese Technologie? Was war das Motiv dortiger deutscher Flak-Artillerie-Soldaten, dem OSS Informationen zukommen zu lassen? F.J. Strauß konnte Englisch. Wurde er deshalb ausgewählt, um an der Schweizer Grenze geheime Informationen an die Amerikaner weiterzuleiten?

„So soll Strauß **im Oktober 1944 mit einer Gruppe von Offizieren der Luftverteidigung heimlich in den Schweizer** <u>Grenzort St. Margarethen</u> **gereist sein, um geheime Materialien zur Luftverteidigung, unter anderem**

"... einen Luftverteidigungsplan von <u>Würzburg</u>" und "Skizzen der Standorte der lakbatterien" an Agenten des OSS zu übergeben.

Zu Würzburg heißt es:

„Würzburg gehört zu den Städten, die noch in den letzten Wochen des Zweiten Weltkriegs mehrfach bombardiert wurden. <u>Dem schwersten Angriff</u> am Abend des 16. März 1945 fielen etwa 5.000 Menschen zum Opfer. Die historische Altstadt wurde dabei fast vollständig zerstört."

Bis heute wird in Würzburg an diesen verheerenden Angriff im März 1945 gedacht!

Warum sollte noch kurz vor Kriegsende das kleine Städtchen Würzburg in Schutt und Asche gelegt werden und warum machte man von deutscher Seite aus mit, den U.S. und englischen RAF Bombern das Bombardement leicht zu machen? Wie eventuell zuvor schon in Dresden, wo die Zahl derer, die durch das Bombardement der Alliierten zu Tode gekommen waren, darunter viele Dresdner Einwohnern und Flüchtlingen, die in die Stadt aus dem Osten hereingeströmt kamen, bereits von deutscher Seite aus, kurz nach den Bombenabwürfen gefälscht und als zu niedrig angesetzt worden sein könnte.

Denn Augenzeugen des verheerenden Feuersturms von Dresden berichteten, das tausende, wenn nicht sogar zehntausende von Menschen geradezu zu Asche, zu nichts verbrannt wurden, entweder durch Phosphor oder gar Napalm.

Würzburg hatte offiziell keine bedeutende Rüstungsindustrie.

Warum war man von deutscher Seite aus einverstanden, das Würzburg ein ähnliches Schicksal erleidet, wie Dresden?

Was motivierte Franz Josef Strauß dazu (falls er überhaupt wusste, wie man menschenverachtend in höheren Stellen, ob deutsche oder alliierte, über das Schicksal bestimmter deutscher Städte entschieden hatte), seine deutschen Mitbürger in Würzburg dem grausamen und unnötigen alliierten Bombenhagel zu opfern, in dem er dem amerikanischen Geheimdienst in der neutralen Schweiz die Pläne der Luftverteidigung von Würzburg verriet, oder verraten musste?

Übrigens, auch in Japan wusste verantwortliche Stellen rechtzeitig von den Atombombenangriffen auf Hiroshima und Nagasaki und taten nichts, um die dortige Bevölkerung zu warnen oder gar zu evakuieren!

Waren alle diese Bombardements etwa kriegswichtige Experimente, die bestimmte Stellen im Hintergrund, auch in den jeweils betroffenen Ländern duldeten, und denen das Schicksal der eigenen Bevölkerung vollkommen gleichgültig war?

Strauß soll **4 mal** U.S. Agenten getroffen haben. Warum hatte Strauß mitgemacht und wurde zum Verräter? Hatte man ihn angeworben? Erwähnte er gegenüber irgendwem, oder war es allgemein bekannt, dass er die Kommunisten hasste und sie gerne bekämpfen und vernichten würde?

Auch der Großvater des Autors hatte den Russlandfeldzug mitgemacht und kannte Russland, die Soldaten, die Bevölkerung, die Moral, das Land und sonstige Besonderheiten des großen, weiten Sowjetreiches aus eigener, jahrelanger Anschauung. Zudem hatte er viele Bilder, Fotoaufnahmen aus seiner Zeit in Russland gemacht. Bäcker Josef Rothkugel wusste, wie es in Russland, auch hinter der Frontlinie, in der Etappe zuging.

Bekam Jo Rothkugel deshalb die zivile Stelle als Fahrer beim USSBS im Frühjahr/Sommer 1945, weil Josef interessante Informationen, Eindrücke über die Russen dem Office of

Strategic Services vor Ort in Bad Nauheim, dem OSS-Agenten Paul Baran geben konnte, denn bestimmte U.S. Kreise wollten ja im Juli 1945 die SU angreifen?

Aus Wikipedia:

**Paul Alexander Baran**, geboren 8. Dezember 1910 in Nikolajew, Russisches Kaiserreich; gestorben 26. März 1964 in Palo Alto, war ein US-amerikanischer, marxistisch orientierter **Ökonom**.
  In Russland als Sohn jüdischer Eltern geboren, studierte er in Berlin und lebte seit 1939 in den USA, wo auch seine wissenschaftliche Karriere stattfand. Sein Vater war Arzt und hatte starke Verbindungen zu der Fraktion der Menschewiki der Sozialdemokratischen Arbeiterpartei Russlands.
  Baran studierte Ökonomie an der Lomossow Universität in Moskau. In Berlin übernahm er an der Landwirtschaftlichen Hochschule eine Stelle als Wissenschaftliche Hilfskraft. In derselben Funktion war er auch am Institut für Sozialforschng in Frankfurt tätig.
  … Nach Hitlers Machtantritt verließ Baran Deutschland und emigrierte in die Vereinigten Staaten. Hier traf er auf Paul Sweezy (Ab 1942 OSS-Agent, Anm.d.A.) und absolvierte ein Graduierten-Studium an der Harvard University. Während des Zweiten Weltkriegs arbeitete er für das **Office of Strategic Services** sowie in den USA am **Strategic Bombing Survey** unter der Leitung von **John Kenneth Galbraith** (Ökonom).
  Nach dem Ende des Krieges wurde er erst Mitarbeiter der Federal Reserve und dann Professor an der Standford University. Unter der Verwendung eines Pseudonyms begann er unter dem Namen „Historicus" für die von Paul Sweezy gegründete sozialistische Zeitschrift „Monthyl Review" zu schreiben. Bekannt wurde er vor allem durch das gemeinsam mit Paul Sweezy verfasste Werk Monopokapital.

(Anm.dA.: Es fällt immer wieder auf, dass zumeist westliche, angelsächsische Personen, die in bestimmte Machenschaften verwickelt waren, eine Nähe zum Großkapital hatten, von der Wall Street, Banken, Großkonzernen usw. rekrutiert wurden und auch heute, Stand 2018, immer noch hauptsächlich die Interessen der Reichen vertreten, was sich auch immer mehr in Deutschland abzeichnet. Im Gegensatz dazu der „Osten" mit seinen Arbeitern und Bauern. Ein sehr schönes Spiel, das man sich im Hintergrund ausgedacht hatte.)

Auch Franz Josef Strauß war kein Freund der Kommunisten. Waren er und seine weitergegebenen Informationen deshalb für bestimmte U.S. Kreise für deren zukünftige Kriegspläne interessant, die ja im Sommer 1945 anlaufen sollten? Hätte Strauß etwas über diese U.S. Verschwörer Kriegspläne wissen können?

Was wurde Strauß während des Kriegs und danach versprochen, wenn er Kriegsgeheimnisse dem Feind preisgab? Wäre der Verrat im Krieg von den Deutschen aufgedeckt worden, hätte Strauß mit dem sofortigen Todesurteil rechnen müssen und wäre standrechtlich erschossen worden.

Zu dem Agenten Strauß heißt es noch:

„Zudem sind viele Akten vermutlich nicht grundlos vernichtet worden. So steht auch der **Bayerische Verfassungsschutz** im Verdacht, Anfang 1990 angeblich zum Schutze des Andenkens von Strauß geschreddert zu haben.

Auch die der Forschung zugänglichen Archive des **Schweizer Nachrichtendienstes waren bislang unergiebig**, was erstaunlich ist. So hatten die Schweizer die Agententätigkeit von Dulles vor allem deshalb geduldet, weil die Eidgenossen dessen Telefon abhörten und dadurch als Zaungäste umfassend im Bilde waren."

Welche Zusammenarbeit des amerikanischen Geheimdienstes OSS gab es mit dem deutschen Spionagenetz, das in der Schweiz aktiv war und welche Rolle spielte die Schweiz selbst im Zusammenhang bestimmter „Verschwörungen" betreffend „Operation Unthinkable"? Siehe hier z.B. Paul Scherer, der in der Schweiz während des Krieges in Kontakt mit amerikanischen Atomforschungsstellen war und der zumindest von einem deutschen Atomwissenschaftler, wie Werner Heißenberg, mit Wissen des OSS mitten im Krieg aufgesucht worden war?

## Deutsche Spione in der Schweiz

Auch hier gilt natürlich der gleiche Hinweis, dass in der offiziellen Historie, und gerade was die Machenschaften von Geheimdiensten angeht, natürlich in der Öffentlichkeit nur eine sehr geschönte und verharmloste Variante kursiert.

Hier einige interessante Punkte aus dem Artikel:

**Hitlers geheimes Spionagenetz in der Schweiz.**
Von der CIA freigegebene Dokumente zeigen erstmals das Ausmaß der Spitzeltätigkeit von Schweizern im Dienste von Hitler-Deutschland. Es ist größer als bisher angenommen. Jon Mettler, Wirtschaftsredaktor, 31.12.2016:

„Am 15. Mai 1945 schlägt die Sicherheits- und Kriminalpolizei der Stadt **Bern** zu.

… als die Beamten in der Bahnhofhalle der Bundesstadt einen **50-jährigen Deutschen anhalten.** Die Polizisten führen den Mann auf den Polizeiposten im Bahnhof ab. Dort eröffnen sie ihm den Grund für seine Verhaftung: Verletzung militärischer Geheimnisse und verbotener Nachrichtendienst. Mit anderen Worten: Spionage in der Schweiz und gegen die Schweiz.

Im Bezirksgefängnis Bern beginnt ein Tag später das Verhör durch die Polizei. Vor den Beamten sitzt nicht irgendwer: **Hans Meisner, Tarnname „Wolfgang"**, ist Generalkonsul der Reichsdeutschen Gesandtschaft in Bern, Kapitän zur See und Leiter des „Büro F".

Was nach einer harmlosen Verwaltungsstelle tönt, ist eigentlich der **Hauptsitz des deutschen militärischen Geheimdienstes in der Schweiz.** Hier kümmert sich Meisner um die Gegenspionage.
…
1940 wird er als Diplomat getarnt in Oslo und später in Paris stationiert. **1942 übernimmt Meisner die Leitung des «Büro F» in der Schweiz.**
…
**Tatsächlich ist die Spionagetätigkeit der Wehrmacht in der Schweiz umfangreicher als bisher angenommen.**
…
An 27 Orten sind **mindestens 193 Agenten im Einsatz**, davon mindestens 54 Schweizer. Die Abwehr selbst, so der verbreitete Name des deutschen Militärgeheimdienstes, beschäftigt in der Schweiz mindestens 57 Mitarbeiter.

…
… dass Abwehr-Chef **Wilhelm Canaris** im Jahr 1942 Spionage gegen das kleine Land explizit untersagt. „Canaris wollte sich die internationale und unversehrte Spionage-Drehscheibe Schweiz bewahren" …
…

Im Fokus deutscher Spionage sind zu Beginn der 1940er-Jahre nach
Einschätzung der Amerikaner die grossen Schweizer Städte Bern, Zürich,
Basel, Genf, Lausanne und Lugano.

**In Bern** (wo auch Allen Dulles sitzt, Anm.d.A.) **in der Deutschen Gesandtschaft befindet
sich die Schweizer Abwehr-Zentrale. Die Befehle kommen direkt aus der
Abwehrstelle (Ast) Stuttgart**, von wo aus der militärische Geheimdienst
seine Hauptarbeit gegen westliche Länder verrichtet."

Anmerkung des Autors:

Wurde von der Abwehrstelle, „Ast" - Stuttgart die Geheimdienstaktion zur Übergabe von
Informationen bestimmter Flak-Kommandogeräte an den OSS in Bern koordiniert und auch
von dort der Befehl ausgegeben, dass u.a. F.J. Strauß ungeschoren aus der Geheimdienst-
Mission der Abwehr herauskommen würde, weil auch er in einem Dritten Weltkrieg an der
Seite der USA eine Chance bekam, weiterzumachen?

Wurde Strauß gar zu einem - inoffiziellen - Abwehr-Agenten ernannt?

„In der Bundesstadt als Standort von ausländischen Botschaften haben es die
Deutschen auf diplomatische Ziele abgesehen. Ein Beispiel ist der Fall
Jakob Fürst: Der Schweizer Nazi-Sympathisant spioniert als Büroaushilfe den
US-Militärattaché Barnwell Rhett Legge aus und stürzt damit die alliierten
Geheimdienste in eine Krise. In Zürich, Basel, Genf, Lausanne, Lugano und
im deutschen Konstanz **betreibt die Abwehr sogar Spionage-Stationen, die
eigene Agenten-Netze führen**. Selbst in abgelegenen Gebieten wie dem
Puschlav hört das nationalsozialistische Deutschland mit.

Wirtschaftsspionage in Zürich

Kein Zufall ist, dass **Zürich als Zentrum der Schweizer Industrie** der
Knotenpunkt von Wirtschaftsspionage ist."

Anmerkung des Autors:

In Zürich sitzt der Physiker Paul Scherrer mit seinen Atomgeheimnissen und hier her kommt
Heisenberg, überwacht von der Abwehr, von der SS, mit Billigung des OSS und deren
Verschwörer, die für ihre Festungsanlagen auf deutschem Boden Atommeiler benötigten.
Anm.d.A.).

„Die Deutschen erhalten ihre Informationen hauptsächlich aus der **Schweizer
Niederlassung der deutschen Firma Allgemeinen Elektricitäts-Gesellschaft
(AEG) und aus dem Chefbüro der Deutschen Handelskammer**."

Anmerkung des Autors:

War unter anderem die AEG in den Bau von Atommeilern im Eulengebirge und im
Mühlviertel, Nieder-Österreich verwickelt?

...
„Es ging für die Deutschen darum, den Güterfluss ans Reich und an die
alliierten Kriegsgegner zu dokumentieren», sagt Fuhrer. „Aber auch um die
Frage, wie sich Deutschland kriegswichtige Ressourcen aus der Schweiz
sichern konnte."

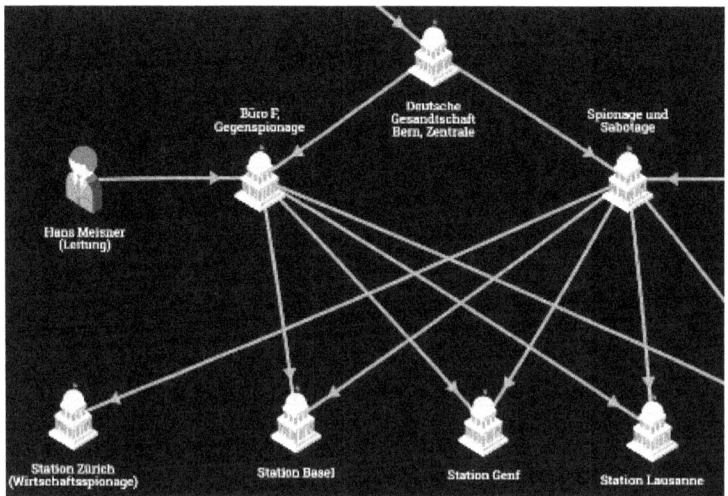

*... Trotzdem wird ersichtlich, wie dicht das Netzwerk von Mitarbeitern und Spitzeln war, mit dem der militärische Geheimdienst des Reichs die Schweiz überzogen hatte.*

*... Deutsche Spione verstehen es geschickt, gutgläubige Schweizer für sich zu gewinnen: Weiteres Blutvergießen in Europa könne verhindert werden, wenn Deutschland mit wichtigen Informationen versorgt werde. Sogar Unzufriedenheit und Frustration verleiten zu Hochverrat.* **Ein Schweizer Offizier bietet Meisner militärische Geheimnisse zum Reduit an.**
...

**Teure Spionageaktivitäten**

*Die Spionage in der Schweiz lässt sich die Abwehr viel kosten. Das monatliche Budget, inklusive Ausgaben für Gehälter, Büromaterial, Telefongebühren und Autos, beläuft sich gemäss Meisner auf mindest 60 105 Franken. Das entspräche heute knapp 751 000 Franken.*

Auf eine Anklage gegen Meisner verzichtet die Schweiz. Der Bundesrat verfügt seine Ausweisung mit der Begründung, der Topspion gefährde die innere und äußere Sicherheit des Landes.

Am 25. Mai 1945 reist der Agentenchef der Deutschen in Bern nach Deutschland aus. Dort verliert sich seine Spur.

**Weder in deutschen Militärarchiven noch im Schweizerischen Bundesarchiv lagern heute Personalakten oder Fotos von Meisner."**

Gab es Personen in der Abwehr und der SS (im Mai 1944 wurden der Nachfolger von Canaris und der größte Teil der Abwehr dem Reichssicherheitshauptamt (RSHA) unter Walter Schellenberg unterstellt), in den Reihen der deutschen Spione in der Schweiz, bei dem Schweizer Geheimdienst und natürlich beim OSS, die von „Operation Unthinkable" wussten und die alle miteinander für diese im Juli 1945 anlaufende Militäraktion heimlich zusammenarbeiteten?

**Walter Friedrich Schellenberg** war SS-Brigadeführer und Generalmajor der Polizei. Schellenberg war ab 1944 **Leiter der vereinigten Geheimdienste von Sicherheitsdienst des Reichsführers SS (SD) und Abwehr im RSHA.**

Von 1939 bis 1941 war er Leiter der polizeilichen Spionageabwehr der Gruppe IV E des RSHA und fungierte danach bis Kriegsende als Leiter des Auslandsnachrichtendienstes im Amt VI des RSHA. Nachdem Schellenberg Canaris Ende Juli 1944 festgenommen hatte, konnte er auch teilweise dessen militärischen Geheimdienstapparat zerschlagen, beziehungsweise darauf Einfluss nehmen.

Als das Ende des Dritten Reiches absehbar war, trat er im Auftrag Himmlers in Kontakt mit westlichen Institutionen (Schwedisches Rotes Kreuz, Graf Folke Bernadotte).

Im Juni 1945 wurde Schellenberg inhaftiert, konnte jedoch später durch seine Zeugenaussage beim Nürnberger Kriegsverbrecherprozess eine langjährige Haftstrafe vermeiden.

**Angeblich hat Schellenberg Informationen über die Sowjetunion an Allen Dulles und den OSS weitergegeben.**

Schellenberg war schon in die so genannte Masson-Schellenberg Nachrichtenline verwickelt. Roger Masson war Oberstbrigadier und Chef des militärischen Nachrichtendiensts der Schweiz während des Zweiten Weltkriegs. Während des Weltkrieges organisierte er eine geheime Nachrichtenverbindung zum deutschen Sicherheitsdienst, SD, geführt durch den SS-Mann Walter Schellenberg.

Wurde evtl. auf Veranlassung des RSHA und Walter Schellenberg, geheime Informationen über Flak-Zielgeräte an den OSS nach Bern weitergegeben?

Auf wessen Befehl könnte das RSHA diese und andere Maßnahmen durchführt haben?

Der Autor vermutet, dass General Kammler, dessen Schicksal nach Kriegsende bis heute ja weiterhin im Dunkeln liegt, bereits ein Agent des OSS war, weil er wohl für sich und den Fortbestand Deutschlands eine Chance an der Seite der US-Verschwörer sah.

Flüchtete Kammler nach Kriegsende in die Schweiz und weiter über Spanien nach Lateinamerika?

Wurde gar Franz Josef Strauß, gewollt oder ungewollt, in diese heimlichen Planungen des Dritten Weltkrieges irgendwie darin verwickelt und geriet er in undurchsichtige Geheimdienstkreise, aus denen er, bis zu seinem Tod, nicht wieder herauskam? Nach dem Motto. „Einmal Geheimdienstler – immer Geheimdienstler!"

Hoffte Strauß, der sich nach dem Krieg weiterhin in der (Erpresser-) Hand der Amerikaner befand, doch noch, wenn auch „nur" im Kalten Krieg, die verhassten Russen nieder ringen zu können? Kannte er bestimmte Langfriststrategien der USA, den „Ostblock" und die Mauer zu Fall zu bringen und war Strauß deshalb einverstanden, als Vermittler der, am untergehen und so gut wie pleite gegangenen DDR, mit einem Milliardenkredit über die Runden zu helfen?

Alles Machenschaften, von denen keiner will, dass sie je an die Öffentlichkeit gelangen!

Zu den angebotenen Hinweisen über das Schweizer „Reduit", hier ein Bericht über die „Alpenfestung", die ein Teil der Kriegspläne der U.S. Verschwörer gewesen sein könnte, um bestimmte Personen ein Überleben in einem totalen Atomkrieg zu gewährleisten:

# Die „Alpenfestung"

Renato Vesco berichtet in seinem Buch *„Intercept but don´t Shoot"*:

„Das Hauptziel der Nazis aber war, die Arbeiten an der sogenannten „Operation Alpenfestung" zu intensivieren."

Weiter heißt es bei Vesco:

*„Ich werde die Schlacht gegen die Zeit gewinnen!"*

Dies soll Hitler gegenüber den Experten aus Partei und Waffen SS geäußert haben, die planten, im Süden des Reiches ein Widerstandsnest gegen die Alliierten aufzubauen.

In dem Buch *„A Soldier´s Story"* berichtet General Omar Bradley, Kommandeur der XII U.S. Armee: „Monate zuvor wies uns G-2 auf einen phantastischen Schachzug des Feindes hin, seine Truppen in die österreichischen Alpen zurückzuziehen, wo Waffen, Nachschub und sogar Flugzeugwerke in Untergrundanlagen für den Endkampf gelagert und versteckt wurden."

Für die Planung der Alpenfestung war maßgeblich der Tiroler Gauleiter Franz Hofer zuständig. Die Grundidee seiner Überlegungen stammte aus der Schweiz. Dort plante man eine große nationale *„Redoubt"* in den Bergen im Süden der Schweiz, um ggfs. Widerstand gegen einmarschierende deutsche Truppen leisten zu können. Nazi-freundliche Schweizer Kreise teilten den Deutschen (Meisner und dem deutschen Spionagenetzwerk in der Schweiz, Anm.d.A.) in allen Einzelheiten mit, wie man sich die Verteidigung der eidgenössische Schweiz vorstellte.

Anmerkung des Autors:

Solche Nazi-freundlichen Kreise in der Schweiz, die ggfs. Kontakt zu Meisners Abwehr hatten, geduldet und heimlich, „über fünf Ecken", unterstützt von dem U.S. amerikanischen Geheimdienst OSS, hätten bestimmten Kreisen in Deutschland, wie General Kammler und bestimmte SS-Forschungsinstituten, Informationen für die Atomforschung zukommen lassen können.

So heißt es auszugsweise, hier gekürzt in einem Schweizer Artikel aus *„Die Weltwoche"*, Nr. 32/2011 über *„Scherres Geheimnis"*

„Schweizer forschten bei der Entdeckung der Kernspaltung an der Weltspitze mit. Beim Wettlauf um die Atombombe arbeitete der Zürcher Physiker Paul Scherrer eng mit den Amerikanern zusammen. Damit öffnete er der Schweiz den frühen Zugang zur zivilen Nutzung der Kernenergie. Teil 1. Von Alex Baur.
...
Eher beiläufig skizzierte er auch, nach welchen Prinzipien eine Atombombe funktionierte und was man von einer Wasserstoffbombe zu erwarten hatte, die damals gar noch nicht entwickelt war.
...
Paul Scherrer war international gut vernetzt. Offenbar verfügte er aber auch – und das war weniger bekannt – **über einen direkten Draht zu General Leslie Groves, der für den Bau der amerikanischen Atombomben verantwortlich war.** Scherrer hatte den General sogar unmittelbar nach Kriegsende in den USA getroffen. Bei dieser Gelegenheit, so erklärte sein langjähriger

Assistent Werner Zünti Jahre später, habe der Amerikaner Scherrer sogar die hochgeheimen Plutoniumreaktoren von Hanford gezeigt. Wie war das nur möglich?
...
Wie Powers' Recherchen in den Archiven des damaligen amerikanischen Nachrichtendienstes OSS ergaben, arbeitete Scherrer unter dem Tarnnahmen «Flute» eng mit den Alliierten zusammen. «Flute» rapportierte **seine Kenntnisse über die Atomforschung regelmässig an den späteren CIA-Chef Allen Dulles, der in Bern stationiert war. Der OSS-Offizier Frederick Read Loofbourow ging in Scherrers Privathaus an der Rislingstrasse 8 in Zürich Fluntern ein und aus.** Zum Erstaunen der Amerikaner wollte der Professor kein Geld. Er kooperierte aus Überzeugung mit den Alliierten.
...
Obwohl Scherrer aus seiner Abscheu gegen den Nationalsozialismus nie ein Hehl gemacht hatte, <u>verfügte er über beste Kontakte zu seinen deutschen Kollegen.</u> **Mindestens zwei Mal lud er während des Krieges Werner Heisenberg persönlich zu Vorträgen nach Zürich ein, mit Wissen des OSS.** Das wahre Motiv der Einladungen ist in den **Archiven des Geheimdienstes."**

-Ende Zitat-

Wenn also bestimmte alliierte „Verschwörer" für ihre, in Deutschland während des Krieges errichteten Festungsanlagen, wie im Eulengebirge, Schlesien, Jonastal in Thüringen oder im Mühlviertel in Österreich, Atommeiler zum Bau von Atombomben benötigten, hätte die in Los Alamos, USA entwickelte Atomtechnologie über die neutrale Schweiz weiter nach Deutschland gelangen können.

Um hier die nukleare Forschung anzuschieben und zu forcieren, damit Deutschland in der Lage war, nicht nur Uran- und Plutonium Meiler, sondern auch Atombomben bauen zu können. Nicht für den „Endsieg" Hitler-Deutschlands, sondern für die Angelsächsischen Kreise, die einen, mit Atombomben geführten Dritten Weltkrieg gleich nach Ende des Zweiten Weltkrieges anzetteln wollten.

Es ist gut denkbar, dass die einzelnen „Verschwörer" „zweigleisig" fahren mussten. Offiziell war das Hauptziel des OSS, die Deutschen und das Nazi-Reich niederzuringen. Deshalb war auch Werner Heisenberg ein Feind, den es auszuschalten galt, damit die deutsche Atomforschung unbedeutend bliebt (wie sie ja auch von der Propaganda bis heute so dargestellt wird).

Aber für den Dritten Weltkrieg brauchte man auf dem zukünftigen Schlachtfeld Deutschland eben Festungen, ausgestattet mit Atommeilern zur Produktion von Atombomben, so wie es ja bereits in den USA seit 1944 in Hanford praktiziert wurde. Um möglichst schnell in Europa dieselben Produktionsbedingungen zu erlangen, bediente man sich eben willigen Deutschen, die mit Hilfe der, z.B gut organisierten „Organisation Todt", die mit zehntausenden von Sklavenarbeitern solche verbunkerten Anlagen an den bekannten Standorten in der Lage war, unbürokratisch und relativ schnell aus dem Boden zu stampfen. Dann brauchte man „nur noch" das bereits bestehende deutsche Atomforschungsprogramm soweit zu manipulieren und mit den entsprechenden Informationen zu versorgen, dass man auf deutscher Seite in der Lage war, Leicht- und Schwerwasserreaktoren zu bauen, damit nukleare Sprengköpfe für Langstreckenraketen hergestellt werden konnten.

Peenemünde und Wernher von Braun, der bereits während des Krieges Kontakte zu Alliierten im Ausland gehabt haben könnte, entwickelte und baute solche „ICBMs" - neben der „offiziellen V-2, dem „Aggregat-4" - und die U.S.-Verschwörer hätten das Ausgangsmaterial bekommen, das sie für den Dritten Weltkrieg benötigten.

Sollte die „Verschwörung" nicht funktionieren, wird alles verneint, alle hatten nur die verhassten Nazis bekämpft und letztendlich besiegt und die Deutschen waren an allem Schuld. Anders lautenden Informationen sind nur reine „Science Fiktion" und „Verschwörung" einiger verrückter „Verschwörungstheoretiker", die von einer gut eingespielten Propagandaindustrie im Zaum gehalten werden!

...

Weitere Informationen über die Alpenfestung:

„Verbarrikadierte Gebirgspässe, verminte Tunnel und Brücken, großflächige Zerstörung von Wegen und Straßen, um feindliche Truppenbewegungen außerhalb der Nationalen Redoupt zu verhindern, Flugplätze anlegen, Gräben ausheben, Verbindungsgräben und -wege vor Fliegersicht tarnen und vorhandene und neue Tunnel in Warenlager für Lebensmittel, Waffen, Munition, Treibstoff und Medikamente umzuwandeln.

Man fragte sich in Deutschland, ob auch hier, aufgrund der größeren Ressourcen und Möglichkeiten man in der Lage sei, solch ein Unternehmen durchführen zu können. Nach dem italienischen Waffenstillstand wurde Hofer plötzlich zum Gauleiter für Südtirol und Reichsstatthalter für den Voralpenbereich ernannt.

Dieses Gebiet erstreckte sich auch auf die italienische Seite. Dadurch bekam Hofer Kenntnis über die militärischen Möglichkeiten auf der italienischen Seite der Alpen, dem sog. „Littorio Wall".

Der Littorio Wall sollte weiter ausgebaut werden, um einen Angriff aus dem Süden standzuhalten. Dabei wurden die bereits vorhandenen Festungen, Höhlen und Tunnel in den Dolomiten, als Arsenal für General Kesselrings Armee genutzt.

Im November 1944 stellte Gauleiter Hofer Hitlers Sekretär Martin Bormann seinen Plan für das „Unternehmen Alpenfestung" vor, damit dieser ihn an den Führer weiterleiten konnte. Der Bericht enthielt Karten, Fotos und Angaben über die geologische Beschaffenheit des Alpengebietes, um dort möglichst **schnell ein riesiges Lager für die verbliebenen Truppen - hauptsächlich Elite-Truppen der SS** - aufzubauen, so dass diese mit neuen Waffen ausgestattet werden können. Der Originalplan sah den Alpenraum im Westen von Österreich vor, mit Teilen des Po-Tals, wo bereits einige Anlagen vorhanden waren.

Die Grenze der Alpenfestung verlief entlang der Schweizer Grenze, beginnend am Ortleb-Massiv, gefolgt vom Littorio Wall - nun „Süd-Wall" genannt - entlang des Hohen Tauern, weiter entlang der Salzach mit Berchtesgaden und dann westlich, entlang der bayerischen Alpen bis zur südlichen Spitze des Bodensees.

Um das Vorhaben schnellstmöglich umzusetzen, bot Hofer der Partei rund 70.000 österreichische Arbeiter an, die schon in der Bauwirtschaft tätig waren und in der Errichtung von Anlagen im Gebirge und von bombensicheren Gebäuden spezialisiert waren. Dazu kamen circa 250.000 KZ-Gefangene, die momentan in andere geheime Bauvorhaben eingesetzt wurden.

Als Polizei und zur Überwachung der Arbeiten wollte Hofer die Tiroler Standschützen einsetzen, die außerdem die Verteidigung gegen z.B. alliierte Fallschirmjäger übernahmen. Zuerst wurde Hofers Plan allgemein abgelehnt. Nachdem aber die Ardennen-Schlacht für Deutschland verloren ging, wurde ein Treffen zwischen Hofer und Hitler arrangiert. Der Führer konnte von der

Durchführbarkeit von Hofers Plan überzeugt werden, aber das Vorhaben sollte einige Änderungen erfahren, um die Effektivität zu steigern.

Die Diskussion über das Bauvorhaben „Alpenfestung" von Gauleiter Hofer soll am 27. Januar 1945 im Führerbunker in Berlin stattgefunden haben. Das Gebiet der Festung sollte nun Oberbayern, die Allgäuer Berge, Vorarlberg, Tirol, Berchtesgaden, Salzburg, Steier, Trentino und die Dolomiten umfassen. Hitler wollte am 20 April 1945, seinem 56. Geburtstag, das Kommando über die Alpenfestung übernehmen."
**Aus „Intercept but don't Shoot" v. Renato Vesco.**

Ergänzend hierzu noch einige Hinweise aus dem Artikel *„Underground Factories in Italy"*, The Aeroplane, 29. März 1946 von „MGO":

„Zwei der raffiniertesten deutschen Produktionsanlagen wurden nie von Alliierten Flugzeugen entdeckt. Diese Fabriken waren entlang des wunderschön gelegenen Lago di Garda – Gardasee – in Norditalien versteckt. Als Tarnung in der Umgebung dienten Burgen, Klöster, Weinhänge, Oliven-, Orangen- und Zitronenhaine. Nicht ein einziges Fabrikgebäude war auszumachen. Nicht eine einzige Eisenbahnstrecke oder Straße führte zu den Fabrikanlagen, die im Rahmen der „Alpenfestung" Flugzeugmotoren und andere Bauteile produzierten.

Die Fertigungshallen bestanden aus 74 Tunneln, die in der Länge zwischen 10 und 150m variierten. Sie wurden bereits 1931 (somit kann man sich fragen, wann der Dritte Weltkrieg tatsächlich geplant wurde, siehe auch Planungen in Thüringen und im Eulengebirge, die lange vor Ausbruch des zweiten Weltkrieges vorgenommen wurden, Anm.d.Autors) in den Felsen gehauen, um eine 6m breite Straße zu bauen. Der Umbau zu Fertigungsanlagen war somit sehr einfach:

Im hinteren Bereich des Tunnels wurden Werkzeug- und andere Maschinen installiert und der vordere Teil blieb offen. Eine Art Fließband diente zum Transport gefertigter Teile. Eine Schmalspurbahn, dessen Gleise in die Straße eingelassen wurden, verband alle Tunnel. Da keine Schwellen verwendet wurden, war die Gleisanlage aus ein paar Meter Entfernung bereits nicht mehr auszumachen.

Die Tunnelfabriken wurden durch Barkassen, die auf dem Gardasee entlang fuhren, versorgt. Die Dampfschiffe fuhren zwischen zwei Städten am südlichen Ende des Sees, wo sich je eine Gleisverbindung zur Hauptstrecke Mailand-Verona befand. Die Gleisanschlüsse waren ca. 15 km von den Tunnelanlagen entfernt, so dass im ersten Moment keine Verbindung zu erkennen war. Der Nachschub wurde meistens in der Nacht durchgeführt, und gleichzeitig standen zu dieser Zeit die fertigen Flugmotoren zum Abtransport bereit.

Die gesamte Anlage wurde von Fiat betrieben und vom Ministerium Speer kontrolliert, das in Riva und Sirmione seine Hauptquartiere hatte.

Auf der östlichen Seite des Gardasees war eine identische Anlage, die von Caproni betrieben, Flugzeugteile produzierte. Ungefähr 10.000 Frauen und Männer arbeiteten in den Anlagen, von denen die meisten Italiener waren, sowie einige deutsche Aufsichtskräfte.

Zuerst dachte man, die versteckten Fabrikationsstätten am Gardasee gehörten zum normalen System der „Schattenfabriken", bis man in Bolzano Unterlagen des dortigen deutschen Beschaffunksamtes auswertete und feststellte, dass die Anlagen ein Teil der Alpenfestung waren. Es wurde gesagt, dass bis zu 100.000 Arbeiter in dem Gebiet der Alpenfestung arbeiteten.

Nachdem die britische Einheit des Artikelschreibers „MGO" das Gebiet besetzt hatte, <u>war ein beträchtlicher Teil des eingelagerten Materials</u> schon abtransportiert, vieles war gestohlen und <u>größere Mengen waren immer noch versteckt</u>. <u>Aber selbst das Material, das Übertage gefunden wurde, ergab ein Güterzug von 15 km Länge</u>. Alle nur erdenklichen Produkte, vom Stoffballen bis zu großkalibriger Flak-Munition hat man gefunden. Untertage fand man tausende Tonnen von Waren. <u>Als die englische Einheit das Gebiet verließ, war noch nicht einmal alles aufgelistet, vieles noch gar nicht entdeckt.</u> Unter den Waren befanden sich auch überraschenderweise 40.000 Schweizer Präzisions-Uhren."

Wie weit war der Bau der Alpenfestung wirklich vorangeschritten? Was geschah nach dem zweiten Weltkrieg mit den bereits fertigen unterirdischen Anlagen im Alpengebiet? Wurden sie für immer verschlossen und gesprengt, oder aber nach dem Krieg wieder genutzt und weiter ausgebaut, falls der „Kalte Krieg" doch noch „heiß" werden würde? Sollten die eingelagerten Waren das Überleben bestimmter, privilegierter Leute in einem nuklearen und totalen Dritten Weltkrieg garantieren?

Sollten in den Alpen bestimmte Personen die Chance bekommen, einen Dritten Weltkrieg und den „Nuklearen Winter" zu überleben, als Grundstock für eine Neue Weltordnung? Angeblich sollen im Jonastal in Thüringen an die tausend ausgewählte Personen inklusive ihren Familien in den dortigen unterirdischen Festungsanlagen vor einem nächsten Krieg Schutz gesucht haben.

Welche Persönlichkeiten aus Deutschland, die mit den angelsächsischen Verschwörern kollaborierten, sollten sich in die neutrale Schweiz zurückziehen, um eventuell in Bern und Umgebung, wo die Amerikaner einen Geheimdienststützpunkt hatten, den nächsten Krieg gegen die Sowjetunion einzuleiten? Bestimmte deutsche Generäle, SS-Obergruppenführer Kammler, der bis heute als verschollen gilt und dessen Schicksal ungeklärt ist, bzw. weiter geheim gehalten wird?

Sollten die „Alpenfestung", und viele weitere unterirdische Bunkeranlagen, die die Nazis während der letzten Jahre des Krieges überall in Deutschland errichten ließen, für „Operation Unthinkable", den Kampf britischer und U.S. amerikanischer Kreise gegen die Sowjetunion genutzt werden und wurden sie eigentlich dafür gebaut?

## 3. Kapitel

## Unterirdische Anlage und geheime Städte Zufluchtsstätten für den Letzten Großen Krieg?

### Das Regenwurmlager

Das Regenwurmlager liegt im Kainischter Wald und wurde nach dem in der Nähe liegenden Flüsschen „Regenwurm" benannt. An dem großen Kasernengelände wurde das Flüsschen zu einem kleinen Waldsee aufgestaut.

Das Lager war gut versteckt im Wald eingebettet und weitläufig abgeschirmt und war ein Teil der „Ostwall" – Verteidigungslinie. In den, als Reservelager geltenden Kasernen wurden Waffen und Ausrüstung für eine Mobilmachung eingelagert. Außerdem diente die Anlage als Ruhelager, weil der Ort relativ ruhig im Wald gelegen war. Es soll eine gut ausgebaute Stellung gewesen sein. So waren z.B. die die Grubenwände der Abstellplätze für Fahrzeuge gefliest.

Es waren auch „dunkelhäutige Soldaten mit deutschen Uniformen und Turban" auf dem Gelände anwesend. Diese indischen Soldaten gehörten zum 950. Infanterie-Regiment und war als „Indische Legion" bekannt.

Diese Indische Legion, „Azad Hind" bestand aus Freiwilligen, die man aus Kriegsgefangenenlager in Afrika rekrutiert hatte. Sie kämpften für die Freiheit Indiens, also gegen die Engländer und waren u.a. zu Sicherungsaufgaben am Atlantikwall eingesetzt worden.

Außer einem kleinen Teil an Indern sollen noch Soldaten aus anderen Nationen sich im Regenwurmlager aufgehalten haben.

Wohlmöglich wurden diese Männer auch von der Abwehr des OKW, der Abteilung von Admiral Canaris für Sonderaufgaben im Regenwurmlager ausgebildet.

In der November 2002-Ausgabe des amerikanischen Magazins „*Fate*" berichtet Paul Stonehill über „*Secrets of the Regenwurmlager*". Hier eine kurze Zusammenfassung aus dem Englischen:

„Im ehemaligen Posen, heute zu Polen gehörend, das an Brandenburg angrenzt, liegt der kleine Ort Meseritz/Miedzyrzecz. Westlich davon befindet der Lubuskie Distrikt – ungefähr 100 Kilometer westlich von Posen und 220 km östlich von Berlin. Hier erstreckt sich entlang der Flüsse Oder und Warta eine große Untergrundbefestigung, die Teil des Ostwalles war. Diese riesige unterirdische Anlage wurde deutscherseits „*Regenwurmlager*" (RL) genannt.

Bereits in den 1930er Jahren wurde mit dem Bau dieser Anlage, die auch mit der Maginot-Linie verglichen wird, begonnen und während des Krieges wurde sie weiter ausgebaut. Unterirdische Gänge von 50 oder mehr Kilometer Länge sind in 30-50m Tiefe angelegt worden.

Heute ist es möglich, einen kleinen Teil dieser mit Beton ausgegossenen Tunnel in der Nähe der polnischen Stadt Kalawa, die 12 km südwestlich von Miedzyrzecz liegt, zu besichtigen. In den Bunkern haben heute mehr als 30.000 Fledermäuse von 12 verschiedenen Fledermausarten eine neue Heimat gefunden. In den kommunistischen Jahren von Polen wollte man in den unterirdischen Gängen nukleare Überreste einlagern. Dies wurde aber aufgrund von Warnungen polnischer Wissenschaftlern wieder fallen gelassen.

Den meisten heutigen Touristen ist unbekannt, dass große Teile der unterirdischen Anlage mit Sprengfallen gesichert sind. Viele Neugierige, die sich sorglos in die Unterwelt wagten, haben ihr Leben verloren, als sie ahnungslos in diese damals sorgfältig angelegten Fallen hineintappten.

Die Miedzyrzecki Befestigungsanlagen bestehen aus befestigten Bunkern, riesigen Stahlkuppeln und kilometerlangen Panzersperren aus Beton. Ungefähr 21 Bunker sind mit einer unterirdischen Bahn miteinander verbunden, die in 30-50m Tiefe verläuft (siehe auch Magienot-Linie, wo auch eine unterirdische Bahn verläuft, Anm.d.A.).

Der Haupttunnel verläuft in einer nord-südlichen Linie. Seitlich des Hauptweges zweigen kleinere Tunnel links und rechts ab. Betontreppen reichen zu oberirdischen Panzerwerken hinauf. Die stählernen Wände dieser Bunker waren bis zu 25 Zentimeter dick und enthielten Maschinenkanonen, Flammen- und Granatwerfer. Außerdem gab es Lagerräume für Munition, Mannschafts-, Sanitätsräume sowie Belüftungssysteme und Maschinenräume mit elektrischen Generatoren. Unterirdisch befand sich eine elektrische Beleuchtung, Klimaanlage, Funkräume und ein Abwassersystem. Man nimmt an, dass in den mehrstöckigen unterirdischen Korridoren gegen Ende des Krieges auch geheime nukleare Forschungen betrieben wurden.

Im Januar 1945 nahm die Roten Armee das Gebiet und die unterirdischen Anlagen ein. Die Sowjetarmee blieb dort bis 1993. Die Rote Armee und der Kreml in Moskau hatten kein -offizielles – Interesse die unterirdische „SS-Stadt" zu untersuchen. Aber es gab einen russischen Offizier, der sich privat mit der Erforschung der gesamten unterirdischen Anlage befasste.

Er sammelte alle verfügbaren Daten, Zeitungsartikel, Augenzeugenberichte und Legenden über das betreffende Gebiet.

Als 1945 die Sowjet Armee auf dem Vormarsch nach Berlin war, gab es in der Miedrzyrzecki Befestigungs-Region keine größeren Verteidigungskämpfe deutscher Truppen, die u.a. aus zwei Regimentern, Wachtruppen und einer Ausbildungseinheit der 3. SS Panzerdivision „Totenkopf" bestanden.

Die SS zog sich sehr schnell aus dem Gebiet zurück, ja sie verschwand binnen Stunden aus den unterirdischen Anlagen. Aber wohin?

Die einzige Straße in der Umgebung war von 44. Panzer Brigade unter Gen. M.E. Katukov eingenommen. Die SS „Totenkopf" Truppe aber verschwand ohne auch eine Spur zu hinterlassen.

In der Nähe der unterirdischen Anlagen liegt der Keszyckie See, über den geheimnisvolle Geschichten erzählt wird. In unmittelbarer Nähe des Sees fanden die Sowjets nach dem Krieg einen Betonbunker mit einem Ausgang für ein unterirdisches Stromkabel mit 380 Volt. Die beauftragen Sowjet-Ingenieure fanden außerdem ein Wasserbecken aus Beton. In diesem Sammelbecken sammelte sich das Wasser, das von oben in die Turbinen eines unterirdischen Wasserkraftwerkes stürzte, gespeist aus dem darüber liegenden See. Gerüchte besagen, dass der See von einer Anzahl angrenzenden Rückhaltebecken Nachschub an Wasser bekam. Auf dem See schwimmen heute mit Pflanzen überwucherte „Hügel".

Diese künstlich angelegten Inseln von ca. 50m Länge enthielten Abwehrstände, sowie geheime Einstiege in den Untergrund und wurden durch Anker im See gehalten. In den umgebenden Hügeln lagen weitere geheime Eingänge in die Unterwelt.

Die riesige unterirdische „Stadt" enthielt alles, was man zum überleben brauchte, um damit über mehrere Monate oder sogar Jahre auszukommen. Ein **„U-Bahn"-System, elektrisch betrieben**, war in weiten Teilen der Anlage verteilt. Die Sowjets fanden auch ein Untergrund-Krematorium. Hier wurden wahrscheinlich die Erbauer, Arbeiter und Handwerker nach ihrer

Liquidation eingeäschert, um das Geheimnis der unterirdischen Anlagen nicht verraten zu können (wie dies ggfs. auch bei anderen geheimen Untergrundanlagen im Dritten Reich der Fall war, Anm.d.Autors).

Die Tunnelanlagen erstreckten sich von Posen in Richtung Westen und waren erstaunlicherweise alle noch trocken, obwohl die Tunnel entweder unter Feldern, Wälder und Flüssen gegraben waren. Wo sich das Ende oder der Anfang der Anlagen befand, konnten die Russen nicht herausfinden. Die Wände und Decken der Tunnel waren mit Betonplatten verkleidet, während der Boden aus rechteckigen Steinplatten bestand. Der russische Privatforscher fuhr mit einem Militärfahrzeug 20 Kilometer in Richtung Westen innerhalb der weit verzweigten unterirdischen Anlagen (B-8 „Bergkristall" soll eine Stollenlänge von ca. 40km gehabt haben, Anm.d.A.).

Er konnte auch einen alten polnischen Zeitzeugen ausfindig machen, der heimlich die Anlagen in den 1940 und 50er Jahren erkundete. Er erzählte, dass mit dem Bau der unterirdische Stadt bereits 1927 begonnen wurde.

Später ließ Hitler sie weiter ausbauen. Gemäß dem polnischen Zeugen soll Hitler das „Regenwurmlager" 1937 selbst besucht haben, in dem er mit einer **Untergrundbahn von Berlin aus eintraf.** Danach wurde die Anlage der Wehrmacht und der SS übergeben. Wahrscheinlich konnten kurz vor Einnahme der Anlage durch die Rote Armee, die verbliebenen deutschen Truppen das Gebiet durch die kilometerlangen Tunnel Richtung Westen fluchtartig verlassen. Oder sie entkamen durch eine der vielen oberirdischen Ausgänge, die gut getarnt in Hügeln oder Seen verborgen waren."

Soweit der Bericht.

Wie viele solcher – geheim gehaltener – gut ausgebauter und gut beleuchteter Tunnel und Tunnelkilometer gibt es alleine in Deutschland, ob in den letzten Jahrzehnten neu gebaut oder ältere Anlagen?

Sind geheime Bunkeranlagen aus dem Krieg mit solchen Tunneln untereinander verbunden gewesen? Kann man z.B. heute von Ramstein/Pfalz zum Rhein-Main Flughafen unterirdisch fahren und weiter zum U.S. Headquarters nach Wiesbaden /Hessen?

Fahren dort auch Eisenbahnen, MagLev-Züge von Siemens und ähnliches? Wer war schon mit einer Bahn in solchen Tunnel über weite Strecken unterirdisch unterwegs? Bitte unbedingt beim Autor melden!

Ob heute noch irgendwelche Schätze in den riesigen Weiten der unteridischen Tunnel und Anlagen versteckt sind, ob gar Überreste geheimer Forschungen noch immer irgendwo verborgen sind, ist unklar. Wahrscheinlicher ist vielmehr, dass Personen, die die unterirdischen Einrichtungen kannten, im Auftrag der Alliierten oder einer alliierten Spezialtruppe, die letzten, versteckten Geheimnisse im Laufe der Nachkriegsjahre systematisch herausgeholt haben, so dass man heute außer - evtl. dann wieder neu angelegten Sprengfallen – außer Kriegsschrott nichts mehr von Bedeutung finden wird.

Wie viele weitere geheime unterirdische Anlagen befinden sich heute noch unentdeckt in Deutschland und den angrenzenden Ländern?

Warum wurde bereits 1927 mit dem Bau des „Regenwurmlagers" in Posen begonnen? Schon für den zweiten Weltkrieg, oder für ein geheimes Militärlager, oder sogar für hoch geheime Forschungen?

## „Alternative Two"

Neben der „Alternative 3" gab es noch zwei andere Alternativen:

„A-1" sah vor mittels Atombomben mehrere Löcher in die Erdatmosphäre zu sprengen, um die Verschmutzung, entstanden durch jahrzehntelange weltweite Umweltverschmutzung, in den Weltraum entweichen zu lassen. (Eine andere Erklärung betrifft die „Aurora-Borialis"-Versuche zur Erzeugung einer künstlichen Ionosphäre)

Bei „A-2" ging es darum, unterirdische Wohnstätten für die Weltelite, sowie für Privilegierte anzulegen, in die man sich zurückzieht, falls auf der Erdoberfläche „der Teufel los ist". So findet man im Internet über geheime unterirdische Anlagen folgende interessante Informationen:

„Die Civil Defense Administration", die 1951 von Präsident Truman geschaffen wurde, entwickelte die ersten konkreten Evakuierungspläne für den U.S.-Regierungssitz in Washington. Hierzu gehörte auch der Bau einer gewaltigen Bunkeranlage in einer ländlichen Gegend in Virginia, bekannt als „Mount Weather". Außerdem gibt es eine Einrichtung unter der offiziellen Bezeichnung „Alternate National Military Command Center". Sie ist auch unter dem Namen „Raven Rock" oder „Site R" bekannt und liegt 5 Meilen nördlich von Camp David.

Da diese Orte auch den potentiellen Gegnern geläufig sind, gibt es weitere geheime, über das Land verstreute militärische und zivile Bunker. So sollen schätzungsweise bis zu 50 derartige Einrichtungen existieren. Sie sind alle atombombensicher und über Satelliten- oder terrestrische Kommunikation miteinander verbunden. Jeder dieser Bunker kann im Ernstfall als Regierungssitz verwendet werden (Emerson 1989). Im Jahre 1957 hatte US-Präsident Eisenhower einen geheimen Fond ins Leben gerufen, mit dem Dutzende solcher unterirdischen Anlagen gebaut werden konnten. Die Mittel dazu kamen aus dem Kongress unter Tarnung „zur Errichtung und zum Unterhalt von geheimen Anlagen", wohin der Präsident in Kriegszeiten gebracht werden kann: Allerdings ist nur ein kleinerer Teil dieser Anlagen als präsidiale Notunterkunft konzipiert.

Auch die frühere Sowjetunion hat auf dem Gebiet der unterirdischen Anlagen gewaltige Anstrengungen unternommen. Nach einem Bericht von Major General George J. Keegan soll die Sowjetunion mindestens 75 unterirdische Anlagen in der Nähe Moskaus eingerichtet haben. Jeder von ihnen sei 33 m tief, Beton armiert und von einer 130 m starken Erddecke geschützt. Diese Anlagen seien 2-3 m stabiler als der Hoover-Staudamm. Kleinere Ausführungen der Moskauer Bunkeranlagen sollen bei jedem Kommandoposten, in jeder größeren Stadt und in jedem militärischen Distrikt der ehemaligen Sowjetunion existieren.

Riesige Speicher, die eine Größe von bis zu 4 Fußballfeldern erreichen, sollen 60 m und tiefer liegen und mit Lebensmittelvorräten ausgestattet sein. Die Kosten für diese Anlagen waren enorm. Ein einziger dieser Bunker in Moskau verschlang Kosten in Höhe von 600 Millionen US Dollar (Burrows 1986)."

Übrigens:

Unterhalb der russischen „Metro" in Moskau befindet sich mindestens nochmals eine gleich große unterirdische Anlage, die u.a. vom Kreml genutzt werden sollte, wenn es zum Krisenfall kommt. Einige Tunnel führen außerdem raus aus der ehemaligen Hauptstadt der UdSSR in sichere Bereiche. War dies auch in Berlin während des Krieges der Fall und hätte Hitler somit ungehindert und unentdeckt aus der Reichshauptstadt entfliehen können (so z.B. nach Bariloche, Argentinien, wo angeblich außerhalb der Stadt eine Villa stand, in der er und Eva Braun bis 1962 gelebt haben)?

Wahrscheinlicher ist aber, dass Hitler nie in der Reichkanzlei war, außer zu Repräsentationszwecken bei Paraden usw. Denn, hätte man in an seinem Arbeitsplatz in Berlin, in der Reichskanzlei an seinem Schreibtisch fotografiert, hätte man die überdimensionierten Möbel und dergleichen erkannt, und wie lächerlich klein Hitler in dem riesigen Zimmer gewirkt hätte. Deshalb gibt es ja auch keine fotos von Hitler in seinem Arbeitszimmer! Die Reichskanzlei war ein Gebäude zum Einschüchtern ausländischer Gäste, die die Macht und Größe des Dritten Reiches vorgegaukelt bekommen sollten.

Einschüchterungsbauten findet man bis heute zuhauf. Ob große Bahnhofsgebäude (Central Station, N.Y.), viele Gerichtsgebäude mit riesigen Eingangshallen, ob U.S. Bauten, wie die „FED" oder monumentale Steinbauten von internationalen Behörden der Amerikaner oder der UN in der Schweiz und Österreich.

Ob sich Hitler überhaupt je gegen Kriegsende im Führerbunker unter der Reichskanzlei aufhielt, oder eines seiner vielen Doppelgänger, ist unklar. Zumeist war Hitler zuerst in Rastenburg und hielt sich viel auf dem Obersalzberg auf, der sukzessive unterirdisch gegen Luftangriffe ausgebaut wurde.

Wie gesagt, der Zweite Weltkrieg ist in den Geschichtsbüchern sehr stark zensiert und manipuliert. Darstellungen aus dem Führerbunker stammen heute zumeist aus angelsächsischen Quellen, die man sehr stark auf ihre Glaubwürdigkeit anzweifeln muss.

Später soll eine „Kanzler-Bahn" vom Kanzleramt zu ehemaligen Flughafen Tempelhof und nach Tegel gebaut worden sein.

Auch China ist seit langem dabei, unterirdische Tunnel und Wege zu bauen. Den führenden Politikern stehen geheime Bahntunnels zur Verfügung, über die sie in einem Krisenfall sicher nach draußen fliehen können. Nach Aussagen eines chinesischen zivilen Bediensteten sind Privatwohnungen, Regierungssitz, Zentralbank und eine Armee-Basis über solche Geheimtunnels miteinander verbunden. Das unterirdische Netzwerk ist in den letzten 40 Jahren als Verteidigungseinrichtung gegenüber ausländischen Invasoren aufgebaut worden.

In Japan gibt es traditionsgemäß sehr viele zivile Tunnelprojekte. Nach einer jüngsten Verlautbahrung plant die „Taisel Corporation" den Bau einer kompletten Stadt unter dem Namen „Alice Stadt". Dort werden Einkaufszentren, Büros, Hotels, Theater und Sportanlagen entstehen. Auch Bäume und Wasserfälle sind vorgesehen (Hamilton III 1991, S.97).

Nach Aussagen des Amerikaners Milton William Cooper sollen heute in den USA über 75 komplette Untergrundstädte sowie 22 weitere Anlagen, die von der Atom-Energie-Kommission gebaut wurden, existieren. Angaben über Standorte und Details über diese sind „Top Secret". Die erforderlichen Gelder wurden über ein kompliziertes Netzwerk geschleust, so das selbst erfahrene Spione und Buchprüfer die Spuren nicht tückverfolgen können. Bis 1980 wussten nur einige Insider, wofür die Gelder bestimmt waren.

In Fachkreisen wird die Zuverlässigkeit der Aussagen Coopers angezweifelt. Allerdings haben auch andere Forscher, wie z.B. Leonard H. Stringfield über ähnliche Hinweise berichtet. So soll nach Berichten von Militärpersonal in Fort Hood (Texas) in einem Hügel in der Gegend ein gewaltiger unterirdischer Gebäudekomplex errichtet worden sein. Einer der Informanten behauptete sogar, dass die zum Bau verwendete Technologie an einen Science Fiction Thriller erinnern würde (Stringfield 1982, S. 20-30). Ein Forscher informierte Stringfield über einen anonym bleiben wollenden Offizier, der von streng abgeschotteten geheimen Untergrundzentren und militärischen Basen spricht, die über die ganze USA verteilt sein sollen.

Verschiedene Publikationen deuten daraufhin, dass einige der Behauptungen Coopers stimmen können. So hat die **Rand Corporation** in einem umfangreichen Bericht über das *„Second Protective Construction Symposium"* (Deep Underground Construction ) unter anderem geschrieben:

```
„So wie heute Flugzeuge, Schiffe und Autos es dem Menschen ermöglicht haben,
die Oberfläche der Erde zu beherrschen, werden Tunnelbohrmaschinen... ihm
Zugang zu unterirdischen Welt eröffnen"
(O´Sullivan 1959, Hamilton 1989).
```

Maßgebend bei der Planung und Erstellung der Anlagen soll der U.S.-Baukonzern „Bechtel-Corporation" beteiligt gewesen sein. Diese Firma wurde 1898 gegründet und gilt als weltweit größter Bau -und Ingenieurkonzern (s.a. Thomson, 1980). Aufgrund ihrer Quasi - Monopolstellung bildet die Lobby der Bechtel-Manager eine Art Schattenkabinett. Der Konzern wird auch als der industrielle Arm der CIA bezeichnet. Das Geschäft mit den einzelnen Tunnel-Technologien ist ein extrem stark wachsender Wirtschaftszweig, wie das „Wall Street Journal" vom 12.Dezember 1990 betonte. (Wurde auch der SS-General Hans Kammler bei Bechtel beschäftig, bzw. beriet den amerikanischen Konzern nach dem Krieg betreffend dem Bau unterirdischer U-Werke und Bunker?)

Allein in Amerika gibt es derzeit 87 zivile Tunnelprojekte.

Nach Plänen von Frank P. Davidson vom „Massachusetts Institute of Technology" sind sogar unterirdische Magnetschwebebahnen geplant, die in unterirdischen luftleeren Röhren unter den Weltmeeren mit Flugzeuggeschwindigkeit entlang rasen und Kontinente miteinander verbinden. Neben diesen öffentlich bekannten Projekten gibt es noch weitere zahlreiche Geheimprojekte. Dabei kann davon ausgegangen werden, dass die Technologie, die von den Militärs eingesetzt wird, der zivilen Technologie um Jahre voraus ist (Hamilton III 1991, S. 96).

Bereits in den 1960er und 70er Jahren gab es ein Forschungsprogramm für friedliche Atomexplosionen, wie „Kanäle graben" und „unterirdische Lagerräume" errichten. Auch die Russen haben solche Programme. Die Strahlung sei kein Problem. „Es gibt Aggregate, die sehr wenig strahlen: „saubere Bomben" (Gschwend 1988). Sprengsätze im Gramm-Bereich, diese werden mit geringsten Mengen von Uran und Plutonium gezündet und die Sprengkraft entfaltet eine thermonukleare Fusion. Die Strahlung die dabei frei wird, ist sehr kurzlebig und richtet keine große Langzeitschäden an."

Soweit einige kleine Auszüge von div. Internet-Seiten. Wenn es überall in der Welt – auch in

West-Europa – solche unterirdische Anlagen und geheime Städte gibt, warum werden sie nicht entdeckt, wie erfolgt ihre Versorgung, besteht Kontakt zur Oberwelt?

Welche Anlagen, elektrische Untergrundbahnen gab es im Zweiten Weltkrieg in Deutschland?

Verbanden solche Bahnen ggfs. die großen Untergrundanlagen und werden diese noch heute genutzt?

Haben amerikanische Headquarters, ob in Wiesbaden oder Ramstein, auch unterirdische Verbindungstunnel, z.B. nach Frankfurt zum Rhein-Main Airport?

## Unterhalb Area 51

Im Internet findet sich die Story von „Colonel Billie Faye Woodard", Oberst der USAF. Ob sein Bericht so oder so ähnlich stimmt, bleibt unklar, scheint aber ein „Körnchen Wahrheit" zu besitzen:

„Nachdem Col. Woodard zuerst im Pentagon arbeitete, begann er am 28. Januar 1971 seinen Dienst in Nevada, in der Area 51.

Col. Woodard Dienstzeit war von 1971 bis 1982, und er war sechsmal tief unter der Erde. Man erklärte ihm, dass die ersten 15 Levels von Menschen gemacht sind, die unterirdischen Stockwerke 16-27 waren aber bereits vorhanden!

Ohne den Dienstrang „Colonel" war es dem ehemaligen „Second Lieutnant" Woodard nicht möglich, in den untersten Ebenen zu arbeiten. Er lebte für die nächsten elfeinhalb Jahre tief unter der Erde!

Col. Woddard beschreibt die Tunnel als glatt, mit äußert harten Wänden, die durch nichts beschädigt werden konnten. Teilweise solle die Tunnel bis zu 12 m breit gewesen sein, um darin sogar unterirdisch Truppenbewegungen durchzuführen. Ein „Shuttle" soll ca. 550 km westlich von Area 51 in den Pazifischen Ozean hinauslaufen, bis nach Monterey, wo eine Pyramide stehen soll. Ein anderer Verbindungstunnel soll bis zu den Cheyenne Mountain Anlagen führen.

In den Tunnels, die große Teile der Welt durchziehen, sollen „Shuttle"-Fahrzeuge entlangfahren, die bis zu 400m lang sind. Kleinere Ausführungen sind 50-60m lang (wohlgemerkt alles Fahrzeuge, die bereits in den nicht von den Amerikanern gebauten tiefen Tunnelanlagen vorhanden waren). Die Fahrzeuge sollen Schallgeschwindigkeit erreichen und elektromagnetisch angetrieben werden und dabei die Feldlinien der Erde nutzen.

Col. Woddard spricht von bestimmten Wesen, die die Fahrzeuge steuern und von sieben Zivilisationen, die unterhalb der Erde wohnen. Man zeigte Woodard außerdem die Möglichkeiten dieser „Bewohner", die u.a. interplanetare Reisen sowie Zeitreisen durchführen können."

Die Beschreibung von menschenähnlichen Wesen, die unterhalb unserer Welt in einer „hohlen Erde" leben, erinnert an den Roman von Bolwer-Lytton.

Außerdem passt die Beschreibung der Tunnel auf das Tunnelsystem von Agharti: glatte Wände, Tunnelanlagen, die die ganze Welt durchziehen.

## Das Leben in einer geheimen unterirdischen Stadt

Als Beispiel sei hier einige Auszüge aus einem Tatsachenroman „*Die denkwürdige Reise der „Juri Gagarin*" von Anastasia Iwaschutkina, Marion von Schröder Verlag, 1979 zitiert:

„Der Roman erzählt die authentische Geschichte einer jungen Wissenschaftlerin im Rang einer russischen Kapitänin. Sie bekommt einen Forschungsauftrag, und im Rahmen ihrer geheimen Mission verschlägt es sie auch in die Kältewüste der sibirischen Arktis, wo unterhalb des ewigen Eises sich eine futuristische Station mit über 20.000 Einwohnern befindet, "die zum Aufregendsten gehört, was über die sowjetische Zukunftsforschung bisher bekannt wurde:" (Stand Mitte der 1970er Jahre!)
...
Photosynthese. Da haben wir etwas sehr Lustiges zu bieten: unseren Höhlenwald. Alles Kohlendioxyd, das bei uns anfällt - die ganzen Verbrennungsmotoren und unsere Atmung zum Beispiel - „füttern" wir in ein ziemlich verworrenes Höhlensystem, das bei unserer Abraumgewinnung nach und nach entstanden ist. Wir illuminieren die Höhlen, schufen eine Art Nährboden mit Gesteinsstaub, Sand und organischen Abfällen, untermischt mit Asche, zeitweilig benutzen wir die Höhlen als Rieselfelder. Und dann fingen wir mit Pappeln an. Der Höhlenwald liefert außer guter Luft, auch das Ziegenfutter für unsere Milch- und Käsewirtschaft. Humus für unsere Gartenanlagen, Holz von minderer Güte, mit dem wir aber Papier, Pappe und Isoliermaterial herstellen können.

Aber die Pappeln spielen jetzt nur noch eine nebensächliche Rolle. Wir haben schon einen Biotop mit ganzen Pflanzengesellschaften. Von der Photosynthese über den Stickstoff-Zyklus ist es ja nur ein Schritt zum Feld des Metabolismus.

Wir versuchen komplexe Moleküle gewissermaßen zu züchten, vor allem Aminosäuren, mit dem Ziel, zu Proteinen zu kommen.

...kamen wir „auf die Straße" und verschwanden auch gleich wieder in einem Tunnel, der in einen Bahnhof der Kabinenzüge mündete ... Wir fahren jetzt gleich etwa 30 Kilometer Strecke. Spitze 200 Stundenkilometer. In zehn Minuten sind wir da. Der Tunnel hat Gebläse, die den Luftwiderstand bedeutungslos machen.

Am Zugfenster blitzen jetzt kurz Einblicke in beleuchtete Quertunnel vorbei, der Tunnel selbst wurde breiter, gabelte sich, schien sich schließlich zu verästeln, lange Waggonreihen auf Nebengleisen huschten vorbei. Hier ist unser Hauptverschiebebahnhof. Wir haben ganz wenige fahrplanmäßige Züge.

Die Norm ist: Sie gehen zum Bahnhof, drücken auf einem Automaten den Knopf ihres Zielbahnhofes und stecken Ihre Karte in einen Schlitz. Daraus ist hier erkennbar, wohin Sie wollen, wer Sie sind, und daraus im Zweifelsfall wieder, wie eilig Sie es haben. <u>Automatisch fährt eine Waggoneinheit vor.</u>

Alle Bahnhöfe haben Waggonreserven. Ist der Zug leer, bleibt er auf dem Bahnhof stehen, auf dem er seinen letzten Passagier abgesetzt hat."

Man baute sogar tief unter dem Packeis eine Lagune mit Sandstrand, ausgeleuchtet mit indirekten Strahlern und einem Drahtseilsystem mit einer gleißenden Quecksilberdampflampe, die unter den Palmen regelrecht Schatten warf.

Sicherlich haben modernere unterirdische Städte heute allen nur erdenklichen Komfort – wie Simulation von Tag und Nacht und evtl. auch unterschiedliches Wetter, wie z.B. Regen und Tages und Nachttemperaturen, um nur zwei Beispiele zu nennen. Je nach Tiefe der Station, werden sicherlich unterirdische Flüsse und Seen als Trinkwasser-Reservoir genutzt und Recycling (Atemluft, Wasser usw.) in solchen unterirdischen Anlagen ist selbstverständlich (Cola-Dosen und Kaugummipapier wird man dort nicht auf den Straßen und Gehwegen finden!).

Es ist durchaus denkbar, dass mittlerweile unterirdische Städte mit 20-, 50,- 100.000 und mehr Einwohnern existieren. Was das Aussehen und die Infrastruktur betrifft, stehen diese unterirdische Citys wohl in nichts denen der oberirdisch gelegenen Städten nach, außer, dass die Lebensqualität teilweise sogar wesentlich besser sein könnte.

Wo befindet sich in unseren Breiten die nächst größere unterirdische Stadt? Wurde das Gebiet in den Alpen – wo interessanterweise immer wieder auch „UFOs" gesichtet werden – für eine solche Stadt ausgewählt? Wie kommt man dorthin? Derjenige, der eine Chip-Karte hat, könnte z.B. mit einem geheimen U-Bahn-System (u.a. aufgebaut in den „Agharti-Tunneln"?), das evtl. unterhalb von bestimmten Autobahnen oder Eisenbahnstrecken in ganz Europa verläuft, zu einem nächst größeren Umsteigebahnhof gelangen.

Dort würde man in einen von vielen „Express-Zügen" – einer Magnetschwebebahn innerhalb einer Vakuumröhre – steigen, die tief unter der Erde europäische und interkontinentale Untergrundstädte miteinander verbindet (s. Beschreibung v. „Col. Wooddard"). Vielleicht haben manche große Untergrundanlagen sogar einen Raumbahnhof, oder zumindest ein unterirdischen Flughafen mit Anschluss zu Shuttle-Flügen ins All). Ist z.B. das Jonastal, Riese und Posen auch an ein solches Untergrund-Netz angeschlossen gwesen oder sollte es in Zukunft?

Wer lebt in diesen Städten? Sind es normale Menschen, wie z.B. die Leser dieses Buches, sind es Privilegierte und Eliten usw.? Sind es Menschen, die in der Oberwelt vielleicht gar nicht bekannt und registriert sind? Gehören sie einer „alten" oder bereits einer „neuen" Menschheit an?

Leben dort ggfs. Cyborg, genmanipulierte Menschen, Roboter und dergleichen. Werden dort die Menschenversuche gemacht, von denen man auf der Erdoberfläche nichts wissen möchte? Hat dort die „Singularität" bereits begonnen?

Andere Forschungen könnten Vorversuche für zukünftige biologische Roboter sein, die den richtigen Menschen um Längen überlegen sind. Hier sei an bestimmte Menschen- und Genversuche erinnert, um Personen zu modifizieren – Enhancement – damit sie z.B. unsterblich werden und sich jeder nur erdenklichen (Umwelt-) Situation anpassen können. So können zukünftige Bionische Systeme in Menschenform z.B. unter Wasser atmen, oder sich im Weltraum ohne Schutzanzug aufhalten. Sie können Gedanken lesen und telepatisch Gegenstände bewegen.

Solche Versuche laufen hier auf unserer Welt desinformatorsich auch und vor allen Dingen unter dem „Alien Label" und werden gerne den Außerirdischen in die Schuhe geschoben.

Wohlmöglich sind auch die „Cattle Mutilations" bestimmte Versuche, aus natürlich gewachsenen Körpern, ob Mensch, ob Tier, die die Natur über Jahrmilliarden durch „Trial and Error" entstehen lassen hatte, durch gezielte Gen-Mutationen und Verbesserungen, zum Beispiel durch Nano-Technologie, einen Menschen in kürzester Zeit zu modifizieren und damit einen neuen Humanoiden zu erschaffen.

Rekrutierten sich aus diesen unterirdischen Städten auch Personal, für z.B. einen absolut unbekannten, weltweit tätigen Geheimdienst? In der Unterwelt geborene und lebende Menschen sind auf der Oberfläche wohl überhaupt nicht bekannt, oder registriert. Sie könnten somit eine größere Bewegungsfreiheit haben und Kontrollen jeder Art weitestgehend ausweichen. Sind die bekannten Geheimdienste wie CIA, NSA, BND, MI6 usw. nur die Spitze des Eisberges?

Ist ein Grund für das „Mitspielen" bestimmter Personen und Gruppen in unserer „offiziellen" Welt, was die Verwicklung in Machenschaften usw. betrifft, das Versprechen, sich im Bedarfsfall in solche geheime Untergrundstädte zurückziehen zu können?

Alles nur „Science Fiction", oder harte Realität?

## Die Midgard Schlange

Hierzu kann man in „Waffen und Geheimwaffen des deutschen Heeres 1933-45" v. Fritz Hahn (Fritz Hahn, ehemaliger Heeres-Angehöriger von Waprüf 10, war übrigens Mitglied der „American Astronautical Society" und der „British Interplanetary Society, B.I.S.!), Bernard und Graefe Verlag, 3.Aufl., Bonn 1998 folgendes entnehmen:

```
„Das größte für die deutsche Rüstung entworfene Fahrzeug ist das Projekt
der Midgard-Schlange, entworfen von Ing. Ritter. Obwohl diese Entwicklung
nicht über das Waffenamt gelaufen ist - Oberst Vietinghoff, Abt.-Leiter im
Reichswehrministerium - hatte die Entwurfsmappe mit Bemerkungen wie: „Der
hier entwickelte Gedanke ist nicht neu..." zurückgegeben ...

Bei dem Projekt war man davon ausgegangen, ein Fahrzeug zu schaffen, das
sich wie ein Panzer auf der Erde, wie ein Maulwurf unter der Erde und sogar
in Wassertiefen bis 100m vorwärts bewegen konnte. Die ersten Pläne stammten
aus dem Sommer 1934, sie sahen Zellen von 6,80m Breite, 3,50m Höhe vor. 77
derartige Zellen von je etwa 6m Länge waren zu einer riesigen Schlange
zusammengesetzt, die zusammen 399m, gestreckt 524m lang war. Vorne befand
sich ein großer Bohrkopf, wie er wesentlich kleiner im Bergbau bei
Untertagearbeiten verwendet wird. Die vier Bohrer mit je 1,50m Durchmesser
wurden durch zwölf Walzen zur Abraumbeförderung unterstützt. Für den
Bohrkopf waren neun Motoren mit insgesamt 8.800 PS vorgesehen. Zusätzlich
gab es weitere drei Satz Bohrer, die je nach der Bodenbeschaffenheit
gewechselt wurden.
```

Für die Laufketten, die der Fortbewegung des Fahrzeuges dienten, waren 14 Motoren mit zusammen 19.800 PS vorhanden. Auf der Erde wollte man max. 30 km/h erreichen, unter der Erde sollten es je nach Bodenbeschaffenheit bis zu 10 km/h werden. Der Strom für die Elektromotoren wurde durch vier, 10.000 PS leistende Dieselmotoren, die mit Generatoren gekoppelt waren, erzeugt. Treibstoff wurden 960m³ mitgeführt. Für die Unterwasserfahrt gab es für die zwölf Ruderpaare zusätzlich zwölf Motoren mit zusammen 3.000 PS.

Beim Durchbohren unter der Erde hätte der Bohrkopf mit seiner 23,75m² großen Stirnfläche bei steinigem Boden 47.500 m3, bei weichem Erdreich sogar 237.500 m3 je Stunde wegräumen müssen."

Vorgesehen waren außerdem ein Untererd-Torpedo mit dem Namen *Fafnir*. *Mjölnir* sollte das Geschoß heißen, das das Loch für mit dem Torpedo schoss, damit die Midgard-Schlange unter die Erde kam. Mit dem Gerät *Laurin* sollte der Besatzung ein Aussteigen aus dem, unter der Erde liegenden Fahrzeug, ermöglicht werden.

Am 28. Februar 1935 wurde Ingenieur Ritter die achtteilige Entwurfsakte wegen unlösbarer Probleme zurückgegeben.

Zur evtl. Lösung des Problems mit dem anfallenden Abraum gibt es folgenden Hinweis:

„Detailed Interrogation Report
Atom - Smashing Laboratory
**Secret, 13. March 1945**

In diesem Verhörprotokoll wird ein Kriegsgefangener befragt, der in einer unterirdischen Bunker der I.G. Farben-Werke in Ludwigshafen eine Anlage gesehen haben will, die Ratten desintegrierte.

Der Zeitzeuge will im April 1944 gesehen haben, wie Ratten solange mit Strahlen bombardiert wurden, bis ein phosphorisierendes Leuchten über ihren Körpern entstand, das weniger als eine Sekunde dauerte. Der Kriegsgefangene gab an, dass die Ratten daraufhin zu einem gasförmigen „Sodium"(?) reduziert wurden, das danach von dem Vakuum-System der Anlage abgesaugt wurde. Wenn man sich nun vorstellt, dass diese Ludwigshafener Anlage, bestehend aus mehreren elektrischen Röhren, Fang- und Sprühpole genannt, aus einem Quarz-Schild und Plastikverkleidungen –„Igelit" - im Laufe der Weiterentwicklung verkleinert und effektiver gestaltet werden konnte, so könnte man eine solche Anlage z.B. auch zum Desintergrieren von Abraum im Bergbau verwenden.

So würde beim Bau von geheimen Tunneln und riesigen unterirdischen Installationen der anfallende Abraum, Gestein und Erdreich, nicht umständlich abtransportiert oder irgendwo deponiert werden müssen, sondern er wird einfach verdampft. Ein aufmerksamer Beobachter würde dann auf der Oberfläche einer geheimen unterirdischen Baustelle, womöglich nachts, nur ein Glühen und Flimmern in der Luft wahrnehmen, das dann als „Erdlichter" und sonstige natürliche Phänomene erklärt werden würde.

## „Nuclear Tunnelling"

Eine nukleare Tunnelbohrmaschine wurde von den Technikern und Ingenieuren in Los Alamos, New Mexico, USA entwickelt. Sie nannten ihre neue Maschine „Subterrene". Die ersten Experimente mit solchen Bohrmaschinen sollen Anfang der 1960er Jahre gemacht worden sein.

In einem Symposium in Los Alamos im Jahre 1986 wurde die Konstruktion einer nuklearen Bohrmaschine besprochen, die Tunnel für eine unterirdische Hochgeschwindigkeits-Transportanlage in den Untergrund des Mondes schmelzen sollte.

Hier nun einige kurze Auszüge aus dem U.S.-Patent-Nr. 3.693.731 vom 26. September 1972 über „Method and Apparaturs for Tunneling by Melting", filed 8. Januar 1971:

```
„Die hier besprochene Erfindung wurde gemäß Auftrag der „U.S. Atomic Energy
Commission" durchgeführt. Sie bezieht sich auf eine Methode und einen
Apparat zum Bohren, Tunnelgraben und Erstellen eines Bohrschaftes in
Felsgestein für bis jetzt unzugängliche und nicht erreichbare Tiefen.

Bis heute waren nur rotierende Bohrer in der Lage, sich mehr als vier bis
fünf Kilometer in das Erdreich zu bohren. Die dabei erreichten Bohrlöcher
waren nur einen halben Meter im Durchmesser
```

(Beim heutigen Bau von Straßentunnels unter der Erde oder im Felsmassiv werden mittlerweile auch rotierende Bohrer eingesetzt, die einen wesentlich größeren Bohrkopf haben,

```
Anm.d.A.). Es ist unwahrscheinlich, dass jetzige Anlagen und Bohrmethoden mehr als 12 –
15 Kilometer tief in die Erde eindringen können.

Die o.g. Erfindung nutzt das Schmelzen von Gestein als Bohrtechnik.
Diese Methode ist in der Lage, in Basalt und anderes Lava- und Urgestein
mit einem moderaten Energieverbrauch vorzudringen. Heizröhren übertragen
die Hitzeenergie von einer kompakten Energiequelle zu einem „Penetrator" -
einem Bohrkopf, so dass dort die Hitze permanent über der
Schmelztemperatur des Gesteins gehalten werden kann.

Dabei wird die Kombination von feuerfestem Werkzeug zum Schmelzen von
Gestein, einer Energiequelle - vorzugshalber ein kleiner nuklearer Reaktor
- einem effizienten Hitzetransfer- System, bestehend aus einer Anzahl von
Heizröhren, die die Hitze vom Reaktor zu den Außenflächen des
Bohrwerkzeuges übertragen, verwendet.

Die Heizröhre besteht aus einem gasdichten Rohr, das eine entsprechende
Heizflüssigkeit und dessen Verdampfung enthält. Diese Röhre hat eine
kapillare Struktur (viele kleine Verzweigungen), die andauernd die
Arbeitsflüssigkeit vom kalten zu warmen Ende der Hitzequelle befördert. Am
Ende der Hitzequelle, „Evaporator"/Verdampfer genannt, wird die
Flüssigkeit kontinuierlich verdampft, so dass das Innere der Heizröhre mit
Dampf gefüllt wird, der zum leicht kühleren Ende eines Kondensators strömt.

Die Heizröhren können große Mengen von Heizenergie, mit kleinen
Temperaturunterschieden zwischen dem heißen und relativ kalten Ende,
übertragen. Älterer Verfahren mit Hitzeübertragungen in festen Hitzeleitern
verschlangen dagegen wesentlich mehr Energie.

Der Bohrkopf bei der Gesteinsbohrung durch Schmelzung hat eine Temperatur
von 1.230 Grad Celsius. Auch bei dieser Bohrmethode entstehen Risse im
Gestein durch mechanischen Druck. In diese Risse, die seitlich des
Bohrloches entstehen können, wird das geschmolzene Material (Abraum)
einfach eingelagert.
```

Die hier beschriebene Bohranlage ist in der Lage, Löcher und Tunnel in Gestein zu bohren und das <u>Abraummaterial neben der Bohrposition als Bohrlochbefestigung zu verwenden</u>. Zur Gesteinsschmelzung befindet sich eine Wärmequelle an der Bohrstelle. Bohrungen in großen Tiefen oder weiten Entfernungen <u>werden ferngesteuert durchgeführt</u>. Die Bohrmethode verwendet Hitze und hydraulischen Druck, und die geschmolzenen Gesteinsreste werden in seitlichen Höhlungen abgelagert. Bei dieser Bohrmethode wird das geschmolzene Gestein (Sand oder andere Materialien) außerdem als Flüssigkeit genutzt, um als viskose druckübertragende Flüssigkeit, Druck auf das zu durchbohrende Material auszuüben.

Beim Bohren wird durch das entstandene, geschmolzene Bohrmaterial <u>ein **gläserner Überzug** an den Bohrwänden (zur Verstärkung und Auskleidung) erzeugt</u>. Bei einem Bohrloch von 2m Durchmesser wird eine Druckkraft von ca. achttausend Tonnen benötigt, die von sechs Hydraulik-Zylinder erzeugt werden.

Anstelle einer nuklearen, kann auch eine elektrische Heizquelle verwendet werden. Die Arbeitstemperatur der wärmeleitenden Flüssigkeit, die vorzugsweise aus Lithium besteht, beträgt 1.1300 – 1.530 Grad Celsius. Die Heizröhren bestehen aus einer Niobium-, plus 1 Prozent Zirkonium- Legierung, die ein Dauerbetrieb von mehreren tausend Stunden bei 1.330 Grad aushalten kann. Eine andere Legierung besteht aus Tantalum plus 10 Prozent Tungsten und widersteht Temperaturen bis 1.830 Grad.

Mit dem Hitzetransfer-System können <u>Bohrungen von 100m pro Tag erreicht werden</u>. Mit nuklearer Energie geht eine Bohrung <u>schneller</u> vonstatten als mit elektrischer. Der Reaktor ist derselbe, wie er <u>für die Raumfahrt</u> entwickelt wurde.

Bei größeren Bohrlöchern wird das geschmolzene Gestein zur Auskleidung der Bohrung verwendet, sowie zum Verschließen von, durch die Bohrung, entstandenen Risse im Gestein.

<u>Damit kann auf einen Abraumtransport gänzlich verzichtet werden</u>.

Eine Bohrtiefe von <u>30.000m</u> ist ohne weiteres mit dieser Bohranlage erreichbar. In diesen Tiefen liegt die Gesteinstemperatur bei ca. 600 Grad Celsius. Auch in solchen Tiefen ist eine Fernsteuerung der Anlage möglich, wie bereits der Bericht des russischen Ingenieurs M. Dlukhanov „Underground Propagation of Radio Waves", Radio Moskau, 1970 feststellte."

Ende Zitat aus U.S.-Patent.

Wann die Notwendigkeit bestand, solche elektrische, nuklearbetriebene sowie ferngesteuerte Bohrer zu konstruieren und zu bauen, ist unklar, sicherlich aber schon vor den 1960er Jahren.

Auch das oben beschriebene U.S.-Patent könnte schon wesentlich früher realisiert worden sein, außerdem wird es wohl mehrere Versionen dieses Bohrsystems für unterschiedliche Anwendungsgebiete geben.

Erinnert diese Art des Bohrens nicht an die Tunnel und deren verglasten Wände von Agharti?

Wie viele ferngesteuerte nukleare Tunnelbohrmaschinen haben dieses geheime Untergrundnetz in welchem Jahrtausend über wie viel Jahrhunderte gebohrt? Lief über dieses Untergrundnetz auch „Mind Control", eine künstliche Strahlung, die aus dem Untergrund kommt (s. Ley-Lines und bestimmte Orte an den Schnittstellen solcher Linien), da es damals noch keine „Handy-Masten" gab?

## Riesige Areale unter der Erde

Schaut man sich in der Sekundärliteratur um, findet sich einiges zum Thema „Hohle Erde". So berichtet z.B. das renommierte TIME-Magazin von 1993 über einen unterirdischen **Kontinent** unter Island. Im „Scientific American" wurde ein ähnlicher Bericht ein halbes Jahr später veröffentlicht.

Andere Gerüchte besagen, es gäbe riesige Höhlensysteme in Südamerika, insbesondere in Peru, aber auch z.B. in Afghanistan. Hier könnte es sich aber auch um „normale" Tunnelsysteme handeln, die als Flucht- oder Zufluchtstunnel im Laufe der Zeit angelegt wurden, sowie Teilanlagen des weltumspannenden Agharti-Tunnelsystems.

Interessant ist der Hinweis des französischen Autors Saint-Yves d´Alveydre, der in seinem Buch von 1886 „Mission of India" von Agartha berichtet, einem verborgenem Land unter der Erdoberfläche. St. D´Alveydre schreibt, dass das untertage verlegte Reich „Agartha" Technologien gekannt habe, „die unserer modernen Zeit um Jahrtausende voraus waren, **künstliches Licht, mechanischer Transport und selbst Luftfahrt**. Agartha verfügt auch über große Bibliotheken, die das gesamte Wissen der Zeitalter verwahren, eingraviert in Stein."

Auch der Autor Bolwer-Lytton sagt in seinem Buch „Die kommende Rasse", dass in einer unterirdischen Welt hochtechnisierte Wesen leben, die die geheimnisvolle „Vril-Kraft" (gemeint wahrscheinlich „Radiant" oder „Free-Energy", bzw. ELF-Wellen) besessen haben So wurden und werden z.B. in der Wüste Gobi immer wieder „UFO"-Beobachtungen gemacht, nicht nur von Privatpersonen, auch das chinesische Militär soll solche rege Flugbewegungen außergewöhnlicher fremder Flugkörper kennen.

Gibt es auch dort ggfs. riesige unterirdische Anlagen und sind diese in bestimmten Kreisen bekannt?

Im Jahre 2003 wollen zwei Wissenschaftler eines Forschungsinstitutes in Argentinien, radioaktive Spuren, Mikrowellen, sowie elektrische Signale von tief unter der Erde empfangen haben. Sie vermaßen ein Gebiet in den Bergen rund um Cachi, 157 km von der Hauptstadt entfernt, in 2.280m Höhe. Aufgrund der aufgefangenen Werte schloss man, dass die Messwerte nicht natürlichen Ursprunges waren, sondern von Menschenhand!

Über bestimmten Ländern in Latein-Amerika werden immer wieder viele „Ufos" beobachtet und Wissenschaftler, Techniker, Ingenieure usw. zog es nach Süd-Amerika, ob freiwillig oder aus anderen Gründen. Die „British-Interplanetary Society", B.I.S., schlug den Titikakasee als Startplatz für ihr Mondraketen-Projekt vor. Gut denkbar, dass man in den, am Äquator liegenden Ländern, geheime unterirdische Anlagen und Raumbahnhöfe anlegte, evtl. schon nach dem ersten Weltkrieg, oder sogar bereits vorhandene Anlagen (Agharti = akausal) nutzte.

In unter der Erde liegenden Entwicklungs- und Produktionsstätten wurden wahrscheinlich auch die Forschungen betrieben, die man gerne vor der interessierten Öffentlichkeit unter allen Umständen verborgen halten will. Des Weiteren werden unterirdische Anlagen und Städte wohl auch dafür verwendet, um Experimente durchzuführen, die in der Öffentlichkeit abgelehnt würden. Und zu guter letzt werden subterrane Wohnstätten dazu dienen, bestimmten Leuten bei außergewöhnlichen Gefahrensituationen auf der Erde (Terror-Krieg oder ein finaler Atomkrieg) einen Zufluchtsort zu bieten.

## „Spezialbehandlungen"

Folgender Hinweis stammt aus dem Internet:

„Die ersten Bauarbeiten an den unterirdischen Basen begannen in Dulce, N.M. Die Bewohner der Gegend bemerkten rege Bautätigkeit und hohes Militäraufkommen.
(aus „Der Pandora Aspekt", Internet)

Die Einwohner von Dulce in New Mexico sahen, dass viele Truppen und Lastwagen in diesen unterirdischen Bereich hinein- und wieder hinausfuhren. Die Zeichen auf dem Lastwagen sollen von einer Holzfirma in Colorado stammen. Bei weiterer Nachforschung stellte sich aber heraus, dass es diese Firma gar nicht gab (solche Tarnfirmen, Transportunternehmen ect. gab es bestimmt auch schon während des Zweiten Weltkrieges, z.B. bei der SS, die wohlmöglich alle diese Unterlagen später spurlos vernichtete, damit diese in heutigen Archiven nicht mehr auffindbar sind).

Bei dem Bau der vielen Untergrund-Basen in den USA und anderswo war auch die Rand-Corporation beteiligt. Sie hatte eine Tunnelbohrmaschine entwickelt, die das Felsgestein schmilzt und glatte Wände hinterlässt (Beschreiben siehe weiter oben!).

Einer der Bauarbeiter, der an der Konstruktion von unterirdischen Anlagen mitwirkte, sagte, dass es hunderte von Untergrundbasen gibt, eine davon ist auch auf der Rückseite des Mondes und eine andere auf dem Mars.

Nach Abschluss seiner Bautätigkeit sollte er sich einer chemischen Auslöschung seines Gedächtnisses unterziehen lassen, was er aber ablehnte." („Hamilton-Lecture, CBR"/"UFO-Briefing, 3.3.1990", aus dem Internet)

Hierzu schreibt Jim Keith in seinem Buch „Alternative 3, die Beweise":

„Angeblich beschäftigte sich die CIA in den sechziger Jahren auch mit „funkgesteuerten Hypnosetechniken zur interzerebralen Kontrolle" und **„elektronischer Auflösung des Erinnerungsvermögens"** Dabei geht es um ferngesteuerte Erzeugung einer hypnotischen Trance und post-hypnotische Suggestion. Hatte die Versuchsperson getan, was von ihr verlangt worden war, wurden ihre Erinnerungen daran gelöscht."

Ein Verfahren, das auch an vielen Personen (auch in der Politik?), die an sensiblen und hoch geheimen Projekten arbeiteten, angewandt wurde? Sind deshalb Zeitzeugen und aussagewillige Beteiligte so schwer zu finden?

In den 50er Jahren des 20. Jahrhunderts experimentierte die CIA mit Drogen, u.a. mit LSD, um Personen gefügig zu machen und deren Erinnerungen zu manipulieren. Kriegsgefangene aus Korea oder Leute, die aus dem Osten nach Westdeutschland herüberkamen und bei denen man vermutete, dass sie verkappte Spione seien, wurden bei brutalsten Verhören mit Drogen voll gepumpt. Außerdem konnte man durch den Einsatz von Drogen und Folter erfolgreich

Vertuschungen vornehmen, indem man U.S.-Bomberpiloten zuvor gemachte Aussagen revidieren ließ, dass über Korea Andrax-Erreger abgeworfen wurden.

Diese Menschen verachtenden Methoden liefen unter dem Code-Wort „Artichoke" und solche Verhöre wurden auch in Deutschland, unweit des Frankfurter CIA-Hauptquartiers im „IG-Farbenhaus", in Oberursel und in Kronberg im Taunus durchgeführt.

Eine weitere Methode der CIA war das Programmieren unschuldiger und unbeteiligter Personen - darunter ganz normale Leute und Amateure - zu Mördern und Scharfschützen, mit Hilfe von Gehirnwäsche. Diese Versuche hatten das Code-Word „MK-Ultra".

„Ziel des Programms war es Mörder abzurichten und das Programm läuft heute noch", so lautet die Aussage eines ex-White-House Mitarbeiters. 1973 wurden 90% der Akten von „MK-Ultra" auf Anweisung des CIA vernichtet.
(Hinweise über „Artichoke" und „MK-Ultra" aus Sendungen von ARD und ZDF im August 2002)

Schon während des Krieges soll die SS in Deutschland Versuche zur Beeinflussung von Personen durchgeführt haben, Stichwort „Marionetten-Programmierung". Nach dem Krieg wurden die Experimente unter den Code „Monarch" fortgeführt. Hatte die „Odenwaldschule" auch mit solchen Experimenten zu tun und wollte man die „Elite" in Deutschland mit solchen Programmen gefügig machen?

Höchstwahrscheinlich sind o.g. Versuche nur die „Spitze des Eisberges", und die freigegebenen U.S. Akten gemäß FOIA zeigen die „weniger wichtigen" Versuche, die man als Ablenkung der Öffentlichkeit preisgibt (siehe z.B. auch das „AVROCAR-Verwirrspiel oder die „Whistle-Blowers", die bestimmte Dinge zugeben, lästige Konkurrenten oder in Ungnade gefallene Personen bloß stellen, z.B. Snowden, Panama-Papers).

Sollten diese brutalen Methoden wirklich alles sein und ist die Welt tatsächlich so schlecht, oder verschleiern die Versuche andere - positivere -Möglichkeiten der Anwendung? Auf einem Meeting der „Concordia Association" in Japan teilte Dr. Morton Prince – ein weltbekannter Fachmann für multiple Persönlichkeiten - am 13. Juni 1916 folgendes mit:

„*A World Conciousness and Future Peace*". Dr. Prince vertrat in einem Vortrag mit dem Titel „Globales Bewusstsein und zukünftiger Friede" die Ansicht, dass man ein solches Vorhaben nicht mit militärischen Streitkräften, Wettrüsten oder Gesetzen zu Erhaltung des Friedens durchführen könne. Solche Methoden gewährleisten nur einen zeitlich begrenzten Weltfrieden. <u>Um einen Weltfrieden auf lange Zeit aufrechtzuhalten zu können, müssten andere Mittel gefunden werden</u>.
(**aus: „Schwarze Forschungen, H. und M. Lammer, Herbig, 1999**)

## Teddybär-Anlagen

In Deutschland soll es einmal mehrere (sechs?) Anlagen zur Erzeugung von sog. „ELF-Wellen" - „Extremly Low Freqency Waves – gegeben haben. Eine große Anlage soll sich auf dem Flugplatz Tempelhof in Berlin befunden haben (das Gebiet um den Berliner Flughafen war auch einmal, um 1998, militärisches Sperrgebiet!).

Andere ähnliche Anlagen sollten angeblich in den Schwerpunktregionen um Stuttgart, Köln, Hannover und München gestanden haben. Ein bestimmter, minimaler Prozentsatz der Bevölkerung ist in der Lage, die Ausstrahlung dieser Langwellen wahrzunehmen, was die Leute dann als sog. Brummton hören.

Ähnliche Phänomene wurden auch aus anderen Ländern in Europa, wie Großbritannien, Schweden, Polen, Schweiz usw. und den USA gemeldet (so u.a. das berühmte „Taos-Hum" in der Stadt Taos in New Mexico, unweit von Dulce. In dieser Gegend wurden und werden auch immer wieder „UFOs" beobachtet). Die skandinavischen Länder, wie Dänemark, Schweden, Norwegen, haben ein eigenes Mind-Control Programm, da diese Länder eine kleinere Bevölkerungszahl aufweisen.

„Extremly Low Frequency"-Wellen strahlen im Frequenzbereich von ca. 60 – 100 Herz und werden u.a. in der U-Boot Kommunikation verwendet, da diese langen Wellen, reflektiert durch die obere Atmosphäre, den ganzen Planeten umlaufen können.

Auch in der Gehörlosenforschung werden ELF-Wellen eingesetzt. Da man diese Langwellen ganz einfach mit dem gesprochenen Wort modulieren vermag, kann man einem Gehörlosen direkt in sein Gehirn Botschaften vermitteln, oder aber eben mit riesigen Antennenanlagen eine gesamte Bevölkerung manipulieren, wenn man sie koordiniert zusammenschaltet (diese Zentrale der deutschen Anlagen soll sich früher in der Umgebung von Bayreuth befunden haben).

Das Summen oder Brummen ist also die Trägerfrequenz – ohne die Modulation – die manche empfindliche Zeitgenossen wahrnehmen. Wurde ggfs. in den vergangenen Jahren eine Modulation, sprich das Versenden einer unbewussten Botschaft auch in Deutschland vorgenommen? Wer führte die Experimente durch, zu welchem Ergebnis ist man gekommen und wie werden wir heute diesbezüglich bereits aus der Ferne manipuliert?

Wahrscheinlich gibt es diese Anlagen nicht mehr und sie wurden mittlerweile alle abgebaut. Wer aber hatte, wenn es so war, ein solches „Experiment" der Massenbeeinflussung großflächig an der deutschen und auch der europäischen Bevölkerung vorgenommen (siehe auch das Beeinflussungs-Experiment über einer militärischen Atomstützpunkt, wo man das Personal aus der Luft bestrahlte, weiter oben im Buch) ? Wer in der Regierung, im deutschen Geheimdienst ect., hatte dies genehmigt oder geduldet? Wer hat eigentlich die Macht in diesem Lande und dies schon seit vielleicht hundert Jahren (siehe hier die Thesen des Autors, dass Europa und insbesondere Deutschland seit vielen Jahrzehnten aus dem Hintergrund fremdbestimmt wird und die Kriege, die Deutschland vom Zaune gebrochen hatte, auf Initiative finsterer Mächte, Großkonzerne, Geheimdienst usw., entstanden sind).

Werden heute andere Methoden zur Massenbeeinflussung vorgenommen. Eventuell über Handy, Smartphone, tragbare Computer, über Antennen der Handy-Netze, über versteckte Kabel in den unzähligen Windmühlen zur Stromerzeugung, über Smart-TV, Laptop und Handynetze?

Auch die „Außerirdischen" schienen sich der Methode des „Mikrowellenhörens" zu bedienen, in dem sie auf diesem EM-Wege den „Entführten" Botschaften zukomme ließen.

Hier ein Beispiel, entnommen aus "Besucher aus dem All", v. A. Schneider, 1976:

```
„Jetzt kam das Objekt vollends herunter bis auf etwa anderthalb Meter Höhe
über dem Boden, rund 30 Meter von ihnen entfernt. ... und in ihm sahen sie
```

zwei Wesen herabkommen, etwas über zwei Meter groß nach ihrer Schätzung. .... Da hielten sie an, und alle drei Zeugen hörten gleichzeitig die Worte: **"Fürchtet Euch nicht, beruhigt euch!"**

Das Merkwürdige daran war, daß die Wesen weder ihre Mundstellung veränderten, noch irgendeinen Teil ihres Kopfes bewegten. Die Zeugen hörten die Stimmen nämlich „in ihrem Kopf" oder, wie einer sagte „im Gehirn". Ihre Verwirrung, von den Raummenschen wahrgenommen, wurde mit den Worten begegnet: **"Wir sprechen direkt zu Euch!"**

So wie auf der erwähnten Air Force Base im Herbst 1962 in den USA, siehe weiter oben im Buch?, Anm.d.A.

Wurde hier bereits eine Übertragung von Sprache durch ELF-Wellen vorgenommen, und war die uns um Jahrzehnte im Voraus befindliche „Wahre Raumfahrt" mit diesen und weiteren fortschrittlichen Vorrichtungen ausgestattet?

Übrigens schwebten die beiden „Raum-Menschen" auf einem Lichtstrahl zum Boden herab.

Bereits in den 30er Jahren des 20. Jahrhunderts war in der Science Fiction Literatur ein so genannter „Magnet-Gürtel" bekannt, mit dem man vom Boden aus zu einem Luftfahrzeug empor schweben konnte, und umgekehrt. Dies machte eine umständliche Landung und Aussteigeprozedur überflüssig.

In dem Buch *„Fliegende Untertassen – eine Realität"* v. F. Edwards heißt es u.a.:

„Viele Menschen haben gesagt, daß sie die Gegenwart oder Annäherung von „UFOs" durch Vorahnung erfühlen, doch bestätigte Prof. Clyde E. Ingalls von der Cornell-Universität, dass er bei einer neuerdings durchgeführte Untersuchung eine wissenschaftliche Grundlage für solche „Vorahnungen" entdeckt habe.

Über die Fähigkeit, elektromagnetische Wellen zu „hören", sagt Professor Ingalls:

„Wahrscheinlich wird hier das Nervensystem direkt, vielleicht im Gehirn, erregt, sodaß das Ohr mit dem gesamten Gehörsystem umgangen wird."

... konnte Prof. Ingalls beweisen, dass Wahrnehmung des Tones bzw. Geräusches wirklich im Gehirn stattfand. Interessanterweise berichteten alle Versuchspersonen gleichermaßen, dass das „Summen" über ihrem Kopf zu sein schien, eine Wahrnehmung, die bei ihnen nur geringe Unterschiede ergaben. Weitere Tests zeigten, dass die Fähigkeit, das Vorhandensein dieser Radarwellen zu fühlen, oberhalb der Stirn existierte und nichts mit dem normalen Hörprozess zu tun hatte, sondern, wie Prof. Ingalls erklärte, ein „Breitband-Effekt" war."

Auch bei den elektrodynamisch angetriebenen „UFOs" werden hohe Stromstärken und Spannungen erzeugt, die niederfrequente Wellen erzeugen.

„Remote Telepathy", Magnetgürtel, Hologramme usw. sind alles auch Mittel der Desinformation und Manipulation, um Menschen, die eine „Begegnung der Dritten Art" hatten, zu beeindrucken und „UFO-gläubig" zu machen.

## Schumann Frequenz

In dem ersten Buch „Das Geheimnis der deutschen Flugscheiben", bzw. „Das Geheimnis der Flugscheiben aus Deutschland", Amazon 2014, ist auch eine große Raumstation für mehrere tausend Menschen abgebildet. Man könnte sich nun vorstellen, dass solch eine riesige sphärenförmige Raumstation irgendwo zwischen Mond und Sonne oder zwischen Mond und Mars platziert wurde.

Dort, im luftleeren Raum, sind die Lebensbedingungen anders, als wir sie hier auf der Erde gewöhnt sind.

Wie jeder von uns weiß, umgeben uns in unserer Umwelt eine Vielzahl von elektromagnetischen Frequenzen. Einige der wichtigsten davon, die Schumann- oder Erdresonanzfrequenzen, liegen dabei in einem Bereich, die auch zu unseren Gehirnfrequenzen synchron laufen. Die erste Schumann-Resonanz z.B. liegt derzeit bei knapp 8 Herz, also am unteren Rand des Alpha-Bereiches, die nächst höheren Resonanzen liegen im Beta-Spektrum: 14, 20, 26 Hz, bzw. im unteren Gammaband: 33, 44 und 50Hz.

Es ist nahe liegend, dass unser Gehirn nicht zufällig Frequenzen im gleichen Bereich erzeugt, sondern dass dies ein Resultat der Anpassung im Verlauf der Evolution ist.
(Quelle:Internet, Magazin 2000 plus)

Auf einem menschlichen Außenposten irgendwo in unserem Sonnensystem gibt es keine natürliche Erdresonanz als Hintergrundstrahlung. Somit fehlt z.B. den Bewohnern einer rotierenden Raumstation diese gewohnte Strahlung, die die Lebewesen auf dem Heimatplaneten Erde seit Urbeginn ausgesetzt sind. Wäre es nicht denkbar, dass man künstlich die Schuman-Erdresonanz mit Antennenanlagen innerhalb einer Raumstation erzeugt, um den Bewohnern durch die gewohnte Strahlung ein Gefühl des Wohlbefindens (Wellness) zu vermitteln, so wie sie es von der Erde her kennen? Sendet man gleichzeitig mit den Schumann-Wellen auch eine subliminale Botschaft an die Stationsbewohner aus, um diese vor unbedachten Handlungen abzuhalten, wie etwa, sie zu beruhigen?

Denn auf einem eng begrenzten Lebensraum, der umgeben ist von der lebensfeindlichen, Tod bringenden Kälte des Universums, kann es immer wieder einmal vorkommen, dass eine Person durchdreht, oder Amok läuft. Nicht auszudenken, welchen lebensbedrohenden Schaden durch einen Amoklauf an einer Raumstation entstehen kann (z.B. Vakuum-Einbruch durch Beschädigung der Außenhülle).

War man sich dieser Problematik von Anbeginn der heimlichen Raumfahrt bewusst, bzw. machte man recht früh negative Erfahrungen und zog daraufhin entsprechende Konsequenzen? Entwickelte man dafür dann entsprechende Anlagen, oder wurden vorhandene Projekte, die z.B. für einen dauerhaften Weltfrieden (s. Morton Prince) vorgesehen waren, für die beginnende Raumfahrt umgebaut und weiterentwickelt?

Auf alle Fälle wurden und werden weltweit Experimente an Menschen mit, z.B. den „Teddybär"- und weiteren ähnlichen Anlagen auf der Erde durchgeführt. Ohne die Leute natürlich davon in Kenntnis zu setzen.

Aber nicht nur mit Mind-Control Maßnahmen, die außerhalb der Erde bei der Kolonisierung unseres Sonnensystems durchaus einen Sinn machen – denn was für einen Zweck hätte es, wenn man z.B. auf dem Mars dieselben chaotischen Bedingungen, wie momentan auf der Erde, vorfinden würde - sondern auch die Beeinflussung des Klimas und des Wetters scheint bei einer zukünftigen Neugestaltung der Erde, oder eines terrageformten Planeten, eine herausragende Bedeutung zu haben.

## Haarp und Eiscat

Die „European Incoherent Scatter Association", EISCAT, betreibt – offiziell – ionoshärische und atmosphärische Forschungen in der Aurora, sowie der polaren und arktischen Region.

Transmitter und Empfängerstationen befinden sich in Tromsö, Sodankylä, Finnland und in Kiruna, Schweden. Zusätzlich baute die EISCAT Scientific Association 1996 einen zweiten Incoherent Scatter in der Nähe von Longyearbyen auf Spitsbergen.

HAARP, „High Frequency Active Auroral Research Program", war ein - offizielles - wissenschaftliches Programm, um die Eigenschaften und das Verhalten der Ionosphäre zu untersuchen.

Zusätzlich wurde Wert darauf gelegt, die Ionosphäre dahingehend zu nutzen, um mit ihr eine weiterentwickelte zivile und auch militärische Kommunikation und Vermessung vorzunehmen.

Aber das ist natürlich nicht alles!

Im Internet findet man auch einige Informationen zum Thema „*Weather Modification*", die Manipulation unseres Wetters.

Das U.S. Militär arbeitet schon seit Jahrzehnten daran, das Wetter als Waffe zu benutzen. In Vietnam wurden Tests zur Erzeugung von Regen vorgenommen. Bei dem Projekt „*Starfish*" von 1962 sollte die Funk-Kommunikation stillgelegt werden. Dafür wurde im inneren Kreis des „*Van Allen-Gürtels*" eine nukleare Explosion erzeugt, die ein künstliches Polarlicht erzeugte, das noch bis nach Los Angeles zu sehen war. Durch die Ionisierung des Gürtels in ca. 280 bis 320 km Höhe wurde dieser Bereich teilweise zerstört, während neue Elektronen in einen tieferen Gürtel flossen. Die NASA verkündete am 19. Juli 1962, dass durch den nuklearen Test in großer Höhe ein neuer Strahlungsgürtel entstand, der sich in einer Höhe von 400 km bis 1.600 km erstreckte und als eine zeitweise Erweiterung des unteren Van Allen Gürtels betrachtet werden kann.

Im Jahre 1975 entstand durch eine Fehlfunktion einer Brennstufe von einer Saturn V Rakete ein „großes ionosphärisches Loch" oberhalb einer Höhe von 300 km. Die Telekommunikation über dem Atlantischen Ozean wurde dadurch für mehrere Stunden blockiert. Auch das ehemalige U.S. Space Shuttle wurde 1985 für physikalische Experimente im Erdorbit herangezogen, um ein „ionosphärisches Loch" zu erzeugen.

Durch die Zündung der Raketenmotoren für 47 Sekunden wurde am 29. Juli 1985 das größte und am längsten bestehende ionosphärische Loch generiert. Eine sechs Sekunden Zündung im August 1985 erzeugte ein Leuchten in der Atmosphäre, das über 400.000 Quadratkilometer bedeckte.

Ionisierte Strahlung geben auch die „UFOs", bestimmte EM-Flugkörper ab, um in das, sie umgebende elektromagnetische Feld hineinzustrahlen. Dieser Impuls bewirkt eine Richtungsänderung und den Vortrieb.

Auch kann eine solche modifizierte Strahlung als Waffe angewandt werden, wie der bereits erwähnte amerikanische Buchautor Robert L. Hastings in seinem Buch „UFOs und Atomwaffen" erwähnte. Ein „UFO" lenkte bei einem Raketentest mit einer Atlas-Interkontinentalrakete, die von der Vandenberg AFB im September 1964 mit einer Sprengkopfattrappe inkl. Täuschkörper abgeschossen wurde, eben diesen Sprengkopf so ab, dass er bei einem richtigen Einsatz sein Ziel verfehlt hätte.

Natürlich hält die U.S. Air Force diesen Zwischenfall streng geheim. Ob das „UFO" ein eigenes aus den USA war, das eine neue Art der Raketenabwehr testete, oder ob das russische Militär (nicht die russische Wahre Raumfahrt) bereits über solche Abwehrmaßnahmen verfügte, ist unklar.

Denn, die „Wahre Raumfahrt" könnte „akausal" sein. Mehr dazu in einem gesonderten Buch.

Übrigens meldete „Ass. Press" am 9. Nov. 1999 ein „Rätselhaftes Himmelsleuchten" über Niedersachsen.

Im April 2002 hieß es landesweit, dass mysteriöse Lichtphänomene am Nachthimmel von Bayern eine gewisse Aufregung auslösten. Interessanterweise meldeten sich ein paar Tage vor diesem Ereignis ein „UFO-Forscher" aus dem südlichen Teil Deutschlands zu Wort, der ggfs. für den VS dieses Bundeslandes arbeitet, und warnte davor, die Venus mit dem „Scheinwerferlicht eines Ufos" zu verwechseln.

Dieser, evtl. staatlich geförderter Desinformant erschien nicht nur im Fernsehen, z.B. im „RTL-Nachtjournal", sondern auch im Hörfunk wurden über normale Himmelserscheinungen berichtet, die man für „UFOs" halten könnte. Nach dem Ereignis Anfang April 2002 sollte wohl die Propaganda verbreitet werden, dass wahrscheinlich das Himmelsphänomen über Bayern, ein in die Erdatmosphäre eingetauchter kleiner Meteorit war. Da vorher schon über die Medien auf normale Erscheinungen am Himmel verwiesen wurde, konnte der Vorfall über dem südlichen Deutschland somit als harmlos und normal abgetan werden.

Vielleicht ist tatsächlich an einem Samstagabend im April 2002 über Südbayern ein Bolide aus dem All niedergegangen und löste die rätselhaften Lichtblitze aus. Manche Augenzeugen sprachen allerdings auch von mehreren dumpfen Explosionen.

Was nun tatsächlich in diesem Gebiet passierte, wo sich u.a. auch deutsche Luft- und Raumfahrtfirmen und andere Weltraumforschungsstätten konzentrieren, wird sich leider so schnell nicht offiziell klären lassen.

Ehemalige Space Shuttle-Flüge erzeugten mit Hilfe eines Ionenstrahls eine Aurora. Solch ein Nordlicht wurde am 10. Nov. 1991 über dem texanischen Himmel beobachtet, sowie von Personen aus angrenzenden U.S. Bundesstaaten.

In Fairbanks, Alaska befindet sich auf der „Poker Flat Research Range" ein von dem „Geophysical Institute" zusammen mit der Universität von Alaska betriebenes Testgelände, das für die NASA arbeitet. Dort wurden im Laufe der Zeit rund 250 größere Raketen gestartet und 1994 hob eine 16 Meter lange Rakete ab, die der NASA helfen sollte, "die chemischen

Reaktionen in der Atmosphäre im Zusammenhang mit der globalen Klimaveränderung" zu verstehen. So wurden mit Chemikalien künstlich Nordlichter erzeugt und 1998 wurden Raketen über Kanada gestartet, die Barium in großen Höhen freisetzten, um künstlich Wolken zu erzeugen.

Auch die U.S. Navy führt „High Power Auroral Stimulations"-Forschungen in Alaska durch. Mit Hilfe von Antennenanlagen werden ELF-Wellen erzeugt, die u.a. der U-Boot Kommunikation dienen. Außerdem werden Experimente zum Studium der Aurora Borialis vorgenommen. (Quelle:Internet)

Schon in den 1930er Jahren dachte Nikola Tesla darüber nach, künstliche Aurora Borealis zu erzeugen, um die Nacht zum Tage zu machen!

# 4. Kapitel

## Jemand beherrscht die Welt und manipuliert sie nach belieben

## Wetterkontrolle

Wissenschaftler stellten fest, dass man mit ELF-Funkwellen die Magnetosphäre zum Vibrieren bringen kann und das dadurch hochenergetische Partikel wie ein Wasserfall (Cascade) in die untere Erdatmosphäre strömen. Durch an- und ausschalten der Funkwellen kann man den Partikelfluss stoppen oder wieder fließen lassen.

Das U.S. Militär experimentiert seit mehr als 20 Jahren mit dem Wetter als Waffe und spricht euphemistisch von „Wettermodifikation". Das *„Project Stormfury"* und *„Project Skyfire"* beschäftigte sich mit der Manipulation von Hurrikanen und Blitzen, *„Project Argus"* sollte Erdbeben entdecken und auch künstlich auslösen. (s. "Planetos")

Bereits 1958 berichtete man aus dem amerikanischen White House, das untersucht wird, wie man die elektrische Leitfähigkeit der Erde und des Himmels so manipulieren kann, dass das Wetter beeinflusst wird, und zwar durch Elektronenstrahlen, die die Atmosphäre über einem bestimmten Gebiet ionisieren oder ent-ionisieren können.

Das „leitfähig machen" der Atmosphäre, siehe hierzu auch das deutsche Patent im Zusammenhang mit elektrostatischen Flugkörpern, die in solch einer Atmosphäre fliegen und wie man mit speziellen Materialien eine Wettermanipulation herbeiführen kann.

In einem 1966 veröffentlichtem Papier zu Umweltkontroll-Technologien für militärische Zwecke heißt es, dass der Schlüssel zur geophysikalischen Kriegsführung in der Erkennung von umweltmäßigen instabilen Regionen liegt, in die man kleine Mengen von Energie hinzufügt, um daraus wesentlich größere Mengen von Energie zu erzeugen.

Der weltweit anerkannte Geophysiker Prof. J.F. McDonald verfasste ein Kapital in dem Buch mit dem Titel „*Unless Peace Comes*". In dem Kapitel „How to Wreck the Enviroment" – wie man die Umwelt zerstört – beschreibt er den Einsatz von Wetter-Manipulation, Klima-Modifikation, Eisschmelze an den Polen, Ozon-Reduktionstechniken, Erdbebenerzeugung, Ozeanwellen-Kontrolle (Tsunami in Japan und Thailand), und Gehirnwellen-Manipulation mit Hilfe der Ionosphäre unseres Planeten. Siehe dazu auch die unterschiedlichen Katastrophen, die Anfangs des 21. Jahrhunderts die Menschheit heimsuchte.

## Unless Peace Comes

Unter der Überschrift: „*How to wreck the Enviroment*" schreibt Professor MacDonald in dem Buch „Unless Peace Comes", Edited by Nigel Calder, Allen Lane; The Penguin Press, London 1968 u.a., dass Waffen eine Umweltkatastrophe herbeiführen können:

„Diese Waffen sind besonders geeignet für **geheime Kriege und verdeckte Operationen**."

„... Bedenkt man die Folgen von Umwelt-Manipulationen bei einem Konflikt zwischen Nationen, ... könnte dies in zehn bis fünfzig Jahren (ab Ende der 1960er Jahre!, Anmd.A.) zu Waffensystemen führen, die die **Natur** in neuer und vielleicht unerwarteter Weise nutzt.

... Dieser erweiterte Effekt (des „Impfens" von Wolken, damit sie abregnen) führt zu der Möglichkeit, **heimlich Feuchtigkeit aus der Atmosphäre zu ziehen, so dass eine Nation, die auf Regen angewiesen ist, jahrelang eine Dürre in Kauf nehmen muß**."

Ein Hurricane wird z.B. dadurch ungefährlich gemacht, indem man ihn mit „**DYN-O-Gel**" „impft" (s. U.S.-Patent 6.315.213 v. Peter Cordani) einer gallertartigen Substanz, die verhindert, dass eine Regenwolke abregnet.

Im Januar 2002 berichteten Fischer in der Bucht von Mexiko, dass es einen großen Bereich im Wasser gab, in dem kein Leben mehr zu finden war, „Black Water" genannt. Im April 2002 fanden Taucher vor Key West in Florida abgestorbene Algen und Schwämme unter Wasser.

Die Firma, die das Gel herstellt ist in Florida beheimatet, der Firmensprecher ist Peter Cordani.

Eine Erklärung für das „Schwarze Wasser": Dieses feine Akryl-Akrylat-Pulver bindet nicht nur das Wasser in der Atmosphäre, sondern auch in den Lungen von Lebewesen, es ist extrem toxisch! (Internet)

Zu diesem Thema findet sich im Internet eine Titelgeschichte aus dem U.S. Magazin „Fate" vom 7. Januar 2001 mit dem Titel: „*Sky Pilots of the Apocalypse: Weather As a Weapon*", „*No Rain on the Plains of Spain*":

„Am 4. September 1995 konnte ein Einwohner der spanischen Stadt Almazul beobachten, wie ein Flugzeug immer wieder in die dunklen Regenwolken, die den Himmel über der Stadt bedeckten, hineinstieß und wieder hinaus flog. Die unbekannte Maschine umkreiste fast eine Stunde lang die Regenwolken, bis diese sich langsam auflösten. Als am Nachmittag sich die Regenwolken wieder zusammenzogen, erschienen die „Rain Pirates", die „Regenpiraten" wieder. Der Augenzeuge rief daraufhin die örtlichen Behörden an, erhielt aber keine Antwort."

Angeblich sollen die „Regenpiraten" bereits seit dem Beitritt Spaniens in die Europäische Union mit ihrer unheilvollen Arbeit begonnen haben. In „Fate" heißt es, dass „ die Moncayo Kleinflugzeug Vereinigung" (AVIMON) gegründet wurde, um sich von den unbekannten Flugzeugen zu distanzieren. Der Leiter von AVIMON, Ernesto Garcia sagte: „ Immer wenn ein Sturm aufzog, sahen wir tief fliegende Flugzeuge und der Sturm verschwand daraufhin sofort. Wir fühlten, dass etwas nicht stimmen konnte, aber zu behaupten, dass ein Flugzeug Regen mit Hilfe bestimmter chemischer Substanzen „stielt", hätte uns nur Gelächter eingebracht."

Hauptsächlich das trockene Gebiet um Andalusien in Spanien wurde immer wieder von „Regenpiraten" heimgesucht. Offizielle Stellen verneinen natürlich, dass es so etwas wie regenvernichtende Substanzen gibt, und die Überprüfung lokaler und militärischer Flugplätze ergab selbstverständlich keinerlei Hinweise."

Siehe hierzu auch der Hinweis in dem Buch „Sonderbüro 13 – Elektrostatische Flugkörper im Einsatz auf der Erde und im Weltall" von Klaus-Peter Rothkugel, über „Engelshaar", das im Süden von Frankreich in der Nähe der Stadt Pau, an der Grenze zu Spanien abgeworfen wurde. Ob es sich bei dem Experiment in den 1950er Jahren bereits um ein Wetterexperiment in dieser Region gehandelt hatte? Oder sollte die Atmosphäre für elektrostatische Flugkörper leitfähig gemacht werden?

In diesem Zusammenhang hier nochmals der Auszug aus der Auslegeschrift 1 226 227 vom 6. Oktober 1966 über „Verfahren zur Herstellung eines Trägers für künstliche elektrische Raumladungen in der Atmosphäre":

„Die natürlichen Raumladungsträger in der Atmosphäre sind in elektrotechnischer Hinsicht nur von untergeordneter Bedeutung.
. . .
Die Erfindung zielt darauf ab, ein Verfahren zur Herstellung von künstlichen Raumladungsträgern zu entwickeln, welche die natürlichen Suspensionen ergänzen oder ersetzen . . .
. . . , daß organische und/oder anorganische Spinnfasern von Flugzeugen, bzw. Flugkörpern in die Erdatmosphäre gesponnen werden.

Bei <u>entsprechender Verteilung der Fasern in der Atmosphäre</u> stellen die künstlichen . . . Ladungsträger <u>großräumige Ladungsgebiete</u> dar, welche beispielsweise dazu dienen können, die **Bewegung** von elektrisch aufgeladenen Flugkörpern, die **Ausbreitung von Radarstrahlen** oder durch **Wolken und Nebelbildung** das <u>Wetter zu beeinflussen</u>."

Wurden solche Versuche bereits während des Krieges in Deutschland vorgenommen? Seit wann wird das Wetter regelmäßig manipuliert, ob für kriegerische Zwecke oder zivile/militärische Experimente? Warum wird in Spanien ein bestimmter Abschnitt „trockengelegt" und warum spielt die spanische Regierung mit?

Sogar in einem ZDF „Heute Journal" wurde ein Bericht über die spanische Region gezeigt, wo verzweifelte Bauern mit privat organisierten Flugzeugen herausfinden wollten, warum es bei ihnen nicht mehr regnet und wer die Wolken „stielt".

Abschließend heißt es im Fate Magazine:

„In einem Bericht der CIA, abgedruckt in der Zeitung „Saturday Review", wurde darauf hingewiesen, dass Regierungen weltweit bereits in der Lage sind, das Wetter für militärische Zwecke zu manipulieren."

In dem Bericht von Prof. MacDonald heißt es u.a. noch, „dass sich das natürliche Ozon in der oberen Atmosphäre täglich wieder auffüllt, aber ein kurzzeitiges Loch in der Ozonschicht über einem bestimmten Zielgebiet durch physikalische oder chemische Maßnahmen geschaffen werden kann. Zum Beispiel kann eine kurzwellige **Ultra-Violette Strahlung** die **Ozon Moleküle** zersetzen ..." (eine UV-Strahlung wird auch bei den „UFOs" zur Richtungsänderung, Steuerung und zur Vor-Ionisation genutzt, Anm.d.A.)

Hatte man die Ozonlöcher über Nordeuropa oder Australien ggfs. künstlich erweitert, um z.B. die Hautkrebsrate ansteigen zu lassen? In Australien hieß es z.B., dass die Kaninchen in freier Wildbahn durch die harte Sonneneinstrahlung teilweise erblindeten.

Ein großes Ozonloch befand sich auch über der Antarktis, wo ggfs nach dem zweiten Weltkrieg Atombombentests stattfanden und spezielle - nukleare - Weltraummissionen durchgeführt wurden. Löcher in der oberen Atmosphäre sollten den Kohlendioxydgehalt entweichen lassen, wie Rauch durch einen Kamin, so jedenfalls gemäß „Alternative 1".

Eine andere Methode, die evtl. bereits „erfolgreich" angewandt wurde oder immer noch wird, ist wasserlösliche Aluminium- und Bariumverbindungen in die Atmosphäre auszustreuen. Barium ist hydroskopisch, d.h. es bindet Wasser, außerdem ist es sehr gesundheitsschädlich.

Bariumhydroxid entwickelt als chemische Reaktion Hitze! Wenn man Barium in der oberen Atmosphäre ausbringt, heizen sich die unteren Luftschichten auf. Dies kann dann unter Umständen zu einer Dürre führen (Südeuropa, Deutschland im Jahre 2003!), oder z.B. in waldreichen Gebieten, wie in den USA, zu großen Waldbränden.

In den Sonderheft „PM-Perspektive" „Wetter und Mensch", 17. Juli 1992 wird noch spekuliert, dass aufgrund der Erderwärmung im Mittelmeergebiet, Länder wie z.B. Griechenland oder Italien wegen der vermehrten Trockenheit zu leiden hätten. Die Trockenheit wird auch den Grundwasserspiegel absinken lassen. „Wenn die Klimamodell-Rechnungen richtig sind, wird sich diese Erwärmung vor allem im Winter abspielen. Im Sommer wird sich an der Temperatur fast nichts ändern."

# Chemtrails

Folgende Informationen wurden von einer englischen Internetseite entnommen:

„Chemtrails wurden in derselben Weise erzeugt wie normale Kondensstreifen. Aber die Chemtrails verflüchtigten sich nicht nach einer Weile, sondern blieben länger in der Luft. Sie bestanden nicht aus Eiskristallen, sondern aus festen, kleinen Partikeln. Im Laufe der Zeit verteilten sich diese Partikel in der ganzen Umwelt und gelangten auch in den menschlichen Organismus (siehe auch „Morgellons", ggfs. spezielle Nano-Partikel, die sich im Körper festsetzen, um bestimmte Reaktionen herbeizuführen oder den Körper nicht nur schädigen, sondern ihn z.B. auch leitfähig zu machen, um einen Menschen aufzuspüren oder von außen manipulieren zu können).

Chemtrails wurden in den meisten Nato-Staaten beobachtet: England, USA, Kanada, Neuseeland, Österreich, Frankreich, Schweiz und auch Deutschland. Die betreffenden Stellen und Behörden dieser Länder sind nicht bereit, Informationen über die gesprühten Substanzen zu liefern. Angeblich sollen die Chemtrails die globale Erderwärmung aufhalten helfen. Es gibt Berichte, dass bereits seit 1991 solche Chemtrails versprüht wurden. Seit 1993 stellen viele Nationen fest, dass es einen Anstieg von speziellen Krankheiten gibt, insbesondere Atemwegserkrankungen. Dazu kommen Allergien, Schnupfen, Lungenkrankheiten und Virenbefall. Im Jahre 1998 soll das Versprühen von Chemtrail verstärkt worden sein, und gleichzeitig wurde ein Anstieg von Krankheiten bei Menschen und Tieren festgestellt, sowie Abnormitäten in der Vegetation.

Die britischen Inseln und die Isle of Man verzeichneten 1993-94 einen starken Krankheitsanstieg aufgrund vermehrten Auftauchens der Chemtrails in der Atmosphäre. In den letzten Jahren konnte des Öfteren Asthma, Erkältungen sowie starkes Husten beobachtet werden."

Auf einer U.S.-amerikanischen Website ist noch folgendes zu lesen:

„Die mittlerweile eingestellte U.S.-Zeitschrift „Spotlight" enthüllte, dass die „Chemtrails" aus Barium-Salz-Verbindungen bestehen, die im Rahmen einer Anzahl von militärischen Projekten von Flugzeugen am Himmel versprüht werden.

Diese geheimen Projekte beinhalten u.a. Experimente:

- um die ultraviolette Strahlung davon abzuhalten, die Erdoberfläche zu erreichen.
- um ein dreidimensionales Radar für Boden-Scans zu entwickeln.
- zur Manipulationen des Wetters als ultimative Waffe für zukünftige Kriege.
- um die weltweite Freisetzung von chemischen und biologischen Waffen zu entdecken und zu verhindern.

Clifford Carnisom aus Salt Lake City in, Utah USA ist ein Privatforscher und Experte für Chemtrails. Er stellte fest, dass die gesamte Erd-Atmosphäre mit Bariumsalzen gesättigt ist.

Eine der Folgen ist, dass die Haut, und die Augen trocken werden.

Weitere Beschwerden sind schweres Atmen, Herzrhythmusstörungen, Bluthochdruck, Magenbeschwerden, Muskelschwäche und Störungen des vegetativen Nervensystems und des Gehirns. Außerdem lassen diese Salze den Herzschlag ansteigen, was besonders für ältere und kranke Menschen tödlich wirken kann. Siehe dazu die vielen tausend Tote in Europa im Juli/August 2003!

Gemäß Recherche besorgter amerikanischer Forscher hat das Pentagon bereits ein „Smokescreen", ein Deckmantel der Verschleierung über die Barium-Kondensstreifen gelegt.

Die U.S. Zeitung „American Free Press" will herausgefunden haben, dass amerikanische Elektrizitätswerke, die mit Kohle befeuert werden, große Mengen an toxischen Substanzen ungefiltert durch die Schornsteine in die Umgebung freisetzen, darunter am meisten Barium Compounds! (Absicht? Warum wird z.B. in Deutschland noch an der Steinkohle festgehalten? Siehe dazu auch den Hinweis in den Büchern von Klaus-Peter Rothkugel über ein Experiment im Tagebau in NRW, in das auch die DLR und „UFOs" verwickelt waren.)

Nach dem großen Stromausfall in den USA im Sommer 2003 veranlasste der amerikanische Präsident, dass die Leistungskapazität der U.S.-Stromwerke erhöht wird, zu Lasten des Umweltschutzes und ohne das neue Filteranlagen installiert werden müssen.

Ein anderer Experte meinte, dass das Militär Bariumsalz-Mixturen schon seit längerem für verschiedene Zwecke anwendet.

*„Während HAARP das natürliche Wetter modifiziert"*, erklärt er, *„schießt die Universität von Alaska Barium ins All, um die Magnetfeldlinien der Erde zu untersuchen."*

Außerdem gab der U.S.-Experte an, dass das Militär Bariumsalze bei Angriffen gegen Libyen, Panama und den Iraq einsetzte. Ein USAF-Report enthüllt, dass das landesweite Versprühen von Bariumtitanat in den USA durchgeführt wurde, um ein fortschrittliches Radarsystem zu erproben."

Soweit einige Information aus dem Internet.

Als „Nebeneffekt" bringen diese Barium-Verbindungen vielen Menschen entweder den Tod, oder verschlechtern ihr gesundheitliches Wohlbefinden. Ob diese Experimente für die Verbesserung der Lebensqualität auf unserer Erde dienen bleibt fraglich, es scheint vielmehr umgekehrt zu sein.

Aber nicht jeder Kondensstreifen, der am Himmel gesichtet wird, ist gleich mit „Welsbach-Material" angereichert. Auch atmosphärische Wetterbedingungen, wie hohe Luftfeuchtigkeit, Temperatur oder der Taupunkt tragen dazu bei, dass die ausgestoßenen Abgase der Airliner als Eiskristalle für einige Zeit in der Stratosphäre verweilen.

## Insert

### Jet-Propellant 8

Aus Wikipedia:

```
JP-8 oder JP8 (für Jet Propellant, etwa Düsentreibstoff) ist ein Kraftstoff
für Strahlflugzeuge und Hubschrauber mit einem Turbinentriebwerk, dessen
Standard 1990 durch die USA festgelegt wurde. Der Treibstoff basiert auf
Kerosin. Er ist ein Ersatz für den Treibstoff JP-4, der in der U.S. Air
Force bis etwa Herbst 1996 genutzt wurde.
… JP-8 wurde entwickelt, um einen schwerer entflammbaren und somit weniger
gefährlichen Treibstoff zu haben und dadurch die Sicherheit im alltäglichen
Umgang und die Überlebensfähigkeit der Truppen im Feld zu erhöhen. Es ist
geplant, JP-8 bis etwa 2025 zu nutzen. …

Der in der zivilen Luftfahrt verwendete Treibstoff Jet-A1 basiert auf
derselben Kerosinsorte allerdings mit weniger Additiven.
…
```

Aus: chemtrails-info, Internet:

```
„Aus verschiedensten, wohl berechtigten Gründen ist der direkte Umgang mit
dem Kraftstoff , z.B. Tanken und Einfüllen der Additive nur mit
Schutzkleidung erlaubt. Es ist bekannt, dass die US-Militärs das eigene
Personal vor der hohen Giftigkeit von JP 8 warne.
```

> Die bisher erkannten JP8-Krankheitsauswirkungen - die sicher erst die Spitze des Eisberges darstellen! - sind hochgradig alarmierend. Aufgrund vieler Erfahrungen mit dem JP8-Kerosin selbst, seinen Ausdünstungen und seinen Verbrennungsabgasen am Boden und in der Luft (z.B. im Fallout der Abgase bzw. Kondensstreifen) werden folgende Gesundheitsauswirkungen mit hoher Wahrscheinlichkeit mit JP8 in Zusammenhang gebracht:
> "kein Stoff ist bekannt, der die Abwehrkräfte (Immunsystem) so gründlich schädigt"
> JP8 kann Tumore, Krebs erzeugen, kann lymphoplastische Leukämie hervorrufen,
> verändert, schädigt das Blut, schädigt innere Organe (vor allem Leber, Lungen, Nieren), schädigt Embryonen, schädigt das Erbgut, hohes Risiko für Missbildungen und Fehlgeburten
> An dieser Gesamtwirkung sind wohl vor allem hochgiftige Treibstoffzusätze (Additive) mitbeteiligt. Nach Ansicht der britischen Wissenschaftszeitschrift „New Scientist" enthält der Treibstoff Substanzen, die bei Tierversuchen schwere Gesundheitsschädigungen zur Folge hatten: Tumore, Missbildungen und Fehlgeburten."
>
> Der weltweite Flugverkehr wird in den nächsten Jahren noch weiter steigen.
>
> Die Kondensstreifen an sich sind schön Gesundheits gefährdend, egal ob darin auch „Welsbach-Materialien" als zusätzliche Additive enthalten sind.

## Welsbach Materialien

In dem U.S.-Patent Nr. 5.003.186 v. 26. März *1991 „Stratospheric Welsbach Seeding for Reduction of Global Warming"*, Inventors: David B. Chang, I-Fu Shih, Assignor: **Hughes Aircraft Corp.**, Los Angeles, Calif., heißt es u.a.:

„Eine mögliche Lösung des Problems der weltweiten Erderwärmung ist das Ausstreuen von metallischen Partikeln in der Atmosphäre. Diese Möglichkeit beinhaltet, dass winzige Partikel dem Treibstoff von Verkehrsflugzeugen beigemischt werden, so dass diese Partikel gleichzeitig mit den Abgasen der Triebwerke ausgestoßen werden, während der Airliner sich in Reiseflughöhe befindet. Die Methode verstärkt die Reflektion des sichtbaren Lichtes, das vom Weltall auf die Erde einfällt."

Das Thema „Chemtrails", die u.a. durch Welsbach Materialien, aber auch mikroskopisch feine Partikel wie Bor, Thorium, Fungizide, Mycolpsam, Kohlenstoff-Fasern mit leitfähigem Kern usw., herbeigeführt werden, fand im weltweiten Netz immense Beachtung.

Im Jahre 2004 berichtete sogar ein deutsches Magazin über die merkwürdigen Kondensstreifen und verursachte ein großes Echo unter den Lesern. Selbst befragte Persönlichkeiten des öffentlichen Lebens, darunter Politiker, gaben zu, von dem Phänomen gehört zu haben, oder Bescheid zu wissen.

Interessanterweise konnten Chemtrails, so auch über Deutschland im darauf folgenden Jahr 2005 im Zusammenhang mit bestimmten Aerosolbänken beobachtet werden:

Auszug aus einer Internetseite über Eine Geisterwolke zog über den Norden Niedersachsen

„Ein rätselhaftes Himmelsphänomen zwischen Ostfriesland und Kassel beschäftigt die

Meteorologen. Meteorologen rätseln über ein Phänomen.

Am 19. Juli 2005 war auf den Radarbildern über Norddeutschland eine dichte Regenwolke zu sehen: An dem Dienstag erstreckte sich von den Ostfriesischen Inseln bis nach Hessen die scheinbare Wolke auf einer **Länge von 400 Kilometern**. Bis zu **100 Kilometer breit** war die Wolke auf dem Radarbild. Und es regnete stark, jedenfalls dokumentieren das die Aufnahmen.

Aber das stimmt alles gar nicht. Es gab am 19. Juli 2005 kein dickes Wolkenband über dem Mittagshimmel und es regnete auch nicht stark. „Hier geht es nicht mit rechten Dingen zu", sagt Karsten Brandt, Meteorologe und Geschäftsführer beim Wetterdienst Donnerwetter in Bonn. Gemeinsam mit allen Wetterexperten aus Deutschland und den Niederlanden ist sich Brandt einig, dass es für die Geisterwolke keine natürliche Erklärung gibt (wie Vogelflug oder Kerosin aus einem Flugzeug). Auch die Radaranlagen hätten sich nicht getäuscht, die Aufnahmen wurden unabhängig voneinander in den Niederlanden, in Emden und in Hannover vom Deutschen Wetterdienst gemacht.

Brandt vermutet „geheime militärische Experimente" als Ursache für die Geisterwolke. „Es wurde künstlich in die Wetterentwicklung eingegriffen und das kann nur von Militärs gemacht werden", sagt der Meteorologe. Er hat deshalb jetzt bei der Staatsanwaltschaft Bonn Strafanzeige gegen Unbekannt wegen großflächiger Umweltverschmutzung und Irreführung der Öffentlichkeit gestellt.

Entdeckt hatte das Phänomen ein Meteorologe des Deutschen Wetterdienstes in Offenbach. Jörg Asmus war aufgefallen, dass das Radarbild und das tatsächliche Wetter nicht übereinstimmten.

Gemeinsam mit Kollegen aus Deutschland und den Niederlanden, einem Physiker vom „Deutschen Zentrum für Luft- und Raumfahrt" in Oberpfaffenhofen sowie einem Geowissenschaftler der Bundeswehr kommt er zu einem Ergebnis: Es wurden Teilchen in die Atmosphäre ausgebracht, die vermutlich den Niederschlagsradar stören sollten.
Die Teilchen wurden an der holländischen Nordseeküste in einer Höhe von sechs Kilometer ausgesetzt, berichtet Brandt.

„Bei der großen Menge müssen das drei Flugzeuge gewesen sein", erklärt er. Der Wetterexperte hat drei mögliche Erklärungen für das militärische Experiment. Die Militärs könnten einen Terroranschlag simuliert haben und wollten herausfinden, wie sich eine Substanz über Holland und Niedersachsen verbreitet. Oder man könnte ein Wetterexperiment gemacht haben. Eine weitere Möglichkeit könnte der Versuch sein, die Wettervorhersage zu beeinflussen.

Im Zweiten Weltkrieg hatten Militärs versucht, im Radar des Feindes Verwirrung zu stiften. Damals machten sie das mit kleinen Streifen aus Stanniolpapier.

Als „Abfallprodukt" zur künstlichen elektrostatischen Aufladung der Erdatmosphäre für elektrische Flugkörper wurden während des zweiten Weltkrieges zuerst Wollfäden oder kleine leichte Drahtwendeln in die Atmosphäre ausgebracht, um das Wetter zu manipulieren.

Auch die am 19. Juli 2005 verwendeten Teilchen sind so leicht, dass sie mit geringer Sinkgeschwindigkeit durch die Luft fliegen und so groß, dass sie Radarstrahlen reflektieren. Möglicherweise wurde mit dem Experiment die Umwelt großflächig verschmutzt, meint

Brandt. Denn östlich einer Linie Lüneburg – Kassel fing die scheinbare Wolke am Nachmittag an, sich aufzulösen. „Die Teilchen sind dann über dem östlichen Niedersachsen und in Ostdeutschland runtergekommen."

- „Chemtrails und andere Aerosole für „Directed Energy Weapons"
- „Chemtrails als Katalysator für „Exotic Weapons"

Weitere Stichpunkte sind u.a.:

„**Photoionization**" im Zusammenhang mit Bariumpartikeln zum Leitfähigmachen der unteren Atmosphäre (ca.4-6.000m, um das entsprechende Gebiet dann mit ELF-Wellen von HAARP oder EISCAT, oder „Woodpecker" zu bestrahlen. (übrigens wäre eine solche leitfähige Atmosphäre heute äußerst günstig für die ehemaligen „Foo-Fighters", elektrostatische Flugkörper wie Spindeln, Zigarren, Kegel oder scheibenförmige Fluggeräte. Ob solche Flugkörper, Drohnen, „Orbs" heute immer noch durch die Welt fliegen?)

Andererseits aber fangen die Metallpartikel die langwellige Strahlung auf, die von der Erde zurückreflektiert wird. Dies wiederum führt zu einem Nettozuwachs der Erderwärmung. Deshalb wird hier eine Methode aufgeführt, die globale Erwärmung, die aufgrund des Treibhauseffektes entsteht, dadurch zu reduzieren, dass die Wärmestrahlung durch die Erd-Atmosphäre in den Weltraum abgestrahlt wird.

Die Gase, die den Treibhauseffekt erzeugen, absorbieren sehr stark Infrarot-Strahlung. Deshalb wird die obere Luftschicht mit einer Anzahl von winzigen Partikel bestreut, die aus einem Material bestehen, die hohe Abstrahlwerte im sichtbaren und infraroten Wellenbereich hat und einen niedrigen Wert im nahen Infrarotbereich. Solches Material kann auch Welsbach Materialen beinhalten. Die Oxide von Metallen, wie Aluminium-Oxid sind für diese Zwecke am Besten geeignet.

Die Treibhausgase erstrecken sich in einer Höhe von sieben bis dreizehn Kilometer über der Erdoberfläche. Das Sprühen erfolgt innerhalb dieser Schicht und infolgedessen können die Wärmestrahlen von der Sonne wieder ins All abgestrahlt werden.

Allseits bekannte Refraktor-Materialien haben eine thermale Strahlungsfunktion, die sehr stark von der Wellenlänge abhängt. So kann z.B. das Material hohe Strahlungs- und Absorbierungsfunktionen im weitläufigen infraroten Wellenbereich haben, hohe Emission im sichtbaren Wellenspektrum und sehr geringe Emission im mittleren Wellenbereich. Hat ein Material solche Eigenschaften und wird der Teil der Infrarotstrahlung, der nicht reflektiert wird, der gleichen Strahlungsintensität ausgesetzt, sendet das betreffende Material die sichtbare Wellenstrahlung mit höherer Effektivität wieder aus. Der Wärmestrahler wirkt heller als der „Black Body". Diesen Effekt nennt man „**Welsbach-Effekt**" und er wird z.B. bei kommerziellen Gaslaternen angewandt."

Der österreichische Chemiker Dr. Carl Auer von Welsbach, geb. 1. Sept. 1858, gest. 4.August 1929, widmete sich der Erforschung von Seltenen Erden.

„Ihm gelang es, das Problem der „**Inkandeszenzbeleuchtung**" zu lösen. Das Prinzip dieses Lichtes beruht darauf, dass unter Verzicht auf das Eigenleuchten der Flamme, diese nur dafür verwendet wird, einen festen Körper *aufzuheizen*, der dann - auf Weißglut gebracht – die Lichtquelle bildet. Auer von Welsbach machte zuerst Versuche mit Baumwollfäden, die er in verschiedenen Salzen tränkte und konstruierte kurze Zeit später seinen ersten Glühstrumpf, welchen er mit großem Erfolg seinem Lehrer Robert Bunsen vorführte.

Bei seinen weiteren Bemühungen stieß Auer auf einen neuen Stoff, dessen überaus starke Leuchtkraft bis dato wenig beachtet wurde – das Lanthanoxid. Diese Substanz brachte ihn auf die Idee, **Seltenen Erden zur Lichtgewinnung heranzuziehen**.

Der im Jahre 1885 von Auer von Welsbach konstruierte Lanthan-Glühstrumpf wurde um 1891 von ihm durch den Thorium-Cer-Glühstrumpf mit wesentlich verbesserter Leuchtkraft ersetzt, welcher bald unter dem Namen „Gasglühlicht" seinen Siegeszug durch die ganze Welt antrat. Die überzeugende Leistung des Auer-Lichtes bewirkte eine Renaissance der Gasbeleuchtung.

Vor allem die vom herkömmlichen Gaslicht bekannten Nachteile, wie der hohe Sauerstoffverbrauch und die starke Erwärmung der Raumtemperatur, konnten mit dem neuen Glühstrumpf vermindert werden. Zudem betrug der Gasverbrauch des neuen Auer-Brenners nur ca. 40 Prozent des „alten" Lichtes. Aber auch gegenüber dem Edison-Licht konnte sich der neue Glühstrumpf schlagartig durchsetzen, da die Kosten für seinen Gasverbrauch nur ein Sechstel der Stromkosten der Kohlenfadenlampe ausmachten. Die Wirtschaftlichkeit des Glühstrumpfes war derart günstig, dass bis zum Ende des 19. Jahrhunderts kein anderes Beleuchtungssystem mit seinen Verbrauchswerten konkurrieren konnte. Erst im Jahre 1898 sollte es einem Erfinder gelingen, eine Glühbirne mit Metalldrähten zu fertigen, welche dem Auer-Licht ebenbürtig war.

Als bedeutendste Leistungen von Auer von Welsbach galten vor allem das Gasglühlicht (1885), die Osmium-Lampe (1898), aber auch das Auermetall (1903). Dahinter verbirgt sich eine Bezeichnung, die bis heute als „Zündstein" allgemein bekannt ist und die jährlich milliardenfach in Feuerzeugen weltweit zur Anwendung kommt. Die industrielle Anwendung der von Auer von Welsbachs gemachten Forschungen werden heute von der Treibacher Industrie AG umgesetzt, die Seltenerdbetriebe sind in der Treibacher Auermet GesmbH am selben Standort konzentriert.

Am 30. März 1905 berichtete Auer von Welsbach vor der Akademie der Wissenschaften, dass sich Ytterbium aus zwei Elementen zusammensetzt. Auer benennt die beiden Elemente nach Sternen: **Aldebaranium** und **Cassiopeium**. Er unterlässt es aber, die erhaltenen Spektren und die ermittelten Atomgewichte zu veröffentlichen. Heute werden die Elemente **Neoytterbium** (heute: **Ytterbium**) und **Lutetium** genannt."

Siehe hier auch deutsche Atom-Wissenschaftler und Physiker, die an der deutschen Auergesellschaft an diesen Problemen gearbeitet hatten. Ob von hier auch die Idee der künstlichen Raumladungen kam, ob für elektrostatische Flugkörper (nuklear, Thorium beschichtete Außenhaut zur elektrostatischen Aufladung) oder der Wetterbeeinflussung? Bediente man sich auch dieser deutschen Forschungen nach dem Krieg, um z.B. einen Wetterkrieg zu konzipieren?

Weiter heißt es im o.g. U.S.-Patent:

```
„Welsbach Materialien haben die charakteristischen Eigenschaften von
Wellenlängen abhängigen Strahlungen oder Reflektionen, so z.B. Thorium-Oxid
(ThO2).

Deshalb werden die Treibhausgase in der oberen Atmosphäre mit Welsbach-
oder Welsbach ähnlichen Materialen besprüht. Ein anderes Material mit
```

denselben gewünschten Strahlungseigenschaften sind Oxide von Metallen. So z.B. <u>Aluminium-Oxid</u> (Al2O3). Die Metallpartikel sollten eine Größe im Bereich von 10 bis 100 Micron haben, um zum Sprühen geeignet zu sein. Größere Partikel tendieren schneller abzusinken und erreichen zu schnell die Erdoberfläche. Die Herstellung der winzigen Metallpartikel erfolgt durch die üblichen Methoden des Mahlen und Zerreibens.

Die so zerkleinerten Metalloxide verbleiben nach dem Versprühen in einer durchschnittlichen Höhe von <u>10 Kilometern</u> **ungefähr ein Jahr** in der oberen Atmosphäre."

Soweit das veröffentlichte U.S.-Patent zur Behandlung unserer Erdatmosphäre mit chemischen Materialien.

Metalloxide von z.B. Aluminium sind hoch toxisch, da sie in die Kategorie der „Schwermetalle" fallen und für die Gesundheit des Menschen gefährlich sind.

Unklar ist, welche Airliner das Welsbach-Material versprühen. Waren es alle Verkehrsflugzeuge, die an einem bestimmten Ort betankt wurden, oder nur bestimmte Maschinen bestimmter (gekaufter oder gezwungener) Fluggesellschaften? Wurden die Metalloxide auf dem ganzen Flugweg verstreut, oder z.B. nur über speziellen Planquadraten? Wurde dafür ein bestimmter Tank innerhalb des Verkehrsflugzeuges (Rumpf- oder Tragflächentank, Abwassertank) vom Piloten extra zugeschaltet oder läuft das Versprühen automatisch und vom Piloten unbemerkt?

Werden Welsbach-Materialien, zu denen auch hydroskopische Bariumsalze gehören sollen, permanent verstreut, oder nur zu bestimmten Zeiten und über bestimmten Orten?

Bleiben die winzigen Metallpartikel tatsächlich über längere Zeit in den oberen Luftschichten, oder werden sie, aufgrund von wechselnden Windströmungen und anderen atmosphärischen Bedingungen, auseinandergeweht, oder z.B. durch Regen, Hagel (Gewitter) oder Schnee aus der Atmosphäre gewaschen und gelangen dann zur Erde? Könnte deshalb z.B. in Brandenburg, Mitteldeutschland, eine Trockenzone entstehen, da dort eine südöstliche Windströmung endet? Kann man dort Metalloxide, wie Aluminium oder Barium im Erdboden nachweisen?

Wissen die großen Ölgesellschaften, dass ihrem Kerosin Welzbach-Beimengungen zugefügt wurde? Was wussten, sagten oder dachten die Airline-Piloten darüber?

Wahrscheinlich wurden auch die Welzbach Stoffe durch spezielle (EHD/MHD-) Drohnen von militärischen Spezialeinheiten weltweit verstreut. Unter Mitwissen einzelner Regierungen, die darüber beharrlich schweigen.

Welche Forschungen über „Welsbach-Materialien" im Zusammenhang mit Wettermanipulationen waren schon vor dem zweiten Weltkrieg bekannt? Wusste man in der Luftfahrtforschung von der elektrischen Leitfähigkeit solcher Materialien, die ja auch für elektrostatische Flugkörper interessant waren?

Wurden schon lange vor dem zweiten Weltkrieg solche Welsbach-Stoffe in die Atmosphäre ausgebracht, um bestimmte Reaktionen - im Zusammenhang mit dem Wetter oder der Leitfähigkeit der Luft - zu erforschen?

Wer erstellte die „Auslegungsschrift 1 226 227" über das „Verfahren zur Herstellung eines Trägers für künstliche elektrische Raumladungen in der Atmosphäre" wirklich.

Ein Spezialist könnte der bekannte Raketenkonstrukteur Hermann Oberth gewesen sein, der seine Kenntnisse bezüglich EM-Flugkörper nach dem Krieg in den einzelnen Patentanmeldungen niederschrieb, um sie damit der Nachwelt zu erhalten (siehe „Das Geheimnis der Wahren Raumfahrt", Teil III).

Der eigentliche Anmelder, ein Herr Erich Halik in Wien, war ein „Spezi" des Desinformanten und ehemaligen SD-Mannes Wilhelm Landig und er war noch nicht einmal in der Lage, einen elektrostatischen Generator aufzutreiben. Siehe hier auch den Absatz über elektrostatische Flugkörper in dem Buch „Das Geheimnis der Wahren Raumfahrt", Teil III von Klaus-Peter Rothkugel.

Der andere, als Erfinder für die obige Auslegungsschrift eingetragen, war der Flugkapitän der Lufthansa, Hans-Werner von Engel. Welche Rolle spielte die Lufthansa in Sachen elektrostatischer Flugkörper, oder das Besprühen der Atmosphäre mit Welsbach-Materialien zur „Modifizierung" des Wetters?

## Weather Modification

Kann man mit HAARP und EISCat diese Wetterveränderungen erzeugen und kontrollieren, sind sogar die Scalar-Wellen die beste Voraussetzung dafür?

Führende Wissenschaftler beschreiben das globale Wetter nicht nur als ein System, bestehend aus Hoch- und Tiefdruckgebieten, sondern es sei auch ein elektrisches System.

HAARP griff die Ionosphäre dort an, wo sie am instabilsten ist. Man nimmt an, dass es eine bestimmte elektrische Verbindung mit der Ionosphäre und dem Teil der unteren Erdatmosphäre gibt, wo unser Wetter entsteht. So könnte man mit geladenen Partikeln aus dem Van Allen Gürtel, die nach unten strömen, Eiskristalle erzeugen, die wiederum Regen bringen.

Könnten die, in dem uns bekannten Ausmaß, bis jetzt nie da gewesenen Regenfälle in Süd- und Mitteleuropa, sowie im östlichen Europa, die zum Anstieg der Flüsse Donau, Moldau, Elbe usw. im August 2002 führten, sowie die Dürre im Jahre 2003, auch künstlich erzeugt und verstärkt worden sein?

Wäre man in der Lage, bekannte Wetterlagen so zu „modifizieren", dass mehr Wasser – z.B. über einem bestimmten Bereich im Mittelmeer – verdampft und dann später im Zusammenprall mit einem nördlichen Tiefdruckgebiet über den Alpen abregnet? Kann man gleichzeitig die negativen Umwelteinflüsse, wie abgeschmolzene Gletscher, geschädigte Wälder usw. für Überschwemmungen ausnutzen, so dass das Wasser nicht mehr im Boden versickert und damit recht schnell in die Täler und somit in die großen Flüsse gerät, die sich dann in das Umland ergießen?

Wird man in Zukunft, aufgrund der Klimaveränderung und weiterhin auftretender Dürren, anstatt in südlichen Gefilden, lieber Urlaub in Nordeuropa machen, weil es dort kühler und damit erträglicher ist?

Konnte HAARP auch den Jet-Stream manipulieren, ihn aus der Bahn lenken und verschieben, sodass Wetterverhältnisse in andere Region verschoben werden, die ansonsten weniger betroffen waren? So wie das nordatlantische Wetter, dass man weiter südlich verschoben hat, sodass Wind, Sturm und Niederschläge jetzt z.B. mehr den europäischen Kontinent treffen?

Bereits im Frühjahr/Sommer 2003 klagte man in Italien, oder auch auf „Malle" - Mallorca - über ein heißes Klima, das einem nicht nur das Schlafen schwer machte, sondern auch in heißen Räumen und Fabrikhallen das Arbeiten erschwert wurde.

Eine Folge einer künstlichen Aufheizung der Ionosphäre? Ist außer dem exothermischen Modus auch eine endothermische Variante denkbar, die die Atmosphäre abkühlen lässt, damit außer Regen, z.B. auch länger anhaltender (und frühzeitiger) Schnellfall möglich wäre?

Ist das „Global Warming" tatsächlich nur auf die ansteigenden Treibhausgase, die die Menschheit seit Jahrzehnten ausstößt, zurückzuführen? Oder hilft man mit entsprechenden Maßnahmen und Waffen kräftig nach? Um bestimmte Gegenden in der Welt mit Wetterkatastrophen und Klimaveränderungen gefügig zu machen, damit man sie besser beherrschen kann? Will man an den Polkappen der Erde leichter an Rohstoffe und ist es somit von Vorteil, wenn das Eis schmilzt? Die Ölindustrie, und hier insbesondere die amerikanischen Konzerne, die alle auch in das Hegemoniebestreben der USA fest mit eingebunden ist, könnte sich auch als „Blitzableiter" hergegeben haben, um als alleiniger Schuldiger gebrandmarkt zu werden, damit man von militärischen Bestrebungen, das Wetter im globalen Stil zu manipulieren, ablenken kann.

Fliegen eigentlich heute noch diverse elektrostatische Flugkörper um die ganze Welt? Denn eine mit „Chemtrails" weltweit geschwängerte Atmosphäre hätte heute die besten Vorraussetzungen für elektrostatische Flugkörper, die sich somit nicht nur auf die natürliche Raumladung verlassen bräuchten?

## Project Magnet

Unter dem Namen „*Project Magnet*" wurde 1951 ein Programm zur Untersuchung von magnetischen Anomalien und Abweichungen über den Ozeanen gestartet. Das Projekt wurde von der U.S. Navy, dem „Navy Oceoanographic Office" durchgeführt, aber wahrscheinlich arbeitete man außerdem zusammen mit kanadischen Regierungsstellen, denn zur selben Zeit gab es auch ein entsprechendes Untersuchungsprogramm in Kanada mit dem gleichen Namen:

„Project Magnet".

Im Jahre 1963 entdeckte ein Zeitzeuge auf dem Rollfeld des Flughafens von San Francisco eine Lockheed Super Constellation, die auf den Seitenrudern den Schriftzug „Project Magnet" trug. Da der Zeuge selbst bei Lockheed arbeitete, konnte er ins Gespräch mit der Besatzung der Constellation kommen.

Er erfuhr, dass das U.S. und das kanadische Programm eng miteinander verbunden war, und der Zeuge kam auch ins Gespräch mit einem zivilen Ingenieur, der sich mit an Bord der Maschine befand.

Die Super Constellation war eine von mehreren Maschinen, die mit hochsensiblen Magnetometern ausgestattet waren, um nicht nur Unregelmäßigkeiten im Erdmagnetfeld zu untersuchen, sondern auch magnetische Kräfte unterschiedlicher Quellen, die von oberhalb der Erdatmosphäre herrührten. Die Suche nach speziellen Magnetfeldern erstreckte sich über den gesamten Erdball und der Zivilingenieur gab außerdem an, dass diese Forschungen auch speziell für diesen Zweck ausgerüstete Satelliten mit einbezog, die Interferenzen oberhalb der Erde maßen. Die Constellation Besatzung arbeitete gemäß dem Ingenieur für die U.S. Navy, aber auch die U.S. Air Force und die NASA soll an der Erforschung der Magnetosphäre verwickelt gewesen sein.

In der „Ufologie" heißt es, dass das Projekt Magnet dazu gedient hätte, einfliegende „UFOs", die mit Elektrogravitation angetrieben werden, aufzuspüren. Diese Version der Erklärung kann man aber mit Bestimmtheit als typische „graue" oder sogar „schwarze Propaganda" ins Reich der Phantasie verweisen.

Eventuell gab es aber zwei verschiedene „Project Magnet" Gruppen. Die einen beschäftigten sich mit dem Erdmagnetfeld, das ja auch zum Antrieb der elektrostatischen Fluggeräte und Raumschiffe dient („Electromagnetic Repulsion"). Eine andere Gruppe entwickelte die nötige Luft- und Raumfahrttechnik sowie die entsprechenden EM-Antriebe. Für Außenstehende hätte man beide Programme separat aufführen können und die harmlosere Variante der Öffentlichkeit präsentiert.

Was könnte aber in den 1950er Jahren u.a. wirklich erforscht worden sein?

## Die Ionosphäre

Ab ca. 80.000 m Höhe beginnt das am weitesten ausgedehnte Stockwerk unserer Atmosphäre, die Ionosphäre oder auch Thermosphäre genannt.

Diese Schicht, die von 80 – 400 km reicht, wird Ionosphäre genannt, weil in ihr die kurzwellige Sonnenstrahlung eine Ionisation an den Stickstoff- und Sauerstoffatomen bewirkt, wodurch die Luft elektrisch leitend wirkt. Von einer einheitlich ionisierten Schicht kann man allerdings nicht sprechen. Vielmehr treten mehrere Schichten mit <u>verschiedenen Eigenschaften und hoher elektrischer Leitfähigkeit</u> auf, die als D1, F1 und F2, sowie E1 und E2-Schicht bezeichnet werden.

Diese Schichten haben für den Funkverkehr eine sehr große Bedeutung, wie sie die Kurzwellen zum Teil dämpfen, aber auch reflektieren und so den Kurzwellenfunkverkehr rund um den Erdball ermöglichen.

Die Polar- und Nordlichter treten in diesem Stockwerk auf und reichen bis zu 1.200 km hinauf.

Oberhalb der Ionosphäre beginnt die Magnetosphäre der Erde und sie ist die Region innerhalb des interplanetaren Raumes, in dem das Erdmagnetfeld die dominierende Rolle spielt. Die nördlichen und südlichen magnetischen Pole sind außerdem die Bereiche, in denen die farbenprächtigen Polarlichter auftauchen, wobei atmosphärische und ionosphärische Teilchen zum Leuchten angeregt werden.

Die so genannte Plasmasphäre befindet sich innerhalb der Magnetosphäre und rotiert gerade noch mit der Erde mit. Die äußere, sehr scharfe Grenze bezeichnet man als Plasmapause.

Nach innen schließen sich die Ionosphäre und Neutral-Atmosphäre an.

Das Plasma der Plasmasphäre ist ionosphärischen Ursprungs.

Die Ionosphäre erfüllt die lebenswichtige Aufgabe: die Erde vor tödlichen kosmischen Strahlen abzuschirmen. Schon im vergangenen Jahrhundert träumte der Physiker Nikola Tesla davon, diesen atmosphärischen Schutzschild technisch zu nutzen.

Guglielmo Marconi hatte im Jahre 1901 mit seinen Versuchen zur Radiowellenübertragung zwischen Europa und Amerika bewiesen, dass es in etwa 100 km Höhe eine elektrisch leitfähige Schicht geben muss. Marconi verschwand in den 30er Jahren des 20. Jahrhunderts und es wäre möglich, dass u.a. auch seine Kenntnisse bzgl. der Ionosphäre für die heimliche Raumfahrt von Bedeutung war.

Der englische Physiker Sir Edward Appleton, der sich besondere Verdienste um die Ionosphärenforschung erwarb, und dafür auch den Nobelpreis erhielt, bezeichnete diese Schicht im Jahre 1927 daher als E (elektrische) - Schicht.

Die Ionisierung und damit die elektrische Leitfähigkeit der Atmosphäre ist in der Nähe der Erdoberfläche gering, nimmt aber mit größerer Höhe schnell zu. Zwischen 40 und 400 Kilometern über der Erde bildet die Ionosphäre eine fast perfekt leitende kugelförmige Hülle. Diese Hülle reflektiert Radiosignale einer bestimmten Wellenlänge, unabhängig davon, ob sie ihren Ursprung auf der Erde oder im Weltraum haben (Erhitzung auch durch Satelliten im Erdorbit für Wetter-Modifikationen möglich, evtl. Kopplung mehrerer EISCAT oder HAARP-Anlagen mit Satelliten durch eine Matrix, Anm.d.A.).

Die Ionisierung der Atmosphäre schwankt nicht nur mit der Höhe, sondern auch mit der Tageszeit und dem Breitengrad sehr stark.

Den zweiten Namen „Thermosphäre" hat die Schicht der Tatsache zu verdanken, dass die sehr dünne Luft in Höhen über 80 km sehr schnell aufgeheizt wird und ihre Temperatur dabei sehr starken Schwankungen unterliegt.

Schaut man sich nun den Mars an (der eines Tages, oder schon dabei ist, als neue Erde umgeformt zu werden), so zeigen die heutigen offiziellen Darstellungen, dass dieser Rote Planet zwar eine Troposphäre mit rotem, eisenreichem Staub mit vereinzelten Wolken und Nebel aus gefrierendem Wasserdampf, eine Stratosphäre mit dünnen Wolken aus gefrorenem Kohlendioxid (oder nach neuesten Erkenntnissen evtl. auch aus Wasserdampf) und eine Thermosphäre hat.

Aber der Mars hatte im Urstadium keine Ionosphäre. Dazu ist ja außer der Sonneneinstrahlung Stickstoff und Sauerstoff von Nöten.

Soll die Entstehung einer Iono- und Magnetosphäre auf dem Mars künstlich durch menschliche Beeinflussung beschleunigt werden, um einerseits ein Schutzschild zu erzeugen, das gegen die tödliche kosmische Strahlung schützt, und andererseits eine Luftschicht zu haben, um „Weather-Modification" auf dem Roten Planten vornehmen zu können?

Die Beeinflussung des Mars-Wetters könnte wichtig für das weitere Gelingen sein, den Planeten Mars zur zweiten Erde umzugestalten.

Durch gezieltes Aufheizen von Wassermengen über neu entstandenen Ozeanen kann man anderenorts dieses Wasser kondensieren und über Gebieten mit Neuanpflanzungen zur Bewässerung abregnen lassen. Ein sinnvoller Teil von „Weather-Modification"!

Auch der Van-Allen-Gürtel ist ein Strahlungsgürtel: Durch das Magnetfeld der Erde werden aus dem Sonnenwind oder der kosmischen Strahlung stammende Teilchen „eingefangen" und sammeln sich im Wesentlichen in zwei Strahlungsgürteln: Der innere von ihnen beginnt etwa 6.000 Kilometer über dem Äquator und besteht hauptsächlich aus hochenergetischen Protonen und wurde 1958 von James Van Allen entdeckt.

Der zweite beginnt etwa 20.000 Kilometer über dem Äquator und enthält vorwiegend Elektronen.

Alle Weltraummissionen, außer den Flügen zum Mond, wurden innerhalb des Van-Allen-Gürtels vorgenommen, der die Astronauten vor der kosmischen Strahlung schützte. Auch die Internationale Raumstation befindet sich innerhalb dieses Strahlengürtels.

Soll auf dem Mars zusätzlich auch ein „Van-Allen-Gürtel" künstlich erzeugt werden? Dienten die div. Projekte (Projekt Magnet, Geophysikalisches Jahr 1957, Experimente am Südpol usw.) der Erforschung der oberen Atmosphäre auch diesen Terraforming-Maßnahmen für eine Zweite Erde auf dem Mars?

So wurden z.B. 1961 bei einem Versuch in den USA 350.000 Kupfernadeln (jede 2-4 cm lang)

in die Ionosphäre geschossen, um ein „Telekommunikationsschild" und Ionenfelder künstlich zu erzeugen.

Ist das eine der Möglichkeiten, dem Mars und seine neuen Bewohner ein von Menschenhand geschaffenes Schutzschild zu geben?

Seinerzeit wurden rund 100 Antennen, je 24 m hoch für das, mittlerweile beendete HAARP-Projekt fertig gestellt. Bis zum Jahr 2003 sollten es ca. 380 Antennen werden, welche dann zusammengeschaltet und in ihrer Leistung gebündelt werden sollen. Stehen solche Anlagen auch auf dem Mars und werden dort u.a. zur Wetterkontrolle eingesetzt?

Wurde HAARP auch beendet, weil man den Mars jetzt terraformen kann?

Im Sommer 2003 stellte man fest, dass durch die Aufheizung, die schon im Frühjahr sommerähnliche Hitzerekorde erbrachte, es zu einer vermehrten Bildung von starken Blitzen bei Unwettern kam.

Ist dies auch ein Effekt, der beim Terraformen auf dem Mars dazu beiträgt, die obersten Luftschichten mit Hilfe von Blitzen zu Ionisieren (s. dazu auch die russischen Raketen, die starke Blitzbildung erzeugten in dem Buch „Das Geheimnis der Wahren Raumfahrt", Teil II von Klaus-Peter Rothkugel), um eine neue Ionosphäre zu bilden?

Wäre es möglich, dass alles was außerhalb der Erde zur Durchführung einer erfolgreichen Kolonisierung unseres Sonnensystems nützlich und konstruktiv ist (Mind-Control, Weather

Modification, Cyborgs, Roboter, Gen-manipulation, menschliche Ersatzteile usw.), hier auf der Erde hinter den Kulissen auch destruktiv eingesetzt wird?

## Projekt „Adam and Eve"

Bei der Kolonisierung unseres Sonnensystems braucht man auch Möglichkeiten zu Unterbringung für Mensch und Material auf fremden Planeten. Bevor der Mars ggfs. terrageformt wurde, war auch dort die Umgebung absolut lebensfeindlich. Um trotzdem hier, wie auch auf anderen Welten, einen Stützpunkt aufzubauen, schien man auf die Form des (aufblasbaren?) Kuppelbaues gestoßen zu sein.

Frank Edwards schreibt in seinem Buch „Flying Saucers – Serious Business":

```
„Genauso interessant sind die sog. „Mondkuppeln", die in der
Zeitschrift des Observatoriums der Harvard Universität „Sky and
Telescope" vom Januar 1958 diskutiert wurden.

In der Erkenntnis, daß Astronomen in den vergangenen Jahren „in
wachsender Zahl beobachteten Mond-Kuppeln, kleinen runden Hügeln",
ständig steigende Aufmerksamkeit geschenkt haben, bringt die
Zeitschrift eine Zeichnung von einem dieser Objekte, das von einem
französischen Astronomen durch ein 10-Zoll-Teleskop beobachtet
worden war.

Die Anwesenheit dieser Kuppeln wurde zuerst in den dreißiger Jahren
des 20. Jahrhunderts bemerkt, dann wurden bis 1960 bereits mehr als
zweihundert dieser runden weißen halbkugelförmigen Objekte auf der
Mondoberfläche gezählt. ... Die Schatten dieser Objekte zeigen ihre
Rundungen; im Übrigen erscheinen sie in Gegenden, die vorzugsweise
eben sind."
```

Kuppeln, die man mit Sauerstoff aufblasen kann, um darunter ein Basis-Camp zu errichten?

Kuppelbauten, die man nach verrichteter Arbeit auch wieder schnell entfernen kann?

Wäre es außerdem denkbar, dass bei dauerhaftem Wohnen auf dem Mond, der ja nur ein sechstel unserer Schwerkraft besitzt, es auch sphärische Gebäude gibt, deren eine Hälfte unter der Erde, und die andere Hälfte über der Mondoberfläche herausragt?

Rotiert im Inneren, genauso wie beim „Spaceship" oder der sphärenförmigen Raumstation (s. Bücher des Autors und darin erwähntes entsprechendes U.S.-Patent), eine weitere Sphäre –die durch die Drehbewegung - Zentrifugalkraft - 1g künstliche Schwerkraft erzeugt - auf deren Innenschale die Wohn- und Arbeitsräume untergebracht sind?

Jim Keith, der leider 1999 nach einer angeblich harmlosen Knieoperation im Krankenhaus verstarb, schrieb in seinem Buch "Alternative 3, Die Beweise":

```
„Ein Brief an die Chefredaktion der Zeitschrift „World Watchers
International" von einem Mr. M.J. aus El Paso, Texas, lautete
folgendermaßen:

„Es muß etwa um 1978 gewesen sein, als ich auf eine Taschenbuchausgabe von
„Alternative 3" stieß, in der ich eines wieder fand, was mir mein Vater
```

zuvor erzählte, z.B. daß das <u>Militär im Besitz von diskusförmigen Flugobjekten</u> sei. Kurze Zeit später lernte ich während einer Geschäftsreise eine Frau kennen, die ich versuchte zu beeindrucken, indem ich erwähnte, daß ich zur Zeit der Watergate Katastrophe für Nixons Kongressabgeordneten als Verbindungsmann zum Pentagon fungiert hatte und daß meine Frau als Sekretärin für Donald Segretti, dem Chef von CREEP, im benachbarten Marinegeheimdienst tätig gewesen war. Die Frau sagte mir, daß auch sie für das Pentagon, und zwar als Kryptographin, hinter der sogenannten „Grünen Tür" gearbeitet hatte. Ihre Aufgab war es, Informationen ausländischer Geheimdienste zu entschlüsseln. Und dann, Ende der fünfziger Jahre, wurde sie die Privatsekretärin eines Admirals.

1962 boten ihr die „Jet Propulsion Laboratories" in Pasadena eine Stelle an, die sie annahm. Dort arbeitete sie in einer Geheimabteilung, die sich mit Bildauswertung befaßte. Sie analysierte alle eingehenden Mond- und Marsphotographien in hoher Auflösung.

Ihr Ehemann, den sie dort kennen lernte, arbeitete in einer anderen Abteilung als Architekt. Er entwarf **kuppelförmige**, als Bauelemente konzipierte Unterkünfte für **Kolonien auf dem Mond und auf dem Mars**! Die Tarnbezeichnung für dieses unglaubliche Projekt lautete „**Adam and Eve**". Ihr Ehemann entwickelte außer diesen kuppelförmigen Bauten auch sämtliche internen und externen Lebenserhaltungssysteme. Eine ihrer Sonden hatte orkanartige Winde auf dem Mars gemeldet, die jede andere Bauweise dem Erdboden gleichgemacht hätte.

Etwas später wurden ihr Mann und mehrere wichtige Wissenschaftler für ein hochgeheimes Projekt, das an einem unbekannten Ort durchgeführt wurde, ausgewählt. Sie sah ihn nie wieder! Als sie sich nach ihm erkundigte, antwortete man ihr, daß er sich auf einer bekannten Basis befände. Sie erhielt Briefe von ihm, die aber keinen Hinweis darauf enthielt, wo er sich aufhielt. Eines Tages teilte man ihr mit, daß er ums Leben gekommen sei. Sie bekam jedoch weder nähere Informationen über seinen Tod, noch wurde die Leiche überführt.

Schließlich wurde ihr die Sicherheitsstufe „Q" entzogen. Als ich sie scherzhaft fragte, ob sie glaube, daß ihr Mann nach Vietnam geholt wurde, starrte sie mich an und erwiderte:

**„Nein, ich glaube, er wurde auf <u>den Mars geholt</u>!"**

Und das meinte sie todernst."

Wie viele Wissenschaftler, Forscher und Pioniere von der Erde wurden im Laufe der letzten 80-90 Jahre andauernde geheime Raumfahrt auf menschliche Außenposten in unserem Sonnensystem geholt?

## Kornkreise und der ggfs. wahre Ursprung

Mehr als die Hälfte aller beobachteten Kornkreise sind mit Sicherheit von Leuten gemacht worden, die sich einen Spaß erlaubt haben, oder um zusammen mit den jeweiligen Landwirten, denen die Felder gehören, durch Eintrittsgelder ein paar Euro zu verdienen.

Die „Ufologie" träumt davon, dass die Kornkreise außerirdischen Ursprunges sind und

Botschaften an die Menschheit darstellen. Auch „morphologische Felder", kleine Wirbelstürme oder noch abstrusere Theorien müssen als Erklärungsversuch für die vielfältigen und teils sehr komplizierten Muster in Kornfeldern herhalten.

Manche der sehr komplexen Symbole kann man aber nicht mit der normalen Erklärung abtun, dass Leute, die ein Brett unter ihre Füße schnallen und mit einer Schnur ausgestattet, Kreise in Felder ziehen. Einige Symbole sind so groß und verschnörkelt, dass die Arbeit mit einer oder mehreren Personen in einer Nacht nicht zu bewältigen ist.

Jim Keith schreibt in dem Buch „*Alternative 3, Die Beweise*":

„Erstens. Wir sind im Besitz eines laboranalythischen Berichts über einige der betroffenen Weizenhalme. Die 90 Grad Krümmung an deren unterem Ende ist auf die „Explosion" des tiefsten Knotens der Halme zurückzuführen. Offensichtlich ist das Wasser, das sich in seinem Inneren befand, **verdampft**. Die Fasern werden bei diesem Prozess nicht zerstört und verlieren weder Wasser noch Nährstoffe, sodaß die Pflanze, die dort liegt, am Leben bleibt. Aller Wahrscheinlichkeit nach handelt es sich hier um den **Einfluß von Mikrowellen**, die bei einer entsprechenden Frequenz in der Lage sind, Wasser verdampfen zu lassen. Tatsächlich wurde Mikrowellenlaser, sog. *MASER* (Microwave Ampflification by Stimulated Emission of Radiation, wird auch bei „UFOs" zur Steuerung und Antrieb in ein E- und B-Field geschossen, Anm.d.A.)) schon Jahre vor den allseits bekannten Lichtlasern entwickelt.

Zweitens: Den zweiten wichtigen Bericht erhielten wir von einem Bauern, der angibt, die Entstehung eines solchen Kornkreises direkt beobachtet zu haben. Ihm erschien es, als ob sich plötzlich eine riesige, schnell rotierende Hand auf den Weizen gelegt hätte, die ihn, spiralförmig, platt walzte. Das erinnert an das Bild einer zusammenbrechende Spirale aus Dominosteinen. Einen solchen Vorfall dürfte ein rotierender, von oben her einwirkender Maserstrahl zugrunde liegen.

Drittens: Die aufschlußreichste Schilderung, die die bis dato konkretesten Anhaltspunkte enthält, bekamen wir von einem Segelflieger, der die Luftströmung in militärisches Sperrgebiet über Wiltshire (UK) trieb. Dort sah er plötzlich vor sich in der Luft das Spiegelbild seines Segelflugzeuges. Als er näher darauf zusteuerte merkte er, daß er eine große, aber unsichtbare, zylindrische, reflektierende Oberfläche umkreiste, die vertikal in der Luft schwebte."

Verdampfung von Wasser durch Mikrowellen, großflächiger, zylinderförmiger rotierender Maserstrahl, Plasma, das durch Ionisierung entsteht, hat das alles ggfs. auch mit „Weather-Modification" zu tun?

Werden hier Techniken, die zur Kontrolle des Wetters und zur Erzeugung von schützenden Luft/Plasma- und Magnetschichten dienen, destruktiv und für die Propaganda eingesetzt? Darf das Militär mit diesen, z.B. für Terraforming geeigneten Anlagen, „spielen"?

Ist die Aufheizung unserer Erde durch den Treibhauseffekt, durch FCKW, durch Umweltverschmutzung etwa nur Legende und die übliche Desinformation und Manipulation.

# Verdeckte Operationen, Geheimdienstspiele und der Wahrheitsgehalt der „offiziellen" Geschichtsschreibung

```
- ein Terroranschlag in einem westlichen Land,
- fanatische religiös-nationalistische Täter aus einem nahöstlichen Land,

- unbewiesene, aber beharrlich wiederholte Behauptungen, ein dritter Staat,
  dessen Politik der US-Regierung seit langem missfällt, sei der eigentliche
  Urheber des Anschlages,

- wüste Hetze und offene Kriegspropaganda gegen diesen Staat,
- politische, wirtschaftliche oder gar militärische Sanktionen
- Bombenterror - gegen den als Terroristennest dargestellten Staat.
```

Oben genannter Ablauf lässt sich ohne weiteres auf den Terroranschlag vom 11. September 2001 beziehen und was sich daraus, „Regime Change" - der auch schon vor und nach dem Ersten Weltkrieg in Europa praktiziert worden sein könnte und woraus der Zweite und später der Dritte Weltkrieg hätte entstehen können, um die Welt der 1940er Jahre wieder an die Akausalität anzugleichen - entwickelte: Afghanistan, Irak, Iran, „Arabischer Frühling", Libyen, Syrien . . .

Das o.g. Zitat stammt aus dem Buch *„Unheimlich zu Diensten"* von Philip Agee, Stefan Aust (Spiegel!), Manfred Bissinger, Ekkehardt Jürgens und Eckhart Spoo, Steidl-Verlag, Göttingen 1987, und bezieht sich auf Geheimdienstmachenschaften mit dem Titel „Bulgarian Connection, Lybien- und „Syrian Connection", **die alle Anfang der 80er Jahre des 20. Jahrhunderts durchgeführt wurden!**

Das Schema gewisser geheimdienstlicher Taktiken ist nicht neu und vieles lässt sich aus dem „CIA-Handbuch über Psychologische Kriegsführung" entnehmen.

Die Autoren Eberhard Heinrich und Klaus Ullrich schreiben zum Thema CIA in ihrem Buch „Der Krieg einer unsichtbaren Armee", 2. Auflage 1985:

```
„...Es existiert eine geheime Armee, die seit Jahrzehnten überall in
der Welt einen Krieg führt, der nie erklärt wurde."
```

Wird dieser (Mehrfronten-) Krieg mittlerweile an mindestens drei „Kriegsschauplätzen" gespielt, wie den weltweiten Börsen, der Destabilisierung und Vernichtung von bestimmten Volkswirtschaften gemäß der „Globalisierungslegende" (Wirtschaftliberalismus, „Initiative Neue Markwirtschaft", „T-TIP" usw., an der „Wetterfront" und im Terrorbereich?, Anm.d.A., außerdem gibt es geheime „Killer-Kommandos", die mobil in den jeweiligen Ländern Mordaufträge an unliebsamen Personen ausführen.

```
„Sie erhält alljährlich Milliarden Dollar von der US-Regierung, ohne
darüber Rechenschaft ablegen zu müssen. Sie ist auf das beste
ausgerüstet mit konventionellen und Spezialwaffen. Sie besitzt eine
Rekrutierungsstelle, Ausbildungslager, Waffendepots, eine eigene
Luftwaffe, eigene Labors und Produktionsstätten (Milzbrandbriefe?, SARS,
Anm.d.A.), hat von der ausgeklügelten Kommandostruktur bis zum
Hauptquartier alles, was sie zu ihrer Kriegsführung braucht (so evtl.
```

zum Terrorkrieg von Osam bin Laden oder zuletzt den „IS", Anm.d.A.).

Die Gründerväter ermächtigten sie ausdrücklich dazu, sich in die <u>inneren Angelegenheiten aller anderen Staaten einzumischen</u>, gegen jeden anderen Staat der Welt jedwedes Mittel einzusetzen. Und alle, die seit 1947 Präsident der USA waren, haben sie dazu angehalten, ermutigt und in den meisten Fällen auch gedeckt, wenn Tatbestände der geheimen Unternehmen ans Licht kamen und die Öffentlichkeit sich empörte."

Sich gänzlich auf die offizielle Geschichtsschreibung zu berufen, könnte ein Fehler sein:

Hierzu schreibt der englische Autor Christopher Creighton, alias John Davis, in seinem Buch „Operation James Bond", Econ-Verlag, 1996:

„...Mein Gewissen erinnerte mich an den Pazifik, an das niederländische U-Boot K-XVII unter Befehl von Korvettenkapitän Besancon. Die gesamte Besatzung hatte ich im Dezember 1941 umgebracht, indem ich zwei Röhrchen Cyanid und eine Packung hochexplosiven Sprengstoff, als Whisky getarnt, in ihre Sauerstoffzufuhr einführte und zu einer Zeit hochgehen ließ, als ich mich wieder in Sicherheit befand.

Die einzige Sünde dieser niederländischen U-Boot-Leute hatte darin bestanden, daß sie die japanische Flotte auf ihrem Weg nach Pearl Habor gesichtet und darüber berichtet hatten. Die Meldung wurde unterdrückt, um sicherzustellen, daß der Angriff gelang und die Amerikaner in den Krieg eintraten. Man hatte es für sicherer gehalten, daß die Niederländer ihr Geheimnis mit ins Grab nehmen."

Inoffizielle Hinweise - auch aus Historikerkreisen - lassen den Schluss zu, dass der U.S. amerikanische Präsident Roosevelt von den Angriffsplänen der Japaner gewusst hatte und darin einen Grund sah, dass Amerika in den Zweiten Weltkrieg mit hineingezogen wurde.

Creighton gibt noch folgenden Hinweis:

„Er (Leiter geheimer Operationen der „Sektion M") stand noch über dem „Geheimkreis" um den Premierminister Winston Churchill, und seine Rolle entzog sich sogar der Kenntnis der höchsten Beamten.

*„Mein Geheimkreis meint, er wisse alles. Bitte nehmen Sie den Leuten die Illusion nicht, indem Sie ihnen Dinge erzählen, von denen sie keine Ahnung haben."*

Gilt dies auch für die Chefs des CIA, NSA, MI5 und MI6, den BND usw.? Glauben die Leiter der führenden Geheimdienste, sie wüssten alles, wissen aber am Ende doch nichts?

Seit wann wird die weltweite Geschichtsschreibung manipuliert? Hier eine Aussage eines einstigen Redaktionsleiters der „New York Times", John Swinton:

„Bis zum heutigen Tag gibt es so etwas wie eine unabhängige Presse in der Weltgeschichte nicht. Sie wissen es, ich weiß es. Es gibt niemanden unter Ihnen, der es wagt, seine ehrliche Meinung zu schreiben, und wenn er es tut, weiß er im Voraus, daß sie nicht im Druck erscheint. Ich werde jede Woche dafür bezahlt, meine ehrliche Meinung aus der Zeitung herauszuhalten, bei der ich angestellt bin.

Andere von Ihnen werden ähnlich bezahlt für ähnliche Dinge, und jeder von
Ihnen, der so dumm wäre, seine ehrliche Meinung zu schreiben, stünde auf
der Straße und müßte sich nach einem neuen Job umsehen. Wenn ich meine
ehrliche Meinung in einer Ausgabe meiner Zeitung veröffentlichen würde,
wäre ich meine Stellung innerhalb von 24 Stunden los. **Es ist das Geschäft
der Journalisten, die Wahrheit zu zerstören, unumwunden zu lügen, zu
pervertieren, zu verleumden,** die Füße des Mammon zu lecken und **das Land zu
verkaufen** für ihr täglich Brot. Sie wissen es, und ich weiß, was es für
eine Verrücktheit ist, auf eine unabhängige Presse anzustoßen. Wir sind
die Werkzeuge und Vasallen der reichen Männer hinter der Szene. Wir sind
die Hampelmänner, sie ziehen die Strippen und wir tanzen. Unsere Talente,
unsere Fähigkeiten und unser ganzes Leben sind Eigentum anderer Menschen.
Wir sind intellektuelle Prostituierte."

Ein immer noch sehr aktuelles Statement von Mr. Swinton, der dies im Jahre 1880 sagte!
In den letzten 135 Jahren hat sich nicht viel geändert, die ganze Wahrheit findet sich nirgends,
weder in den Schul- und Geschichtsbüchern, weder in den Medien, noch im Internet.

Wie kann der einzelne bei so viel Propaganda und Desinformation sich noch ein richtiges Bild
von dieser Welt machen?

## Terror-Krieg

Seit dem 11. September 2001 wissen wir, dass ein Terror-Szenario die gesamte Menschheit
bedrohte. Von mehreren Politikern wurde prognostiziert, dass die zukünftige Welt nie
mehr wieder so sein wird, wie sie vor dem 11. September 2001 war.

Was sich heute, Stand 20186, immer noch beweißt.

Kam der Anschlag auf das World Trade Center tatsächlich wie aus heiterem Himmel? Haben
die Geheimdienste wirklich nichts gewusst und auf ganzer Linie versagt? Passiert seit mehr
als 100 Jahren auf dieser Welt wirklich nichts mehr unbeabsichtigt und rein zufällig? Über die
Ungereimtheiten im Zusammenhang mit dem WTC-Anschlag und den weiteren
Vorgehensweisen wurde bereits viel gesagt und geschrieben. Und auch viel gelogen (siehe
den vermeintlichen Absturz zweier Verkehrsmaschinen in Pennsylvania und am Pentagon)!

Wird dieser Terrorkrieg evtl. eines Tages „zur Geisel der Menschheit" (Aussage des Autors,
der diese Zeilen bereits 2005 geschrieben hatte).

Es scheinen sich einige Punkte herauszukristallisieren, die zu einem möglichen
Horrorszenario für die Menschheit werden könnte:

- Das Wetter mit all seinen negativen Einflüssen (Dürren, Überflutungen, Stürme...)
- Ein globaler Terrorkrieg (Anschläge, „Cyber-Attacks", Guerilliakriege...)
- Pre-emptiv Wars (Präventivkriege), „Achse des Bösen", Nord Korea, Iran, Syrien (was wird Russland und China machen?)
- Globaler wirtschaftlicher Niedergang (manipulierte Börsen, herbeigeführte Schuldenkrisen, Ausverkauf des „Tafelsilbers" bestimmter Nationen wegen Überschuldung, Öl als Waffe...)
- Migrationsströme aufgrund wirtschaftlicher Not oder Umweltkatastrophen und damit umkrempeln einzelner Nationen durch Überfremdung

Ein Leben im heißen Wüstenklima, Stromausfälle, Altersarmut, Terroranschläge, innere Unruhen, die folgen von Kriegen auf die gesamte Welt, wie lange hält eine Nation, ein Kontinent, die Welt dies aus, bis die gewohnte Zivilisation zusammenbricht?

In dem Buch „Der Krieg einer unsichtbaren Armee" heißt es dazu:

```
Betr.: „Handbuch der U.S.-Armee für psychologische Operationen...
Thema Nr. 1 ist das wirtschaftliche Chaos, weil die USA das am
einfachsten herbeiführen können... Nächstes Thema ist das
gesellschaftliche Chaos... (Migranten, Islam usw, Anm.d.A.)"
```

Läuft schon eine solche weltweite psychologische Operation? Werden durch bestimmte Maßnahmen und Entscheidungen der Politik - die den Bürgern erzählt, dass diese Schritte zur Anpassung an die globalen wirtschaftlichen und sonstigen Veränderungen vorgenommen werden müssen - bereits Arbeitsplätze vernichtet, Lebenskosten erhöht und das allgemeine gesellschaftliche Klima (Arm und Reich, Migranten, totale Überwachung und Kontrolle) eines Landes verschlechtert?

Führt dies zu Bürgerkriegen, wie er im Irak „herbeigebombt" zu werden scheint? Wie wird sich Deutschland verhalten, wenn die etablierten Parteien alle versagt haben?

## „Krieg an allen Fronten"

Außen den globalen Ereignissen, die jeden Tag in den Medien ihren Niederschlag finden, gibt es auch „Nebenkriegsschauplätze", über die wenig oder gar nichts veröffentlicht wird:

Wie z.B. ein Drogenkrieg, um die Jugend in den westlichen Ländern zu manipulieren. Ein Wirtschaftskrieg, beispielsweise Manipulation der weltweiten Börsen durch gezielte Maßnahmen, wie z.B. gefälschte Bilanzen (Enron – die Familie von Bush soll involviert gewesen sein – Tyco, Woldcom und Xerox – der Büromaschinenhersteller soll lt. Garry Allen „*Die Insider*" zum „Rockefeller-Imperium" gehören. Gehören auch die anderen Firmen zu den „Verschwörern"? Zuletzt die Toxischen Papiere aus der „Morgage Crisis" oder jüngst die „Null-Zins-Politik" der Goldmann-Sachs Marionette Draghi und der EZB)

Kann man mit solchen und anderen Manipulationen an den Börsen, mit monetärer Politik eine globale Rezession oder gar eine Depression, wie zuvor im Jahre 1929, herbeiführen?

Gemäß einem Internet Bericht sollen die Transaktionen auf „Put-Optionen", das „Wetten" auf fallende Kurse, vor dem 11. September bei Flug- und Versicherungsgesellschaften, in erster Linie von dem amerikanischen Brokerhaus A.B. Brown, das zur Deutschen Bank-Gruppe gehört, durchgeführt worden sein. Obwohl die CIA mit einer Software, „Promis" genannt, „Online" zur jeder Sekunde, alle wichtigsten Börsentransaktionen in den USA sofort überwachen kann, wurde bis heute, trotz vollmundigen Ankündigungen, der oder die Täter in Sachen Börsenspekulation nicht ausfindig gemacht. Auch später griff man nicht in den Handel ein, ob es der Gold- und Silbermarkt ist, das Devisengeschäft oder das unbegrenzte Gelddrucken der Zentralbanken, um angeblich die Wirtschaft anzukurbeln.

Eberhard Heinrich und Klaus Ullrich schreiben in ihrem Buch *„Der Krieg einer unsichtbaren Armee"*, 1985:

„Im Gegensatz zu den übrigen Behörden beteiligt sich der CIA auch an anderen finanziellen Transaktionen. So benutzt sie die Gelder aus Pensionsfonds für die Angestellten, die sonst festverzinslich bei Banken deponiert werden müssen, um damit am freien Börsenmarkt zu spekulieren. Es versteht sich, daß die CIA-Oberen dafür zusätzliche und spezielle Erfolgschancen besitzen, und zwar in Gestalt ihrer geheimen Erkenntnisse über politische und wirtschaftliche Vorgänge (Vorausswissen, Anm.dA.)
.
Früher als andere erfahren sie von Entwicklungen, die an der Börse zu Kursgewinnen oder -verlusten führen werden *(Airline-Aktien w/WTCAnschlag, Krisen und Katastrophen in bestimmten Region der Welt, Anm.d.A.)* Und gelegentlich können sich die CIA-Leute wohl auch dem Reiz des Spiels nicht entziehen, mit Nachrichten zu operieren, die sie selbst produziert haben – also Fälschungen, von denen sie wissen, wo man sie platzieren muß, um jene zeitweiligen „Marktbewegungen" zu verursachen, die dem Kenner große Profite einbringen.

Daß die CIA außerdem mit illegalen Geschäften auf den „schwarzen Geldmärkten" beträchtliche Gewinne macht, ist inzwischen ebenfalls bekannt geworden (siehe hier die „Panama-Papers" Was steckt bei dem „leaken", dem Veröffentlichen dieser Daten wirklich dahinter?, Anm.d.A.)

.... Die Agentur unterhält speziell für diese illegalen Geldgeschäfte eine geheime Abteilung in Langley und beschäftigt eine Anzahl versierter Spezialagenten, die als Geldhändler und Börsenjobber an allen wichtigen Handelsplätzen der Welt tätig sind."

In den letzten, rund zwanzig Jahren scheint sich an der Arbeits- und Vorgehensweise der CIA nicht viel geändert zu haben. Auch heute, Stand 2018, immer und immer wieder das gleiche Spiel.

Aber in der offiziellen Welt werden diese bekannten Machenschaften immer wieder erfolgreich vertuscht, und in den Medien irgendwelchen Sündenböcken - wie der Terrorgruppe Al Quaida, dem Terrorkrieg - I.S., Russland – in die Schuhe geschoben.

Nebenbei sei hier noch das *„Collateral Trading System"* erwähnt, ein Handelssystem, das neben dem offiziellen Geldkreislauf parallel läuft. Im Internet werden Namen wie „Project Hammer" genannt, oder ein Handelsprogramm mit Namen „Jacobe", bei dem Milliarden und Aber-Milliarden von Dollar von einer Bank zur anderen „verschoben" werden. Verwickelt sind auch „schwarze Konten" bei Cedel und Euroclear. Ein Vorsitzender von Cedel International soll ein ehemaliger Sekretär der Rockefellers gewesen sein. Es gab u.a. auch das Gerücht, dass es bei der dritten Tranche der Telekom-Aktien zu Unregelmäßigkeiten kam und viele Kleinanleger „über den Tisch" gezogen wurden. Der deutsche Staat und der Finanzminister war mit einem großen Aktienpaket an der Deutschen Telekom beteiligt.

Aktuell das Spiel mit den „Off-Shore-Konten", den Briefkastenfirmen auf dubiosen Inselstaaten oder in Panama, wo interessanterweise keine westlichen Politiker oder Staaten in den - absichtlich - veröffentlichten Dokumenten zu finden sind. Bis auf die, die man wohl nun medienwirksam loswerden will. Hier ist die L- Presse, hier sind die Medien willfährige Helfer, um alles gleich in die Öffentlichkeit hinaus zu posaunen.

Was macht man noch mit diesem vielen Geld? Werden damit bestimmte Leute „geschmiert"?

Bezahlt man damit die vielfältigsten Machenschaften und „Schwarzen Projekte"? Geht das Geld auch in andere heimliche Projekte?

Kann man über das Bildungssystem einen Staat von „innen heraus" zerstören oder schwächen, wenn man das Bildungsangebot reduziert, z.B. mangels Geld für Lehrmaterial, oder wegen baufälliger Schulgebäude usw.? Oder die Bildung privatisiert und sich Schulbücher von Großkonzernen sponsern lässt.

Bereits Garry Allen schrieb in „Die Insider", 1976, dass in den USA das öffentliche Schulsystem dezentral organisiert wurde. Stiftungen konzentrierten sich darauf, Lehrer zu beeinflussen. Lehrbücher wurden nicht nur finanziert, sondern auch der Inhalt wurde vorbestimmt. Dieses manipulierte Material wurde dann landesweit an den Schulen eingeführt.

Auch die Industrie bedient sich dem Lehrmaterial um PR zu betreiben oder zukünftige Konsumenten abhängig zu machen, an ihr Produkt zu binden.

Könnte auch durch eine „gewollte" hohe Arbeitslosigkeit, oder der Schere zwischen Arm und Reich, auf lange Sicht ein Staat aus dem Gleichgewicht gebracht werden?

Oder das Propagieren einer „Ein-Kind-Ehe" einen Staat auf lange Sicht überaltern, siehe hier als Beispiel Japan und Deutschland. Oder als Einwanderungsland einen Staat von innen heraus zu zerstören?

Wenn man solche langfristigen Strategien dann irgendwann am „Tag X" eskalieren lässt und den Prozess beschleunigt, ist es dann möglich das gesellschaftliche, soziale, kulturelle und wirtschaftliche Leben auf dieser Erde weiter ins Negative zu ziehen?

Die „Gegenseite" wird immer behaupten, alles getan zu haben, um den Menschen Frieden, Wohlstand, Bildung usw. zu gewährleisten. Dass dies nicht immer eintrat, ist auf bestimmte „widrigen Umstände" zurückzuführen.

Vielleicht wäre die Welt ohne den gigantischen weltweiten Drogenkonsum, ohne weitreichende mafiöse Strukturen, ohne die auf Kommerz und Konsum ausgerichtete Lebensweise, ohne die Manipulation bestimmter Krankheiten (AIDS), die die Welt durchseuchen, ohne das Anzetteln von Weltkriegen und das Schüren von kleineren Konfliktherden, ohne die Manipulation von Staaten und Politikern, ohne die Hochrüstung und Gefahr eines Atomkrieges, oder durch die Inszenierung eines Terrorkrieges, eine schönere, friedlichere und lebenswertere Welt ohne Rassenhass, Neid usw.

Es scheint aber so, dass irgend jemand gar nicht will, dass wir in einer schönen, ruhigen und lebenswerten Welt leben dürfen.

Irgend jemand manipuliert diese Welt aus dem Hintergrund heraus (ggfs. seit Jahrtausenden) und bedient sich der vielen Netzwerke, Geheimbünde, Geheimdienste und des Militärs, das diejenigen ebenso kontrollieren und ggfs. für diese Zwecke aufgebaut hatten.

Wer sind diese Leute, woher kommen sie und warum könnten sie seit langem Vorauswissen haben? Leute, die in den 1920 Jahren aufwärts ins All aufgebrochen waren und im Altertum als „Ancient Astronauts" wieder zurück kehrten?

Warum wurde einer ihrer Pläne, den Dritten Weltkrieg gleich nach Ende des Zweiten Weltkrieges ausbrechen zu lassen, gestoppt?

Warum kontrollieren die Großmächte gegenseitig die nuklearen Massenvernichtungsmittel (und andere „WMDs") und vertuscht dies in der Öffentlichkeit.

Auf wen oder welches Ereignis wartet man?

E-Mail:

PeterRedhill@outlook.com

# Anhang

Aus "Das Geheimnis der deutschen Flugscheiben", von Klaus-Peter Rothkugel, 2002:

„Im Zusammenhang mit der Verwendung von Raumanzügen, die evtl. bereits End er 1940er Jahre zum Einsatz kamen, ist noch folgende kleine Epiosde, entnommen aus dem buch „die Anderen" von J. Fiebag von Interesse:

„In einer Nacht im Februar 1975 machte ein Augenzeuge, der sich aus bestimmten Gründen in einer einsamen Gegend um den bodensee versteckte, diese Beobachtung:

„Die Gestalten trugen eine Art großen Rucksack, der bis über ihre Köpfe geschwungen war und schwebten in seltsamen Sesseln etwa zwei Meter über dem Boden."

Der Augenzeuge konnte beobachten, wie sich genau unterhalb des „Flugsessels" die Gräser steil nach oben ausrichteten, so als wirkte eine unsichtbare Kraft auf sie ein. Eine der Gestalten befand sich über einem schmalen, geschotterten Waldweg, und auch hier begannen die Steinsplitter förmlich zu „tanzen", als der „Sessel" darüber glitt.

„Regelrechte Pirouetten drehten sie, und man hörte das klirrende-splitternde Geräusch, als sie in der Luft umher tanzten. Sonst war es fast völlig still. Von den „Sesseln" kam nur ganz leises, tiefes Brummen."

Beispiel und Auszüge aus: "Persönliches Ein-Mann Flug-System" auf Basis von „Ionen-Wind", ein EM-Fluggerät, bei dem man auch heute noch dieselben Charakteristika wieder findet, wie bei den ersten Flugobjekten am Anfang der Entwicklung:

# Personal Flight Vehicle and System

## US Patent # 7182295 B2

Inventor: Redmond; Scott D. (San Francisco, CA)
Assignee: Redmond; Scott D. (San Francisco, CA)
Family ID: 32229730
Appl. No.: 10/293,826
Filed: November 12, 2002

US 20040089763 A1
May 13, 2004

7,182,295 Redmond, Scott D., February 27, 2007

**FIELD OF THE INVENTION**

Embodiments of the invention generally relate to <u>flight systems</u>. More particularly an aspect of this invention relates to a flight vehicle <u>levitating a user via electric energy</u>.

**BACKGROUND OF THE INVENTION**

Systems which allow a user to fly above the earth or in space exist today. Some current solutions rely on **traditional rocket based thrust** which cannot be sustained safely or for any functional duration and **propellers which are unsafe and require a tremendous amount of fuel** to achieve and maintain lift capability and maneuverability.

These rocket based flight systems can cause dismemberment and death upon failure and throw metal violently upon mishap. The fluid and electromechanics to operate them may be fragile and difficult to maintain. Typically, the systems to operate these rocket based flight systems are so complex and the forces involved so great that only specialized, heavily trained personnel can operate them.

Some propellers based flight systems may cause dismemberment and death upon contact and throw blades violently upon mishap. Usually propellers require tremendous mechanical effort to turn on and maintain velocity. Propellers require heavy engines to power them. Propellers may require a tremendous amount of fuel to achieve and maintain lift capability and maneuverability. Both of the above systems can require runways, a great amount of space, and be uncomfortably noisy to a human user.

Traditionally, **experimental Ion processing and <u>Ion-Wind</u> based lift systems** utilize **a high-voltage corona-effect to create aerial propulsion. The high-voltage current works by ionizing air-molecules, which are then transported from an emitter to a collector through the surrounding atmosphere.** In a manner similar to a propeller or helicopter rotor, the **Ion processing is able to move a mass of air, which in turn causes propulsion.**

A shortcoming of maintaining a high-voltage is **the amount of power required to create the voltage in the first place**. The electrical-engineering formula (**Voltage × Current = Power**) provides some insight into the nature of this problem. To create a conduction channel at 80,000 volts and 1 mA of current, the amount of power required is 80 watts. If it is determined that a voltage on the order of 160,000 volts creates a more powerful conduction-channel than the initial 80,000 volt charge does, then the power requirements double to 160 watts.

Another shortcoming of a **high voltage Ion-Wind based propulsion system** is unshielded systems during operation produce a **significant amount of X-Radiation**. While exposure of this sort can be shielded with advanced materials and by engineering the passenger compartment to be distanced from the source of X-Ray emissions, **any ion-wind technology utilizing high-levels of both voltage and current will rapidly produce unreasonably high amounts of X-radiation**.

Another major consideration for a high-current device utilizing high-voltage electricity to create propulsion is the inherently "messy" nature of high-voltage ion-effect electricity. **Ion-wind is seldom as clean as it looks**, in that quite often static electricity builds up on nearby surfaces, causing damage to instrumentation and in some cases even a dangerous shock potential.

---

Anmerkung des Autors:

Wobei statische Elektrizität durchaus ein gewollter Nebeneffekt, z.B. bei Abschirmeffekten, siehe L.A.1942, sein kann.

---

**SUMMARY OF THE INVENTION**

Various methods, apparatuses, and systems in which an electric-energy lifting panel levitates a user secured to the electric-energy lifting panel. The electric-energy lifting panel includes a **first capacitive plate** and a **second capacitive plate** having **different geometric dimensions** to generate a net-directional force. **An ion conditioner** ion enhances air around the first capacitive plate and the second capacitive plate.

...

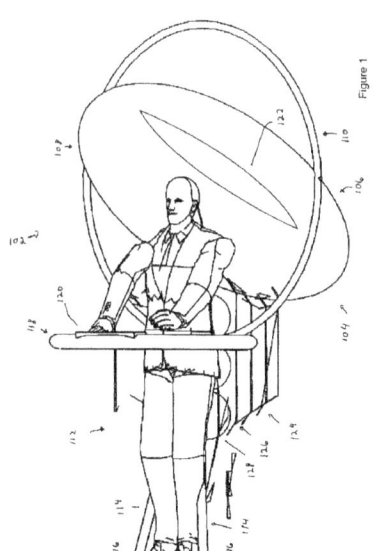

In general, various methods, apparatuses, and systems are described in which **an electric-energy lifting panel levitates a user secured to the electric-energy lifting panel**. The electric-energy lifting panel **includes a first capacitive plate and a second capacitive plate having different geometric dimensions to generate a net-directional force. An ion conditioner enhances ions in the air around** the first capacitive plate and the second capacitive plate.

FIG. 1 illustrates an offset front side view an embodiment of a personal flight vehicle having an electric-energy lifting panel **that levitates a user via electric-energy** and a gaseous propulsion system to

**supply directional thrust for the flight vehicle.** Embodiments of the personal flight vehicle 102 may have one or more of the following components.

An electric-energy lifting panel 104 that has a first capacitive plate 106 and a second capacitive plate 108 having different geometric dimensions. The electric-energy lifting panel 104 levitates a user secured to the flight vehicle 102 via electric energy. A tortuous pivot frame 110 couples to the electric-energy lifting panel 104 **to allow the electric-energy lifting panel 104 to redirect vertical lift to horizontal thrust.**

**A body harness** 112 having vertical telescoping posts 114 with foldout footpads 116 and a flip and lock waist dashboard 118 **to secure the user to the personal flight vehicle** 102. The footpads 116 may have extension heel rests and landing feet. The body harness 112 may also have belts to secure the user to the flight vehicle 102. **A front panel navigation system** 120 may mount on the flip and lock waist dashboard 118.

The capacitive plates 106, 108 may include, for example, a set of parallel and layered series of **lifting cells and an emitter wire**. An **ion conditioner** 122, **such as** <u>ultra-violet-light emitting bulbs</u>, an **Excimer laser** or other similar device, **may condition air in between and around the capacitive plates** 106, 108. The ion conditioner 122, such as ultra violet light emitting bulbs, may be mounted **in an array on the underside** of the electric-energy lifting panel 104.

**A gaseous propulsion system 124 provides directional thrust** for the personal flight vehicle 102. The gaseous propulsion system 124 couples to the body harness frame 112. The gaseous propulsion system 124 **may use an air-breathing rocket 126 with hydrogen fuel support 128.**

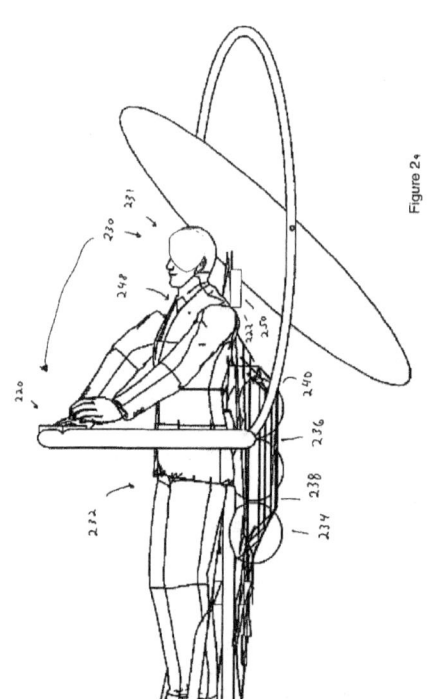

FIG. 2a illustrates a <u>side view</u> of an embodiment of a personal flight vehicle in which the user is using an embodiment of a flight situation display system. **The flight situation display system 230 may be built into a visor connected to a users helmet 231.** The global positioning system navigation system 220 may send and receive data to the flight situation display system 230. The helmet 231 as well as the user flight suit 232 have **Electro Magnetic Field shielding** built into these components.

IG. 2b illustrates an offset rear view of an embodiment of a personal flight vehicle. Uncondensed hydrogen cylinders 234 attach to the frame of the gaseous propulsion system 224. **The Uncondensed hydrogen cylinders 234 are part of a solid-state hydrogen storage and recovery system 236.** The solid-state hydrogen storage system provides **hydrogen to the fuel cells** 238 located underneath the uncondensed hydrogen cylinders 234. The solid-state hydrogen storage system also **provides hydrogen to the air-breathing rockets** 226. The **fuel cell stack** 238 **also connects to the atmosphere in that the fuel cells** 238 **may use air as an oxidizer.**

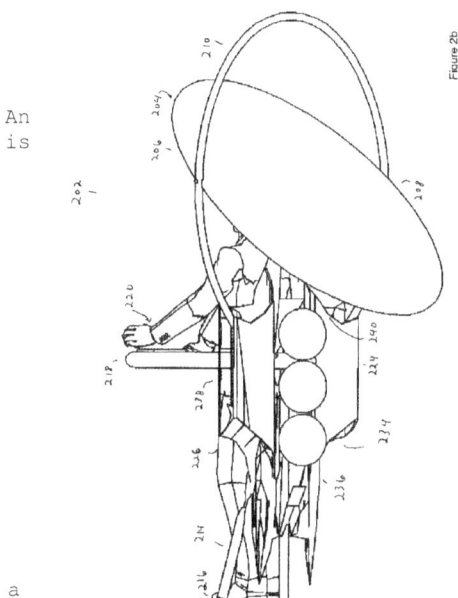

An is

a

inductive transformer stack 240 also located under the uncondensed hydrogen cylinders 234. The **inductive transformers** 240 **receive electric energy from one or more ground-based towers.** The inductive transformers 240 **supply this electric-energy to the first capacitive plate** 206 **and the second capacitive plate** 208. The first capacitive plate 206 and a second capacitive plate 208 having different geometric **dimensions generate a net-directional force to levitate the flight vehicle** 202 and the user secured to the personal flight vehicle 202. The ion enhanced air gap between and around the capacitive plates 206, 208 decreases the amount of power required to lift given amount of weight.

FIG. 3 illustrates a side view of an embodiment **of a ground based power distribution tower** to inductively **supply power to the inductive transformers in the flight vehicle.** The ground based power distribution tower 342 may have **High Voltage Direct Current** power-supply 344 to inductively provide **a pulsating Direct Current to the onboard inductive transformers. The ground based tower** 342 **may also have electromagnetic field shielding** 346 **in place.**

Referring to FIG. 2a, a canister 248 **containing an emergency parachute** or parasail also connects the frame of the gaseous propulsion system 224. Note, the components can vary on where and how they connect to one another. For example, **the ion conditioner** 222, **such as a laser** 250, may attach to the top part of the frame of the gaseous propulsion system 224. Even the electric-energy lifting panel 204 may be located underneath the user.

FIG. 4 illustrates a back view of an embodiment of a personal flight vehicle having an electric-energy lifting panel located underneath the user. In this embodiment, **the electric-energy lifting panel** 404 **located underneath the user.** The electric-energy lifting panel 404 has an **added shielding layer** 405 of built into a portion of the electric-energy lifting panel 404 in order **to shield the user from the Electro Magnetic Field** generated by the electric-energy lifting panel 404. The tortuous pivot frame still 410 couples to the electric-energy lifting panel 404 to allow the electric-energy lifting panel 404 **to redirect vertical lift to horizontal thrust.** The **air-breathing rockets** 426 **provide directional thrust** and **additional lift** for initial lift off.

...

The electric-energy lifting panel may use a manifestation of ion-wind. The electrons crossing the air-gap cause **a breeze that causes a thrust**. The breeze travels down from the emitter wire layer to the ion plate array **to generate an upward thrust** for the electric-energy lifting panel.

…

In an embodiment, ion-wind comes from electrons emitted from the small-diameter of the positively charged emitter wire layer in such great abundance **that these electrons move a significant airflow** down to the ion plate array where these electrons are absorbed and transported electrically back to the High Voltage (HV) power-supply's electrical ground.

Another possible source of the upward thrust comes from an Electro Magnetic Field moving up through the ion plate array to the emitter wire layer. However under any analysis the electric-energy lifting plate lifts the user via electric force/energy manipulation. **The Biefeld-Brown Effect** proves that highly charged capacitors when properly suspended showed a tendency to move relative to the gravitational force. When the poles of a freely suspended charged capacitor (even in vacuum) are placed on a horizontal axis, a forward thrust would be produced which would move the capacitor in the direction of the positive pole. The direction of thrust would reverse in conjunction with a polarity change. This is the **phenomenon known as the Biefeld-Brown Effect**. The components forming the capacitive plates, such layers of emitter wires and ion plate arrays, in electric-energy lifting plate may make use of this Biefeld-Brown Effect."

---

Anmerkung des Autors:

Der Biefeld-Brown Effect wurde höchstwahrscheinlich auch bei dem riesigen Flugobjekt über Los Angeles in 1942 angewandt, als Augenzeugen am Boden den Geruch „the **smell the transformer** gives off during a lengthy period of use, after the object passed overhead, **in it's wake, the air reeked with an odor very similar to that same smell**", von "Elektrischem" gerochen haben!

---

"The **intensity** of the Biefeld-Brown Effect may depend on several factors: 1) the **surface area** of the plates; 2) the voltage differential between the plates; 3) the **proximity of the plates to each other**; 4) **the material mass between the plates**; 5) the **dielectric capacity** between the plates; as well as some other factors."

Anmerkung des Autor:

Stichworte:

hohe Intensität, große Oberfläche, weiter Abstand, dielektrische Kapazität, große Masse . . .

Alle diese Faktoren trafen mit Sicherheit auf das große, 245m durchmessende Fluggerät/Raumschiff über L.A. in 1942 zu, das somit besonders gut langsam oder schnell schweben oder fliegen konnte, ob innerhalb der Erdatmosphäre, im luftleeren Raum der Oberen Atmosphäre oder im Weltraum!

. . .

The personal flight vehicle is capable of both rapid and gradual lofting via either the rocket or the electric-energy lifting panel. The personal flight vehicle is capable of **silent flight** via the electric-energy lifting panel. Additionally, the personal flight vehicle may employ the gaseous propulsion system for additional thrust or maneuverability. … The gaseous propulsion system uses a thrust jet funnel system. The thrust jet funnel system may employ hydrogen-air combustion start/air oxidizer to provide directional thrust for rapid lifting, landing support and pitch, roll, and yaw support.
…

In an embodiment, the rocket portion employs a version of the **Cruise Missile "Williams research" engines.** The thrust aspect of the device uses a rocket-based, combined cycle engine. The combined cycle engine sucks in air. The combined cycle engine then compresses the air, combines it with a fuel, and burns the product, which expands and provides thrust. Air is taken in by the system and compressed by an onboard compressor. The air is then injected into an airflow at the thrust nozzles. Fuel is added to the airflow, where the two mix and burn. Fuels most likely to be used with the air-breathing rockets include hydrogen or hydrocarbon fuel. In an embodiment, the efficiency of the thrusters jumps dramatically to much higher efficiency than even an aircraft once you **pre-ionize the air and use a lower voltage.** The personal flight vehicle can also produce more thrust then is anticipated but at the expensive of fuel economy. When **additional power is required, the vehicle can use both its hydrogen** thrust system and the **induction transformer amplification.**
…

In an embodiment, the use of a **fuel cell** stack dramatically reduces the overall weight of the personal flight vehicle compared to others possible flight units by eliminating significant on-board fuel requirements. Thus, the personal flight vehicle may provide a safe, low-noise, long-duration flight capability with more user control and functionality.
…

Alternatively, the personal flight vehicle may use **on-board beta-decay nuclear DC batteries** to provide an independent source of electrical power. In an embodiment, the beta-decay nuclear DC batteries may be either Stimulated Beta-Decay nuclear DC batteries or Conventional Beta-Decay nuclear DC batteries. The voltage range of the batteries may be, for example, 12 VDC or 115 VDC."

---

Anmerkung des Autors:

Welche Batterien benutzt der ein oder andere Leser bei seinem Elektroauto und sind diese genauso effektiv wie o.g. Beta-Zerfall, nuklear Gleichstrom Batterien?

---

…
… the ion conditioner may be **ultra violet light emitting bulbs**, such as LEDs or bulbs for an EPROM eraser, grouped in sectional arrays of hundreds of these bulbs. Each ultra violet light emitting bulb may have a fairly narrow focus beam. Most of the light produced by the UV Photon may be just outside the visible spectrum (370 nm). In full darkness, the UV bulbs may **cause objects to fluoresce at distances of 20 feet or more.** … In an embodiment, when the UV bulbs substantially ionize all of the air in or by the pipe, electricity flows between the mesh ends and carry a net airflow with it. … Either way the **Ultraviolet light** can be used **to enhance the conductivity of the atmosphere,** which can then conduct electricity at otherwise non-ionizing voltage potentials.
…

The **UV light-source** may be located inside of a **coated aluminum mirroring jacket to boost the efficiency of ionization** without expending excess energy.

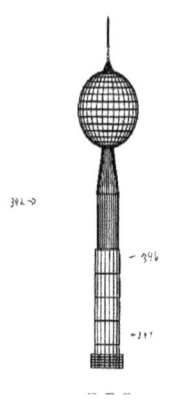

...illustrates a front view of an embodiment of **a ground based power distribution tower** having a **high voltage Direct Current power-supply** to inductively supply a pulsating Direct Current to the inductive transformers in the personal flight vehicle. The ground based energy broadcast tower system may provide point-to-point direct-line-of site mobility for one or more personal flight vehicles. **A ground-based power distribution tower may pulsate DC power based upon Tesla theories.** The ground-based power distribution tower may be made of a simple construction or **specially constructed Magnetic Levitation towers.** The ground based power distribution towers **may be located strategically along urban points to provide initial thrust enhancement to the personal flight vehicle, thus reducing the system weight.** The ground based may **also provide control lift points for the Federal-Air-Aviation air traffic control requirements.** The ground based power distribution tower may contain a communication module to communicate with the navigation system onboard the personal flight vehicle to provide tracking of the personal flight vehicle as well as focusing power to a particular personal flight vehicle. **A Global Positioning System may be incorporated into both the towers and the onboard the navigation system.** The communication module may send a red light and sound an audible signal the user that they have wandered outside of prescribed flight lanes."

Anmerkung des Autors:
In Deutschland fahren zukünftig auf einer bestimmten Autobahn-Teststrecke Lastkraftwagen mit Stromabnehmer (wie man sie von Bussen in der Innenstadt bestimmter Städte kennt), die den Strom von gespannten Stromleitungen neben der Autobahn entnehmen müssen.

Vergleiche dieses Uraltsystem mit den oben erwähnten Stromtürmen, die den benötigten Strom zum Betrieb elektrischer, bzw. EM-Systeme auf Induktionsflächen von z.B. Fluggeräten (früher „Ionocraft", siehe Teil III) „beamen". Dazu haben diese Towers noch GPS, das auf den jeweiligen Teilnehmer übertragen werden kann.

Mit Sicherheit verwendet das (U.S.) Militär geheime Satelliten, die den Strom aus dem All, von gewissen geostationären Satelliten auf Autos, Panzer und Fluggeräte/Drohnen übertragen.

„A ground based power distribution tower produces <u>directed high-voltage, high-frequency, low-amperage power</u> either **directed at one or more personal flight vehicles in the range of the tower or in a limited general broadcast area.** The ground based power distribution tower slowly lowers a personal flight vehicle to the ground if a user goes outside the prescribed air-lane due to the natural fall off of available energy when the user goes outside the area where the tower pulsates the energy. ... Magnetic levitation launch towers could also be incorporated into emergency and <u>tactical vehicles</u> as collapsible towers. The energy broadcast towers could also be incorporated into emergency and tactical vehicles for fixed operating environment, <u>rapid deployment situations</u>. ... In an embodiment, the Pulsed DC increases the efficiency **of test models by about 200%**. The frequency at which the flyback operates enhances performance sapping back of an Electro Magnetic Field. As noted, the tower based energy projection system provides the High Voltage power solution and **eliminates an onboard weight** requirement for the personal flight vehicle. … The towers may employ a variety of techniques to convert energy to high voltage DC power. For example, the towers may use **existing AC power lines, fuel cell powered transformer** based ground generators, etc.

…

When a **relativistic particle** travels through the field gradient between the capacitive plates **a space-time warping effect may occur** in the space-time fabric. The greater the 'effective' mass or energy input, the greater the space-time warping effect. Thus, in an embodiment, the electric-energy lifting panel **may produce its own a gravity field** and thereby cause an **anti-gravity effect**. These particles with relativistic speeds undergo **time dilation**, that is when viewed from an external inertia reference frame, the **particles seem to be going slower, and so energy from outside this frame seems to be going in for a longer time.** Even if **the effect might be very small**, the speed of electrons in electric-energy lifting panel **undergo time dilation**, which **indicates the occurrence of space-time warping**. …

…

While **ion wind propulsion can work in space**, it usually assumes that there is **argon, krypton, or other noble gas** to be **used as the propellant.** Yet embodiments of the electric-energy lifting panel may function in a vacuum enclosure with no such gas available for transport.

---

Anmerkung des Autors:

Auch das riesige Fluggerät über L.A. wird für seinen „Flame-Jet" ein Edelgas als Oxidator in Flaschen oder Tanks mitgeführt haben, um damit den Flammenstrahl, der über die heiße „Trailing-edge Elektrode" streicht zu generieren.

---

…
The flight situation display system replaces the old-fashioned instrument panel per the **NASA Advanced General Aviation Transportation Experiment (AGATE) cockpit revolution.** The display system is the foundation for NASA's Highway in the Sky (HITS) initiative, which is developing affordable glass cockpits for single-engine, single-pilot airplanes by the year 2001. The HITS display projects a pre-planned course "highway" for the pilot to follow, instead of gauges and dials for the pilot to interpret and synthesize into a mental picture of the airplane situation. The graphical display system includes a two-panel display of Global Positioning System (GPS) position and attitude, course, weather depiction, and aircraft track and performance. The integrated flight display system 1730 provides the pilot with an intuitive pictorial for situational awareness, and with a system that is affordable for a wide spectrum of general aviation aircraft. The pilot will use the highway display to guide and control the airplane intuitively.

…

The electric-energy lifting panel, flight suit, and helmet contain Electro Magnetic Field shielding.

---

Anmerkung des Autors:

Seit wann kann ein Privatpilot "intuitiv" einem „Highway in the Sky" folgen?

Seit wann werden Pilotenanzüge, Helme usw. in der „Wahren Raumfahrt" mit „Electro Magnetic Field Shielding" benutzt? Seit den 1940er Jahren?

...
In an embodiment, the personal flight vehicle may produce ozone gas to help fill the Earth's disappearing ozone layer. **The production of Ozone is a by-product of the kinetic interaction of electricity of sufficient voltage levels with air-molecules.**

---

Anmerkung des Autors:

Ist Ozon als By-Produkt der Geruch, den Augenzeugen bei dem "Biefeld-Brown-Effekt" Fluggerät über L.A. in 1942 gerochen haben?

---

...
The **pitch, roll and yaw process** may be accomplished by either, <u>varying energy to sections of the energy plate</u> or <u>triggering compressed hydrogen gas bursts through thrusters on the backpack</u> or <u>triggering hydrogen thruster gas combustion through thrusters on the back pack or via a small electric fan</u> mounted on the back pack which can be directed via cables or servo motors. A joystick which can be plugged into the waist yoke at a connector on either the right, left or center of the yoke may be the main control mechanism.

...
In an embodiment, the thin emitter wire electrode must be at a sufficient distance away from the ion plate so that arcing does not occur from the thin wire electrode to the foil, at the operating voltage. The edges of the capacitor, nearest to the thin wire, may **be rounded over** and **pointing towards the ground** to **prevent arcing or corona discharge** at sharp capacitive plate edges (which are closest to the thin wire).
The capacitor showed improved lift when rounded foil was put over the foil electrode closest to the thin wire, <u>thereby smoothing-over the sharp foil edges</u>. Physically, this means that the radius of curvature of the foil nearest to the small wire electrode was made larger, creating a <u>greater asymmetry in radii of curvature of the two electrodes</u>. In an embodiment, when operated in air, the asymmetric capacitors exhibit a net force toward the smaller conductor and this force is independent of the D.C. voltage polarity. The detailed shape of the capacitor seems immaterial, as long as there is **a large asymmetry between the characteristic size of the two electrodes**.

---

Anmerkung des Autors:

Auch bei den "Foo Fighters", siehe entsprechendes Patent, bzw. die Offenlegungsschriften in Teil III des Taschenbuches von K-P Rothkugel, wurden die metallenen Stabilisatoren abgerundet, um eine Funkenbildung oder Glüheffekte zu verhindern.

---

# -Ende-

www.ingramcontent.com/pod-product-compliance
Lightning Source LLC
Chambersburg PA
CBHW050200230526
45470CB00001B/174